地震工程学基础

从地震学到抗震分析与设计

[土耳其] 哈拉克·苏库格鲁 (Halûk Sucuoğlu)
[土耳其] 辛南·阿卡 (Sinan Akkar) 著
于晓辉　程　印　宁超列　译

中国建筑工业出版社

著作权合同登记图字：01-2021-2440 号

图书在版编目（CIP）数据

地震工程学基础：从地震学到抗震分析与设计/（土）哈拉克·苏库格鲁，（土）辛南·阿卡著；于晓辉，程印，宁超列译．—北京：中国建筑工业出版社，2022.12

书名原文：Basic Earthquake Engineering：From Seismology to Analysis and Design

ISBN 978-7-112-28187-9

Ⅰ.①地… Ⅱ.①哈…②辛…③于…④程…⑤宁… Ⅲ.①工程地震-教材 Ⅳ.①P315.9

中国版本图书馆 CIP 数据核字（2022）第 218256 号

责任编辑：刘颖超　吉万旺
责任校对：芦欣甜

地震工程学基础
从地震学到抗震分析与设计

［土耳其］哈拉克·苏库格鲁（Halûk Sucuoğlu）
［土耳其］辛南·阿卡（Sinan Akkar） 著
于晓辉　程　印　宁超列　译

*

中国建筑工业出版社出版、发行（北京海淀三里河路 9 号）
各地新华书店、建筑书店经销
北京龙达新润科技有限公司制版
河北鹏润印刷有限公司印刷

*

开本：787 毫米×1092 毫米　1/16　印张：14½　字数：359 千字
2023 年 1 月第一版　2023 年 1 月第一次印刷
定价：**60.00** 元

ISBN 978-7-112-28187-9
（39822）

作者简介

哈拉克·苏库格鲁（Halûk Sucuoğlu） 是土耳其中东技术大学（METU，位于土耳其安卡拉）土木工程系教授。1995—2004年担任该校地震工程研究中心主任，2007—2018年担任该校结构与地震工程实验室主任。主要研究方向包括：基于能量的地震工程、抗震设计、抗震维修与加固以及非弹性动力响应分析等。相关研究成果被土耳其伊斯坦布尔的地震总体规划（2002—2008）采纳，并应用于伊斯坦布尔六个副省的所有建筑的地震风险评估中。受欧盟委员会 FP6 资助，苏库格鲁教授筹建了土耳其第一个全尺寸拟动力测试系统（2005）。此外，还协调完成了土耳其教育部组织的公共学校的抗震加固项目（2005—2007）。作为指导委员会成员，参与了 2008 年和 2018 年土耳其抗震规范的编制，是土耳其地震工程协会的创始成员之一，并于 2010—2018 期间担任协会主席。他是地震工程领域国际顶级期刊《Earthquake Spectra》《Journal of Earthquake Engineering》《Soil Dynamics and Earthquake Engineering》的编委会成员，也是 Parlar 科学与教育基金会 2012 科学奖的获得者。

辛南·阿卡（Sinan Akkar） 目前是 Türk Reasürans 公司巨灾风险方面的首席建模师。在 2003—2021 年，他是土耳其中东技术大学（Middle East Technical University）和海峡大学（Boğaziçi University）的全职教师。近年来，围绕地震危险性、地震风险和地震损失建模等方面开展了一系列研究。2009 年主持编制了土耳其国家最新地震危险性区划图，主持完成了土耳其国家强震数据库和强震场地特征项目。还担任了土耳其巨灾保险集团（DASK）和土耳其保险协会地震保费修订项目总负责人。2018—2021 年期间，他曾担任沙特阿拉伯首个核电站 SSHAC 三级地震动特性的技术负责人。在 SCI 期刊上共发表学术论文 62 篇，h 指数为 36。他是国际地震工程协会（International Association of Earthquake Engineering）理事，也是地震工程领域顶级期刊《Journal of Earthquake Engineering》编委。

译者简介

于晓辉，辽宁丹东人，哈尔滨工业大学工程力学专业工学博士，桂林理工大学教授。主要从事工程结构地震易损性与风险分析方面的研究。获省部级科技奖励3项。主持黑龙江省优秀青年基金，国家自然科学基金面上（2项）和青年基金等多项省部级基金项目。在国内外发表期刊及会议论文100余篇。其中，SCI收录30余篇、EI收录50余篇，其中，论文连续获得2016、2017、2018、2019年度中国精品科技期刊顶尖学术论文（F5000论文）。担任国家自然科学基金评审专家、中国土木工程学会工程风险与保险分会理事、中国振动工程学会随机振动专业委员会第八届青年委员和中国地震学会基础设施防震减灾青年委员会委员等多个学术组织成员，担任国际期刊《Engineering and Earthquake Resilience》《Sustainable Structures》和《Disaster Prevention and Resilience》期刊青年编委。获授权专利与软件著作权10余项，其中发明专利3项。

程印，重庆人，意大利罗马大学结构工程专业工学博士，土耳其海峡大学博士后，西南交通大学副教授，硕士研究生导师，四川省海外高层次留学人才。主要从事地震危险性和地震风险分析与评估研究工作。主持承担国家自然科学基金项目1项、四川省科技厅重点研发项目1项、中央高校基本业务创新项目1项，参与国家级科研项目5项。共发表学术期刊SCI论文20余篇，其中，以第一或通讯作者发表学术期刊SCI论文12篇。以第一发明人获得国家发明专利4项，以第一著作权人获得软件著作权4项，参编地方标准1部，合作出版教材1本。

宁超列，湖南邵阳人，同济大学结构工程专业工学博士，同济大学助理研究员，上海防灾救灾研究所客座研究员。主要从事建筑结构地震灾变机理与灾害风险建模方法研究。主持国家自然科学基金面上项目1项，青年基金1项，上海市浦江人才计划等各类项目6项，参与国家重大研究计划、国家重点研发计划和上海市科委重点项目等13项。在国内外发表学术期刊论文44篇。其中，SCI收录30篇，EI收录10篇。出版学术著作2本，获软件著作权9项，发明专利3项，实用新型专利1项，参编国家、行业和地方等标准4部。

Preface to Chinese First Edition

On behalf of my co-author and myself， we feel privileged to see the 1st edition of our book， *Basic Earthquake Engineering*： *From Seismology to Analysis and Design* translated into Chinese by Professors Xiaohui Yu， Yin Cheng and Chaolie Ning， faculty members of prominent Chinese universities. We thank their earnest efforts for making our book available in the Chinese language.

After years of teaching various earthquake engineering and seismology courses to graduate students， my co-author Sinan Akkar and I have recognized that most textbooks in the field address to advanced readers with sufficient background on the fundamental concepts so they easily build up the state-of-the-art topics to implement them into engineering problems. Our text book， on the other hand， is tailored to cover the fundamentals by targeting the beginner level readers who are either last year senior undergraduates or fresh graduate students. Our book also aims to reach young practicing engineers who lack the preliminaries in earthquake engineering and seismology. The material in the book was initially compiled from the teaching notes of a senior level undergraduate course that we have introduced at the Middle East Technical University in early 2000’s.

It is therefore our sincere hope that the Chinese translation of our book will support the Chinese engineering students and practicing engineers in learning the essentials of earthquake engineering for properly formulating and solving the problems they are dealing with.

Halûk Sucuoğlu

中文第一版前言

我个人和我的合作者非常欣喜地看到我们这本《地震工程学基础　从地震学到抗震分析与设计》中文第一版付梓，这要感谢三位杰出的中国科研工作者于晓辉、程印和宁超列在翻译本书过程中所付出的艰苦努力。

这些年，我的合作者辛南·阿卡和我一直在给本科生和研究生讲授地震工程和地震学方面的课程。在此过程中，我们发现这一领域的大部分教科书所面向的读者应具有较为全面的相关领域基本知识，因此，他们才能从教科书中获得较为前沿的理论知识并将其用于解决实际工程问题。与此不同，本书力求涵盖地震工程和地震学的基本概念，从而服务于那些初级层次的读者，包括：高年级本科生或是刚入学的研究生。本书同时可为那些缺乏必要地震工程和地震学相关理论知识的年轻工程人员提供理论帮助。本书的相关内容最初源自2000年起我们在中东技术大学为高年级本科生所讲授相关课程的讲义。

我们真诚地希望这本书的中文译本有助于中国的土木工程专业学生以及工程师们学习地震工程方面的相关知识，从而可以较为合理地应对和解决他们遇到的实际问题。

哈拉克·苏库格鲁

译者序

同自然灾害抗争是人类生存和发展的永恒主题。作为一种破坏力极强的自然灾害，地震给人类的生命和财产安全带来了巨大的灾难。我国是一个地震多发国家。近年来，一系列重大地震事件给人们带来了不可磨灭的惨痛记忆。前事不忘，后事之师。在过去的一个世纪中，大量的科研人员和工程师投入了巨大的精力，用科学的态度面对地震灾害，摸清地震发生规律，了解工程结构抗震能力，提出有效的抵抗地震作用的设计方法，解决那些威胁人们生命财产和幸福生活的难题。然而，即便如此，我们依然无法准确预报地震发生，无法确保结构在地震作用下的安全性。放眼全球，仍有大量悬而未决的问题摆在我们面前，科研人员和工程师们仍然任重道远。

地震工程学是20世纪发展起来的一门学科，注重研究地震在地球表面的破坏作用，凝聚着人们面对地震这种重大自然灾害时的智慧结晶。目前，关于地震工程学的教材已经浩如烟海。在如此多的教材中，选择哪一本讲授给本科生、研究生和初入职场的土木工程师们，是一个极具挑战的任务。从科学研究的角度，这些教材无疑对地震工程学这门学科提供了不同角度、不同程度、不同细节的阐述。然而，我们在讲授过程中总会触及一个问题："这些教材和专著真的能够满足现有本科生、研究生和初入职场的土木工程师们教育、培训和自学的需求吗?"在教学过程中，我们深刻地认识到：对于那些大多不具备地震工程学相关基础知识的人，较为深入的地震工程学理论很难被他们理解、消化和吸收。那么，一本较为浅显、全面的基础性地震工程学教材就显得尤为重要。

他山之石，可以攻玉。无意间，我们找到了这本由哈拉克·苏库格鲁教授和辛南·阿卡教授合著的教材《Basic Earthquake Engineering：From Seismology to Analysis and Design》。这两位教授著作等身，享誉国际地震工程界。自2000年起，他们就在土耳其中东科技大学为本科生和研究生讲授地震工程学的相关内容。我们发现，这两位教授也曾有着与我们相同的困惑，即如何为不具备相关基础知识的初级学习者介绍地震工程学的相关知识。为此，两位教授结合多年的教学经历，基于教学笔记编写了这本书。正如书名所言，本书更多的是介绍和强调地震工程学中的基本概念和关键要点，辅以大量的习题训练。因此，相较于复杂理论和前沿进展的介绍，本书是一本有益于课程讲授，同时适合于入门人员的学习用书。

严复曾言："译事三难：信、达、雅。求其信，已大难矣！顾信矣，不达，虽译，犹不译也，则达尚焉。"在翻译过程中，我们深刻地认识到：翻译一本书的难度有时甚至要高于撰写一本书的难度。如何准确理解作者的意思，如何用符合中国读者的语言习惯表达，如何保持文字的逻辑和流畅，问题纷至沓来。然而，不可否认的是，在翻译过程中，我们同样收获颇丰。在切磋琢磨中，我们不仅温故而知新，熟读而精思，而且仿佛与两位教授进行了面对面的交流，感受到他们严谨的科研态度和投入的教学热情。

本书的完成离不开几位优秀研究生的努力付出，他们分别是：何子涵、王硕、苏嘉顿、王建锋、杨玉萍和刘同同。在此，我们对他们的努力表示真诚的感谢。同时，感谢中国建筑工业出版社刘颖超编辑在本书出版过程中给予的大力支持和帮助。

文章千古事，得失寸心知。虽然我们已很努力、认真地对待本书翻译，但由于水平有限，深知书中疏忽、不妥和错误之处一定不少，敬请读者批评指正。是为序。

全体译者

2021 年 12 月 31 日

卷 首 语

写作目标与宗旨

地震工程学通常被认为是工程教育中的一个前沿研究领域。目前，这一领域出版的教科书已经涵盖了与研究生教育和科研相关的大部分课题。尽管如此，在结构体系的抗震设计中，对地震工程学基本理论的需求仍与日俱增。此外，土木工程专业研究生在从事结构设计的职业生涯中，常会面临地震工程学中的一些基本问题。因此，一本关于地震工程和抗震设计基本理论的导论性读物将是解决这些问题的重要工具。

本书致力于将地震工程学的基本理论介绍给那些尚未学习过相关知识的结构工程专业高年级本科生和土木工程专业的研究生们。相关素材来自于作者过去 12 年间在土耳其（安卡拉）中东科技大学给高年级本科生和研究生讲授相关课程的教学笔记。学生通过本课程可以学习到地震工程和抗震设计的基本理论，如：地震发生机制、地震活动性、地震危险性、结构动力反应、反应谱、非弹性反应、抗震设计准则、抗震规范和能力设计等。要理解本书的相关内容，要求读者已经掌握了刚体运动、振动力学、微分方程、概率论和统计学、数值分析与结构分析这些基本理论知识。这些内容通常会在大学本科二、三年级的相关课程中学到。作者过去 12 年的教学经验表明：无论学生未来从事什么领域的工作，这门课程都将为他们的早期职业生涯和研究生教育提供巨大帮助。

本书的主要目的是提供地震工程学导论的一些基本教学素材。因此，那些前沿的课题和更适合高年级研究生的相关内容并未包含在本书中。作者认为，如何在这样一本导论性的教材中保持内容简洁，同时又可涵盖前沿课题，是一项十分具有挑战性的任务。因此，本书提供的大部分内容主要面向高年级本科生和低年级研究生。除此之外，本书还包括一小部分较为前沿的课题，因为这些内容经常会在一些实际工程中遇到。本书每一章都设有一些简单的算例以供读者参考，这些算例大部分可通过手算或较为简单的计算工具解决。

章节安排

第 1 章：讨论了引发地震的主要物理和动力学参数、全球地质构造、断层破裂、地震动的形成及其对建筑环境的影响。此外，还讨论了地震规模和强度的度量。

第 2 章：介绍了概率地震危险性分析和确定性地震危险性分析的基本内容。此外，还介绍了一致危险谱的概念。

第 3 章：介绍了简单（单自由度）体系在地震动作用下的动力响应分析方法，给出了运动方程的解析解和数值解，讨论了抗震设计中的反应谱、非线性响应和强度折减的概念。

第 4 章：介绍了弹性抗震设计谱和非弹性（折减）抗震设计谱。此外，还给出了抗震设计规范，尤其是欧洲规范 Eurocode 8 和美国规范 NEHRP 以及标准 ASCE 7 采用的地震危险性区划图的基本概念。

第 5 章：介绍了建筑结构在地震动作用下的动力反应分析方法，依次介绍了振型组合、等效侧向力分析、反应谱分析和 pushover 分析。此外，还介绍了底部隔震结构地震响应分析方法。

第 6 章：将第 5 章介绍的分析方法拓展至三维具有扭转耦合特性的建筑结构，给出了抗震设计规范中的基本设计原则和性能水准。

第 7 章：介绍了符合现代抗震设计规范（包括：欧洲规范 Eurocode 8 和美国标准 ASCE 7）的混凝土结构能力设计方法，详细讨论了混凝土延性和能力设计原则，最后给出了一栋钢筋混凝土框架结构设计与构造的综合案例。

给讲授此课老师的建议

本书内容建议用于土木工程专业高年级本科生和研究生相关课程讲授，学时建议为 13～14 周，每周大约三个学时。

用于土木工程专业高年级本科生的地震工程学课程

本书部分内容可用于土木工程专业高年级本科生地震工程学导论的开设。具体而言：第 1 章可以报告的形式总结成一周的课程；第 2 章可以一周的课时，介绍地震危险性分析方法的理论基础；第 3 章中的 3.6.3～3.6.7 节可不给本科生讲授；第 4 章建议从工程实践出发，重点介绍欧洲规范 Eurocode 8 和美国标准 ASCE 7 中关于设计谱的内容；第 5 章中的 5.8 节和 5.9 节可不给本科生讲授；第 6 章和第 7 章可全部讲授，重点介绍结构抗震设计基本理论。

用于土木工程专业研究生的地震工程学课程

本书内容可作为研究生学习地震工程学的第一门课程。第 2 章可适当缩减，重点介绍概率地震危险性分析方法和确定性地震危险性分析方法中的基本内容，但概率地震危险性分析方法和确定性地震危险性分析方法的详细步骤可不给学生讲授。若学生已学过结构动力学的相关理论知识，第 3 章中的 3.1、3.2、3.4.1 和 3.4.2 节可向学生讲授。同理，第 5 章中的 5.1、5.2 和 5.5 节可不向学生讲授。

用于土木工程专业研究生的工程地震学和地震危险性分析课程

本书前四章内容是土木工程专业研究生学习工程地震学等相关课程很好的教材。具体而言：第 1 章内容可根据书中所引参考文献进行拓展，并在 3 周之内讲授。第 2 章的地震危险性分析可在 4～5 周之内讲授。在讲授地震危险性分析之前，助教可先让学生复习概率论的基础知识。根据第 2 章和第 3 章的内容，可在介绍完地震危险性分析和一致危险性谱的计算及其简单应用后，介绍第 3 章中弹性反应谱的概念。课程的最后 2～3 周，可讲授第 4 章中抗震规范关于弹性地震作用的定义。

致　谢

本书作者十分感谢 Kaan Kaatsiz、Soner Alici、Tuba Eroglu 和 Sadun Tagiser 为本书提供的示例和算例。

此外，十分感谢 Erdem Canbay 博士为本书第 7 章提供的图形，以及 Michael Fardis 博士为本书第 6 章和第 7 章提出的宝贵建议。

哈拉克·苏库格鲁

辛南·阿卡

2014 年 1 月，安卡拉

目　录

第 1 章
地震基础知识

摘要：本章介绍了工程地震学中的一些基本概念。那些需要进行结构抗震分析和设计的结构工程师应该熟悉这些基本概念。这些概念中的大部分可作为评估地震危险性的工具，用于量化结构的地震需求。本章首先对地球内部结构的主要组成部分，以及它们之间的相互作用进行了概述，并对引发地震的物理机制进行了描述。这些介绍性的讨论引出了地震类型的定义、地震与全球板块运动的关系以及地震产生的断层错动类型。其后，介绍了可以用来定义地震大小的震级测度和地震波形的主要特征，用于量化其后的地震强度。最后，讨论了工程研究中主要用于计算地面运动强度参数的加速度时程记录特征，以及能够定性反映区域地震影响的宏观地震烈度。本章简述了地震对建筑和非建筑环境的影响，强调了地震相关问题的重要性以及值得地震工程师重点关注的技术领域。

1.1 地球构造

地球内部结构是人们了解全球主要地震活动的关键参数之一。一般认为，地球由三个同心层（图 1-1）组成，其最内层为地核，主要由铁元素组成。地核又由两个独立部分组成：内核与外核。其中，内核是固体，外核是液体。位于地壳（地球最外层）和地核之间的部分是地幔。如图 1-2 所示，地震波传播速度发生突变是区分地幔、外核与内核三者的主要标志。靠近地壳表面的地震波速突然发生变化是由莫霍面的不连续性［由克罗地亚地震学家莫霍罗维奇（Mohorovičić）在 1909 年发现］所导致的。莫霍面被认为是地幔和地

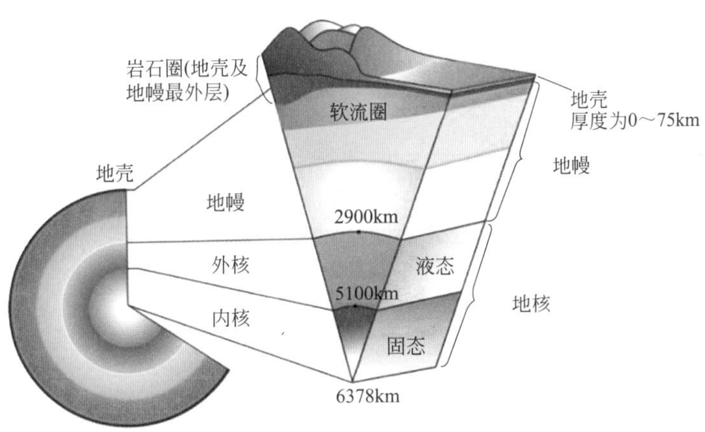

图 1-1 地球内部结构主要分层

壳之间的交界面（图 1-2）。海洋下的地壳厚度约为 7km，陆地下的地壳厚度平均约为 30km，山脉下的平均厚度会更高。海洋下的地壳为玄武岩结构，大陆下的地壳主要由玄武岩和花岗岩组成。

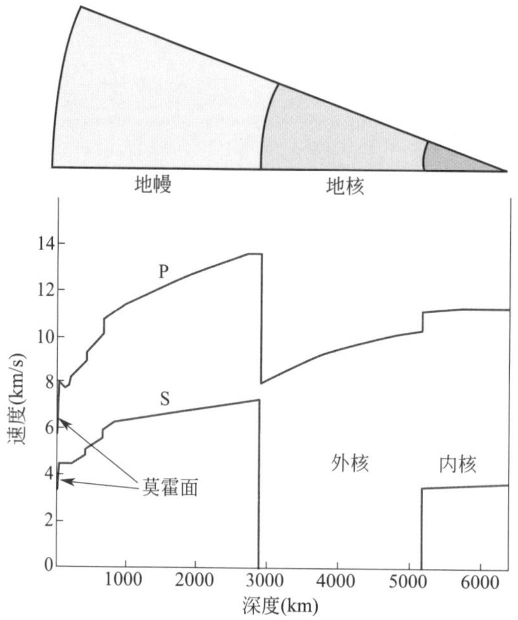

图 1-2　P 波和 S 波沿地球不同圈层的速度变化

（资料来源：修改自 Shearer，1999）

岩石圈和软流圈是地球最外层的两个边界（图 1-3），可根据各自材料强度和刚度的不同进行区分。岩石圈是刚性的且相对坚固，主要由地壳和地幔最外层部分组成，其厚度约为 125km。软流圈位于岩石圈以下，形成了地幔的薄弱部分（较软层），该薄弱部分会因蠕变而变形。岩石圈可视为漂浮在软流圈上。

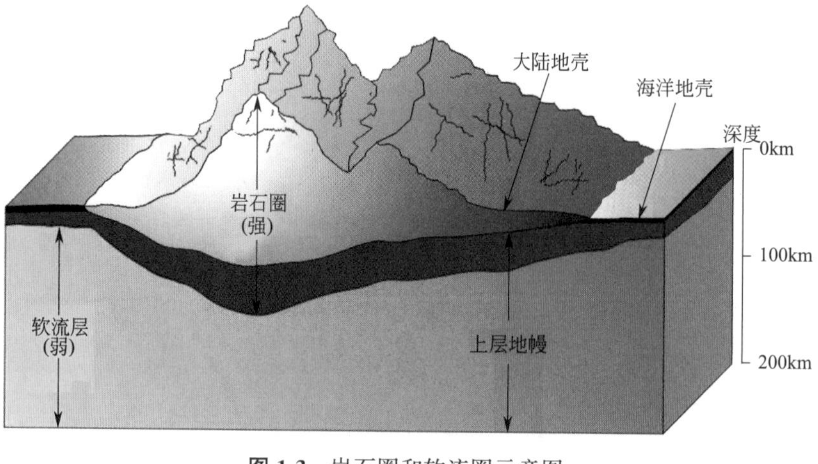

图 1-3　岩石圈和软流圈示意图

（资料来源：修改自 Press，Siever，1986）

地球内部在热力驱动作用下不断运动，其热量源于地核内的放射性物质。整个地球的温度梯度使得热量从外核流向地表，形成对流传热。软流圈内的对流传热如传送带一样移动着岩石圈板块（构造板块）（图 1-4）。这些板块的运动导致板块彼此分离或汇聚。当两个板块汇聚时，发生碰撞，其中一个板块会俯冲到另外一个板块之下。

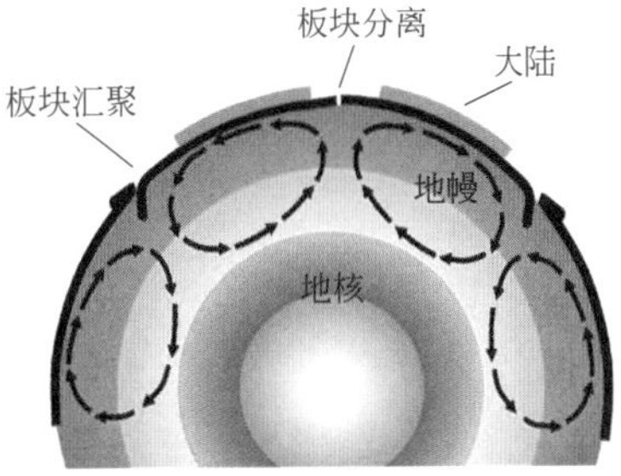

图 1-4　热对流机制和由于热对流机制引起的岩石圈板块相对运动
（资料来源：修改自 Press，Siever，1986）

1.1.1　大陆漂移

上节描述的物理过程同样解释了大陆的连续运动。事实上，早在 2.25 亿年前，所有大洲是一个单一的大陆，称为原始大陆（Pangaea）。大约 2 亿年前，原始大陆破裂形成了两个大陆，分别是劳拉古大陆和冈瓦纳大陆。1.35 亿年前，劳拉古大陆分裂成了北美大陆与欧亚大陆，冈瓦纳大陆则分裂成了印度、南美、非洲、南极洲和澳大利亚。这些大陆持续移动，加之 5000 万年前左右，印度与欧亚大陆发生碰撞，各大洲方才形成如今的格局。

20 世纪下半叶，地质学家们对大陆运动开始了一些探索性的研究。其中，地球科学家理查德·菲尔德（Richard Field）研究了海洋板块地质。世界主要大洋海岭（山脊）的发现（图 1-5）和沿海岭的密集地震活动现象表明：这些区域均处于连续变形状态。1960

图 1-5　大西洋海底的洋中脊

年，哈里·赫斯（Harry Hess）提出了海底扩散理论，并指出岩浆连续不断地从地幔内部上升到洋脊的中央峡谷形成了洋底（图 1-6）。从峡谷喷出的岩浆将山脊两侧推开，这种将两个构造板块彼此分离的机制就是形成非洲大陆和南美大陆的关键。时至今日，洋底的不断扩张仍在使这两个大陆彼此分离。1915 年，德国气象学家阿尔弗雷德·魏格纳（Alfred Wegener）通过比较大西洋两岸地质结构和动植物的矿床与化石，首次证明了非洲大陆和南美大陆的分离现象，但由于未能提供分离背后的物理解释，魏格纳关于大陆漂移的假说当时并未得到科学界认可。

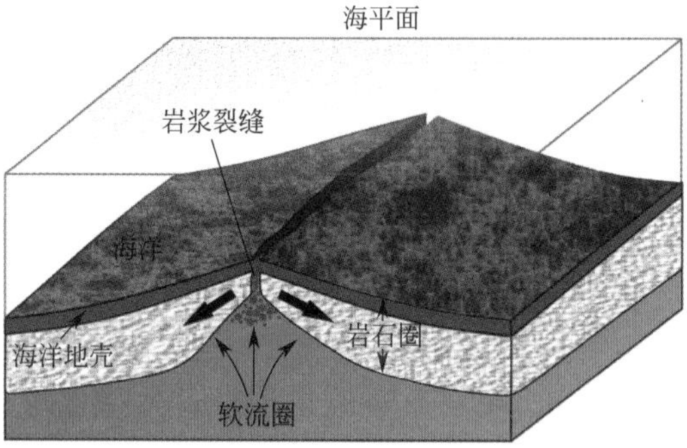

图 1-6 海底扩张的基本机制：从地幔中升起的岩浆将洋脊两侧推开、冷却并形成新的大洋板块

大洋中脊连续不断形成的新海洋地壳会使地球发生膨胀，除非有另一种机制消耗由于新物质形成而产生的过量旧物质。因此，在海床的某些区域，岩石圈下降到地幔中，其消耗速度与洋脊上产生新地壳的速度相同（图 1-7），此过程称为俯冲。俯冲发生在两个板块相互碰撞之时，其中一个板块被推至另一个板块的下方。在俯冲带区域，相撞板块的变形速率较高，导致地震活动很强烈，这与洋中脊的情况相同。火山活动是俯冲带区域观察到的另一个特殊特征。相关内容将在下一节“全球板块构造理论”中作进一步讨论。

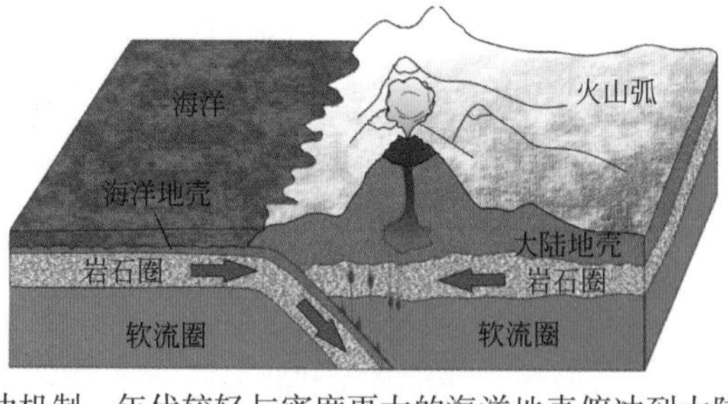

图 1-7 俯冲机制：年代较轻与密度更大的海洋地壳俯冲到大陆地壳之下，沿俯冲带，活动性边缘火山活动频繁

1.1.2 全球板块构造理论

全球板块构造理论以洋中脊和俯冲带机制以及这些区域的高地震活动为依据（例如：Isacks，等，1968；McKenzie，1968）。地球的表面被分成了许多岩石圈板块，这些板块称为构造板块。由于地幔中的底层对流，使得这些板块发生相对移动。图 1-8 中的

向量（箭头）显示了这些构造板块的相对运动方向。构造板块在其边界处按照图 1-9 中三种方式的某一种方式相互作用。在洋脊处，板块彼此分离，板块的边界称为离散板块边界。在聚敛板块边界位置（即：两个板块碰撞区域），一个板块通常会在俯冲过程中被挤压到另一个板块的下面。在中南美洲的太平洋海岸，大洋板块俯冲到了大陆板块之下，大洋地壳俯冲到了加勒比海岛弧的大洋地壳之下。由于较年轻的岩石圈板块密度更大，在碰撞俯冲过程中，会下沉到年代较老的岩石圈板块下方。海洋地壳由于海床的扩张而逐渐形成，相比大陆地壳，海洋地壳更加年轻也具有更大的密度。因此，当大洋板块与大陆板块相互碰撞时，大洋板块将俯冲到大陆板块下方。如果两个大陆板块发生碰撞，沿边界（例如：喜马拉雅山）的岩石圈将发生巨大变形且厚度增加。两个板块也可以发生水平运动，在转换（或横流）边界处相互剪切。这些边界可由长而清晰的断层证明，如：加利福尼亚的圣安德烈斯断层，它是北美板块与太平洋板块的边界。另如：土耳其的北安纳托利亚断层构成了欧亚板块与安纳托利亚板块的转换边界。

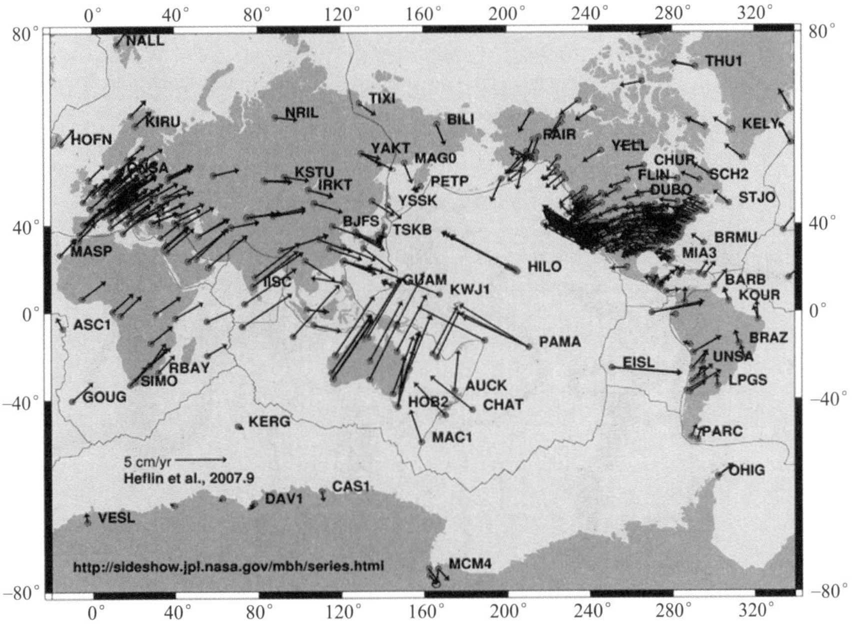

图 1-8 向量（箭头）显示了全球构造板块相对运动的主要方向

正如上面所述，大部分的地震活动都可以用构造板块的相对运动进行解释。图 1-10 表明，世界上几乎所有的地震都发生在构造板块的边界上，这些地震称为板间地震。从这个意义上讲，环太平洋地震带是最活跃的边界区域。在这里，大洋板块和大陆板块发生了俯冲碰撞。地中海及其周围地区，包括大西洋的亚速尔群岛以及亚洲的大部分地区，构成了引起板间地震的其他板块边界区域。这些区域的板间地震由各种类型的构造板块相互作用产生，相互作用的类型包括：汇聚型、离散型和转换型。

远离板块边界发生的地震称为板内地震（例如：发生在美国东北部，澳大利亚以及印度中部和巴西东北部的地震）。板间地震和板内地震的驱动机制不同。板间地震由沿

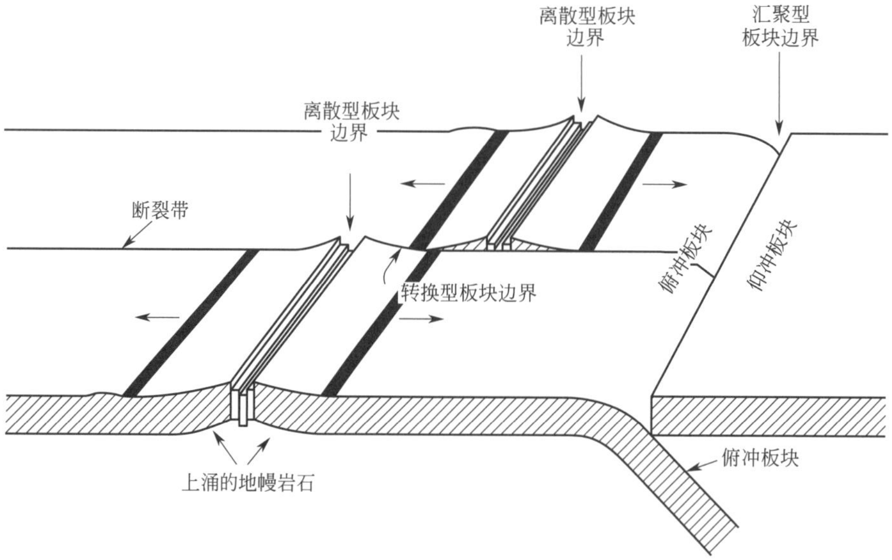

图 1-9 离散型（沿洋脊）、汇聚型（沿俯冲区域）和转换型板块边界以及它们之间的相互作用（Shearer，1999）。在离散边界处形成新的地壳，在汇聚边界处消耗现有的物质，在转换边界处既不消耗也不产生新的物质

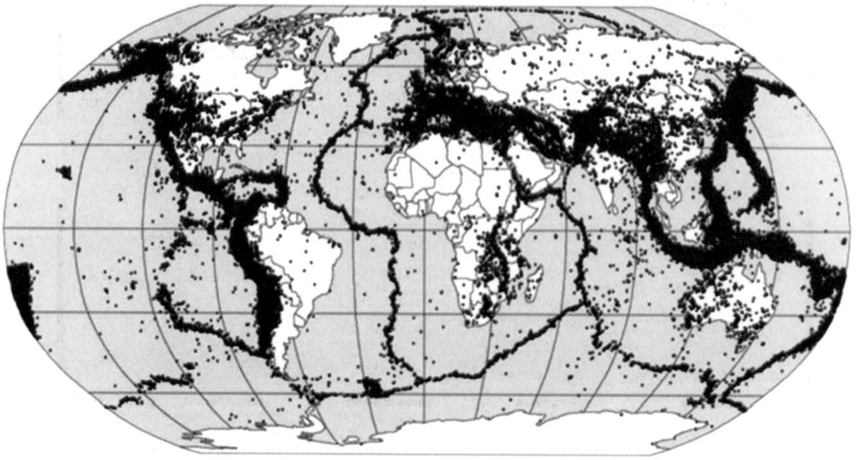

图 1-10 1977 年至 1994 年的全球地震活动

板块边界的高变形触发，而在产生板内地震的区域中，不存在如此清晰的边界，因此其解释不像板间地震那样简单。板内地震区域称为稳定大陆区域。与板块边界的地震活动相比，它们的地震活动比较平静。尽管在稳定大陆区域发生大地震的频率不高，但一旦发生地震，其震级可能会很大。例如，1811 年 12 月至 1812 年 2 月间，美国中部的新马德里地区（New Madrid Zone）发生了 3 次 7.5 级至 7.7 级的板内地震，而新马德里地区是世界上著名的稳定大陆区域之一，上述 3 次地震位居过去 200 年来北美的最大地震之列。图 1-11 给出了这 3 次地震的位置和新马德里地区的地震活动分布情况。瓦巴什山谷（Wabash Valley）是北美的另一个稳定大陆区域，图 1-11 也给出了瓦巴什

山谷的地震活动。

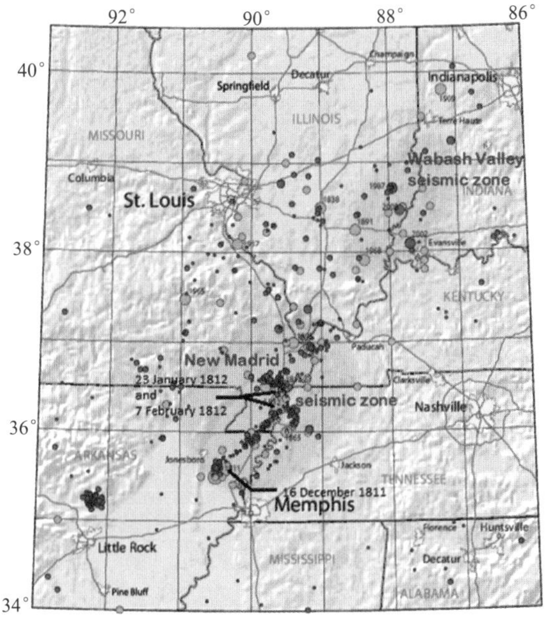

图 1-11 美国中部新马德里（New Madrid）和瓦巴什山谷（Wabash Valley）地带（橙色标记）的地震活动。该图还显示了该地区 1974 年至 2002 年间的历史地震（红色圆圈）和 1974 年之前的历史地震（绿色圆圈）。圆圈越大，代表震级越大。地图上的实黑线显示了 1811 年至 1812 年发生的三次大地震的位置

图 1-12 详细阐明了大洋板块俯冲到大陆板块之下的机制。在俯冲大洋板块中，地震活动的发生深度相当可观，最深可达 750km。在大洋板块与大陆板块交界的俯冲区域，也有较浅的地震发生。地震学家将后一种类型的地震称为俯冲板间地震，而将前一种类型的地震称为俯冲板内地震。沿大洋板块与地壳板块之间巨大的交界面上会发生较大震级的俯冲板间地震。如图 1-14 所示，在俯冲区域也经常观察到火

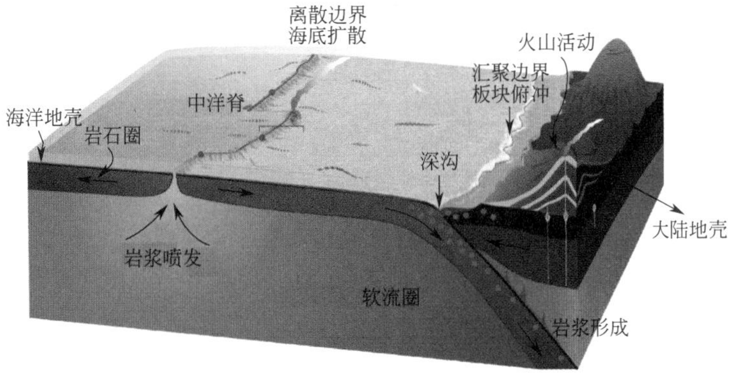

图 1-12 俯冲机制示意图。海洋地壳不断下降，其上的红色圆圈代表地震。俯冲板间地震是指发生在大洋地壳和大陆地壳之间接触面的地震。俯冲板内地震发生位置较深，由向下俯冲的海洋地壳破裂产生（修改自 Press，Siever，1986）。如图所示，火山活动也是俯冲机制的一部分

山活动，这是因为地球内部逐渐升高的温度加热了海洋地壳，当形成海洋地壳的低密度物质达到其熔点时，将上升至表面并在地壳的最薄弱处喷发，这种机制形成了火山，并且激发了火山活动。

表1-1列出了每年世界范围内发生的不同震级的地震，总体概括了全球每年的地震活动情况。从表1-1中可以看出，在每年的地震活动总量中，中强震和强震（5级及以上）所占比例较小。小震数量庞大，其大小和数量的准确程度及分布范围与全世界各地地震台网的密度直接相关。增加地震记录台站的数量将改善小震级地震事件的探测和定位精度，也可为地震发生率的计算提供更可靠的统计数据。表1-2列出了由美国地质调查局（USGS）编制的1990年至2012年间全世界特大和最具有灾难性的地震事件。某些地震（没有包含在表1-2中）虽然没有表中所列地震震级高，但由于地震发生区域工程或非工程结构设计不当也导致了重大的伤亡（例如：2010年1月12日发生的海地地震）。

每年全球发生的地震　　**表1-1**

震级	年平均	震级	年平均
8度及以上	1[a]	4～4.9度	13000(估计)
7～7.9度	15[a]	3～3.9度	130000(估计)
6～6.9度	134[b]	2～2.9度	1300000(估计)
5～5.9度	1319[b]		

注：该表是美国地质调查局从《百年目录》（Engdahl and Villaseñor 2002）和PDE简报（地震初步判定）中提取的。

a：基于1900年以来的观察数据。

b：基于1990年以来的观察数据。

1990年至2012年世界上的重大地震　　**表1-2**

日期	震级	死亡人数	地点
2012.04.11	8.6		印度尼西亚苏门答腊北部的西海岸
2012.02.06	6.7	113	菲律宾内格罗斯-宿雾省
2011.03.11	9.0	20896	日本本州东海岸附近
2010.02.27	8.8	507	智利莫尔近海
2010.01.12	7.0	316000	海地
2009.09.30	7.5	1117	印度尼西亚苏门答腊南部
2009.09.29	8.1	192	萨摩亚群岛地区
2008.05.12	7.9	87587	中国四川西北部
2007.09.12	8.5	25	印度尼西亚苏门答腊南部
2007.08.15	8.0	514	秘鲁中部海岸附近
2006.11.15	8.3	0	千岛群岛
2006.05.26	6.3	5749	印度尼西亚爪哇岛
2005.11.08	7.6	80361	巴基斯坦

续表

日期	震级	死亡人数	地点
2005.03.28	8.6	1313	印度尼西亚北苏门答腊
2004.12.26	9.1	227898	印度尼西亚苏门答腊北部西海岸
2003.12.26	6.6	31000	伊朗东南部
2003.09.25	8.3	0	日本北海道
2002.11.03	7.9	0	阿拉斯加中部
2002.03.25	6.1	1000	阿富汗兴都库什地区
2001.06.23	8.4	138	秘鲁近海岸
2001.01.26	7.7	20023	印度
2000.11.16	8.0	2	P.N.G. 新爱尔兰地区
2000.06.04	7.9	103	印度尼西亚苏门答腊南部
1999.09.20	7.7	2297	中国台湾
1999.08.17	7.6	17118	土耳其西部马尔马拉
1998.05.30	6.6	4000	阿富汗—塔吉克斯坦边境地区
1998.03.25	8.1	0	巴伦尼群岛地区
1997.11.14	7.8	0	斐济群岛以南
1997.05.10	7.3	1572	伊朗北部
1997.05.05	7.8	0	堪察加半岛东海岸附近
1996.02.17	8.2	166	印度尼西亚的伊里安再也地区
1996.02.03	6.6	322	中国云南
1995.07.30	8.0	3	智利北部海岸附近
1995.11.09	8.0	49	哈利斯科州墨西哥海岸附近
1995.01.16	6.9	5530	日本科比
1994.11.04	8.3	11	千岛群岛
1994.06.06	6.8	795	哥伦比亚
1993.09.29	6.2	9748	印度
1993.08.08	7.8	0	马里亚纳群岛南部
1992.12.12	7.8	2519	印度尼西亚弗洛雷斯地区
1991.11.19	6.8	2000	印度北部
1991.04.22	7.6	75	哥斯达黎加
1991.12.22	7.6	0	千岛群岛
1990.07.16	7.7	1621	菲律宾群岛吕宋
1990.06.20	7.4	50000	伊朗

1.2 地震过程与断层

上一节讨论的地球内部动态过程解释了构造板块之间相对运动的驱动力，这种板块间的持续活动导致地震主要发生在沿板块的边界处。地震机制实际上可以用弹性回弹理论解释，该理论是美国学者里德（Reid，1911）在板块构造理论之前，1906年旧金山地震发生之后提出来的，它首次从物理机制的角度将地震过程与地质断层合理地联系了起来。

1906年，地球科学家在对旧金山地震进行详细研究（Lawson，1908）时，通过量测围墙或道路的偏移量发现：该地震造成圣安德烈亚斯断层发生了400多公里的破裂，主要为右旋水平滑动。图1-13所示是1906年旧金山地震发生之后，圣安德烈亚斯断层某一破裂段右旋运动的快照。现场测量结果表明：断层两侧的滑动平均为2～4m。

图1-13 该图显示了1906年旧金山地震后圣安德烈亚斯断层某一破裂段上围栏的横向偏移。红色条带用于标记右侧横向偏移

基于断层破裂段沿线的位移测量结果，结合过去在该断层位置沿线测点获得的大地测量结果重新校验，地球科学家发现：断层两侧在地震之前一直处于持续运动之中，过去大地测量的滑移方向与旧金山地震发生之后观测到的滑移方向是一致的。因此，哈里·菲尔丁·里德（Harry Fielding Reid）在这些观测结果的基础上，提出了一种弹性回弹理论来解释地震发生的机制。如今，弹性回弹理论已被普遍接受。基于该理论，图1-14阐明了地震发生的完整过程。当断层两侧的板块受到应力时，将逐渐累积能量并发生变形，直到其内部强度超过极限为止（图1-14中的上部图）。此时，板块沿断层发生突然运动，将累积的能量进行释放，从而使得岩层迅速恢复到原始未变形的状态

（图 1-14 中的下部图）。

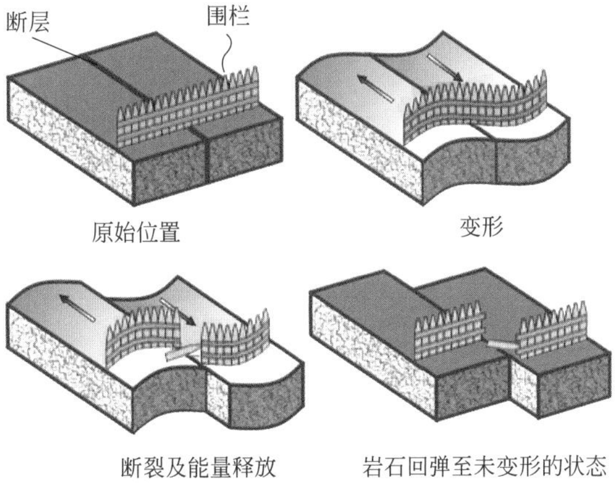

图 1-14 弹性回弹理论示意图

弹性回弹理论是第一个将断层破裂描述为强地震动来源的理论。在此之前，断层破裂认为是地震动的结果。除了由岩浆突然大规模运动引起的火山地震，几乎所有的地震都是由地质断层破裂引起的。地表破裂始于某一特定地点，然后沿断层面迅速传播。断层破裂的平均速度为 2～3km/s。

断层破裂通常非常复杂，但可以用理想化的矩形块体描述它们的整体行为，如图 1-15 所示。断层平面的上下壳体分别被定义为上盘和下盘，上盘相对于下盘运动。断层面与水平面之间的夹角称为断层倾角 δ，从水平面向下测量，取值范围为 0°～90°。断层面与地面的交线为断层走向线，走向线延伸的方向即为断层的走向，用断层线相对于北方的顺时针角度 ϕ 表示，ϕ 取值为 0°～360°。在定义断层走向时，需要让上盘始终位于右侧，下盘始终位于左侧。上盘相对于下盘的运动方向与断层走向的夹角称为断层滑动角 λ，其变化范围为±180°。

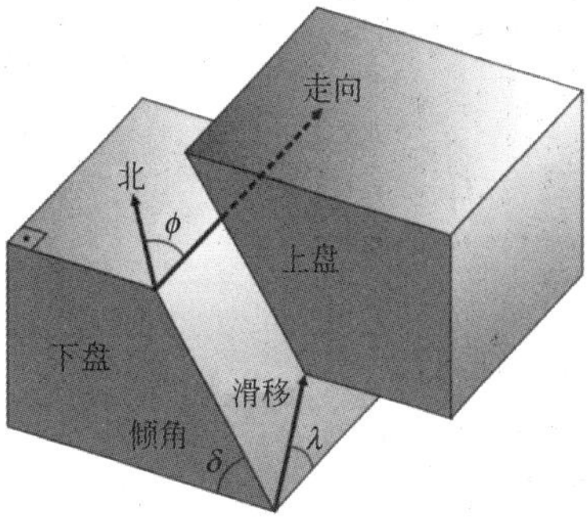

图 1-15 断层的几何特征

（资料来源：修改自 Shearer，1999）

根据上述定义的几何特征，图 1-16 给出了断层的类型。走滑断层的破裂沿着断层的走向发生。根据断层的走向和滑动角的定义，如果上盘（断层的右侧）远离位于断层位置且面向断层的观察者，则为左旋走滑断层。左旋走滑断层的滑动角为 $\lambda=0°$。如果上盘朝着观察者的位置运动（$\lambda=\pm180°$），则为右旋走滑断层。如果上盘上下运动，则为倾滑断层。当上盘向上运动时（即 $\lambda>0°$），根据滑动角的大小，可定义为逆断层或逆冲断层（若滑动角较小，$0°<\lambda<30°$时，为逆冲断层）。如果上盘向下滑动（$\lambda<0°$），则为正断层。逆断层出现在两个构造板块汇聚处（受压区域），正断层则是构造伸展的结果（当两个板块分离时）。走滑断层普遍存在于变换边界处。当断层的滑动同时具有水平分量和垂直分量时，称为斜断层，可通过考虑主要滑动方向进行描述（例如，如果主要滑动分量向下，则为正斜断层）。图 1-17 展示了从自然界拍摄的主要断层类型示意图。

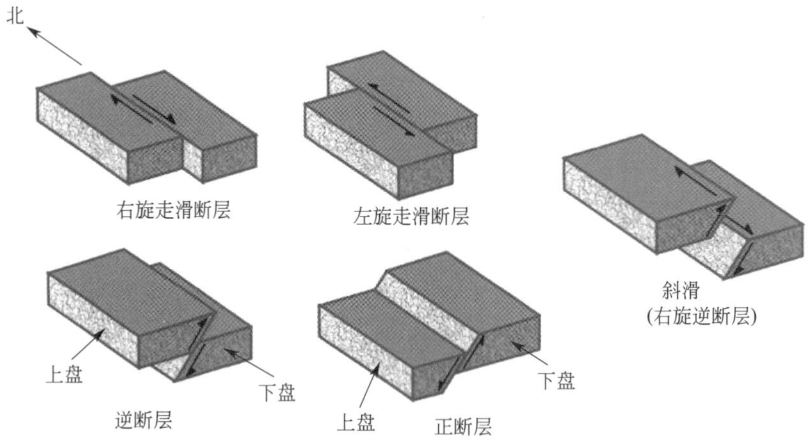

图 1-16　断层机制的类型和每种断层机制的基本滑动方向

（资料来源：修改自 Reiter，1990）

图 1-17　正断层（左上）、逆断层（右上）和走滑断层（下）

1.3　地震波

断层的破裂（图 1-18）造成应变能的突然释放，并以地震波的形式从破裂的断层面辐射出来。来自破裂断层的地震波以压缩或剪切的方式传播，分别对应纵波和横波（即 P

波和 S 波)。纵波比横波的传播速度更快。因此,纵波到达时间比横波到达时间要短,纵波是地震记录(震动图)中最先观察到的波形。纵波之后,在地震记录中可以观察到不同的横波相位。式(1-1) 和式(1-2) 分别表示了纵波和横波的传播速度(分别为 V_p 和 V_s),它们的传播速度取决于传播介质的弹性性质。

$$V_p=\sqrt{\frac{E(1-\nu)}{\rho(1+\nu)(1-2\nu)}} \tag{1-1}$$

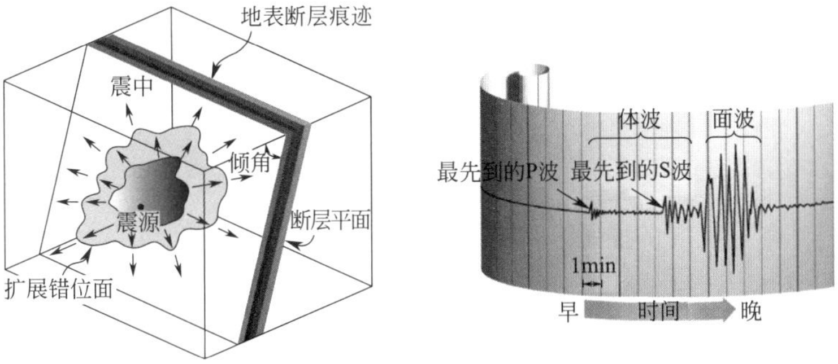

图 1-18 左图显示了简化破裂机制和来自震源的地震波传播,
震源是破裂起始点(成核),震中是震源在地球表面的垂直投影;
右图表示地震动记录中观察到的 P 波和 S 波不同的到达时间

$$V_s=\sqrt{\frac{E}{2\rho(1+\nu)}}=\sqrt{\frac{G}{\rho}} \tag{1-2}$$

式中,E 和 ρ 分别是弹性介质的弹性模量和质量密度;ν 是泊松比(约等于 0.25);G 是式(1-1) 和式(1-2) 中的剪切模量。由于越靠近地壳内部,E 和 G 值越大,因此纵波和横波的速度随地表深度的增加而增加。纵波和横波在地壳内传播速度的典型取值分别为$V_p=6\text{km/s}$ 和 $V_s=4\text{km/s}$。通常,纵波传播速度大约是横波传播速度的 $\sqrt{3}$倍。

纵波的质点运动方向为地震波的传播方向,横波的传播方向与质点的运动方向垂直。因此,根据质点运动的偏振性,纵波也叫 P 波,横波也叫 S 波。图 1-19 中的前两张子图分别是 P 波和 S 波的质点运动示意图。S 波不能在液体介质(例如:外核)中传播,因其质点沿地震波传播的横向方向运动,而液体无法传递剪切运动。根据质点在水平面和垂直面上的运动,横波可进一步分解为 SH 波和 SV 波。SH 波的质点运动发生在水平面上,产生横向振动,可能会对结构造成较大的动力响应需求。由于断层破裂后立即产生了 P 波和 S 波,并在地壳固体中传播,因此这些波形统称为体波。

面波是在地表或近地表传播的地震波。面波的振幅随深度的增加而减小,且不向地壳内部传播。面波可分为两种类型:勒夫波(LQ)和瑞利波(LR)。勒夫波是在自由表面和下面弹性半空间之间的水平层传播的 SH 波,SH 波通过水平层的顶部和底部反射传播。勒夫波的速度介于水平层的剪切波速和下面弹性半空间的剪切波速之间。瑞利波在传播时,由于 P 波和 SV 波的作用,质点在垂直平面中作偏振运动。如果将泊松比 ν 设为 0.25,则瑞利波的速度约为弹性介质中剪切速度的 90%。图 1-19 的最后两张子图分别为勒夫波和瑞利波的质点运动示意图。由于面波约束在某一边界内,因此可沿地球表面传播很远的距离，其波长和周期也更长。面波的传播速度取决于介质的弹性性质及其周期。

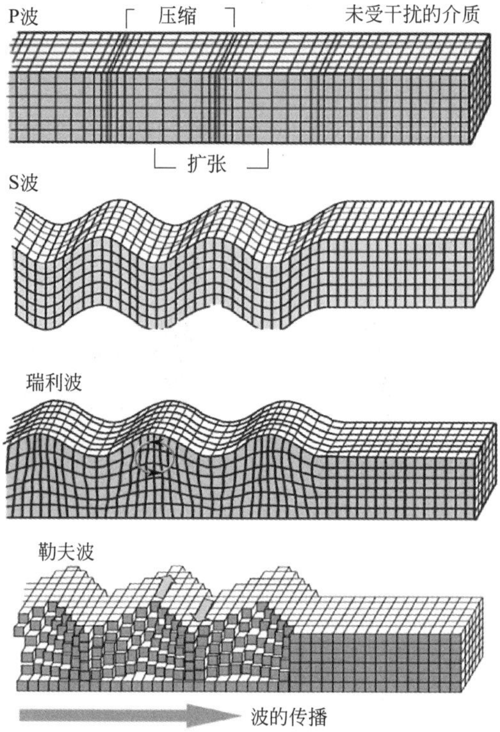

图 1-19 在弹性介质中传播的体波（纵波和横波）和面波（瑞利波和勒夫波）的传播模式

1.4 地震震级

地震震级的测度表征地震的大小和一次地震释放的能量。根据伍德-安德森（Wood-Anderson）地震仪记录获得的地震动最大振幅（用 A 表示，单位为 mm），Richter（1935年）首次提出了震级这一测度的概念，并以此量化美国南加州地区的地震大小。Richter 提出的里氏震级（M_L）表达式为：

$$M_L=\log(A)-\log(A_0) \tag{1-3}$$

注意，式(1-3) 采用基准振幅 A_0 校准 M_L，A_0 对应标准地震的振幅。标准地震是指距离震中 100km 处由伍德-安德森地震仪测得的地震动最大幅值为 0.001mm 的地震。针对美国南加州地区的平均情况，里克特（Richter，1935 年）提供了对应的震中距高达 1000km 的校准因子 $-\log(A_0)$。M_L 可从图 1-20 中的列线图获得，该图基于 P 波和 S 波的到达时间以及伍德-安德森地震仪获得的最大振幅读数。列线图考虑了基准振幅 A_0 的校准。如果 P 波和 S 波的到达时间之差为 25s，伍德-安德森地震仪记录获得的最大振幅为 20mm，则根据列线图估计 $M_L=5$。自然地，获得的 M_L 代表了美国南加州地区的一般地壳特征。

由于里氏震级的定义基于伍德-安德森地震仪记录获得的地震波振幅，并考虑美国南加州地区的地震动衰减特征对地震波的振幅进行校准。因此，如果地震台网通过其他类型

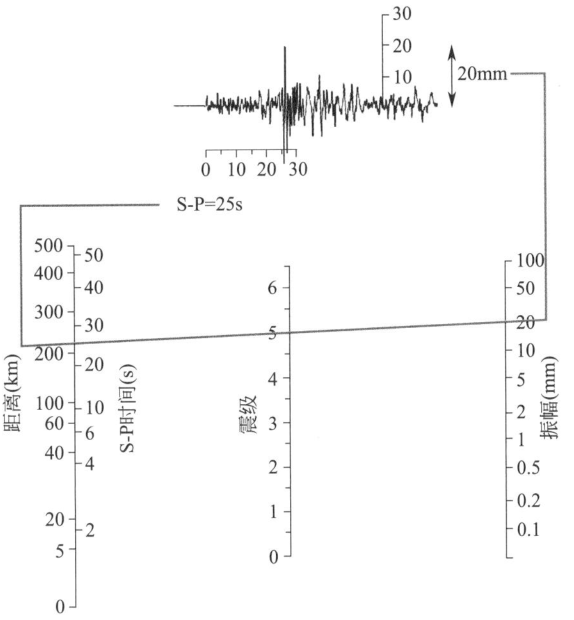

图 1-20 假设美国南加州地区发生某一地震事件，采用列线图估计震级 M_L。横波和纵波的到达时间之差为 25s，伍德-安德森地震仪的最大振幅为 20mm（请参见图中的伍德-安德森地震动记录）。如列线图所示，估计的里氏震级 $M_L=5$

的地震仪测量地震波的最大振幅，则应适当考虑不同仪器带来的 M_L 结果差异。此外，由于里克特最初提出的振幅校准仅针对美国南加州地区，因此地震台网还应充分考虑地震动衰减特征的区域差异性。里克特提出的里氏震级在应用时存在上述局限性，如果忽略，可能无法对全球范围内的地震大小进行一致性评估。

M_L 的另外一种测度是远震震级，这种方法首先采用地震仪的固有周期 T 归一化地震波的最大振幅，然后用归一化后的地震波最大振幅估计地震的大小。归一化的地震波振幅使得地震震级的估计与地震仪的类型无关。体波震级（M_b）和面波震级（M_s）是两种远震震级的测度，它们分别基于短周期（M_b）和长周期（M_s）地震仪记录的波形进行估算。然而，地震规模的增大会产生周期很长的地震波，这些地震波反映了断层破裂释放的地震能量，而记录 M_b 和 M_s 的地震仪均无法正确识别出这些地震波的振幅。因此，当地震规模变大时，这两种震级测度无法估计出实际地震的大小。换言之，由于特长周期的地震波最大振幅的增加量不能被相应的地震仪正确记录，因此，地震大小的增加将与 M_b 和 M_s 的增加不一致，这种现象称为震级饱和效应（达到一定震级后就无法区分地震的大小）。震级饱和效应也是计算 M_L 中要考虑的问题。伍德-安德森地震仪的固有周期约为 1.25s，不能准确检测出更大规模地震产生的特长周期地震波。

地震矩（M_0）不受饱和现象的影响，与断层破裂面积和断层上、下盘相对平均滑动量成正比，定义了一次地震发生后产生实测地震波所需的力。因此，地震矩也与断层破裂释放的总地震能量有关。1979 年，汉克斯和金森（Hanks & Kanamori）基于该能量提出了矩震级（M_w）的定义。式(1-4）给出了 M_w 和 M_0 的关系。由于 M_w 和 M_0 之间存在对数关系，且 M_0 与破裂面积成正比，因此每增加一个单位的 M_w，断层破裂面积将增大 32 倍。

$$M_w = \frac{2}{3}\log_{10}(M_0) - 6 \tag{1-4}$$

图 1-21 给出了断层破裂面积和震级之间的关系，较大的破裂面积意味着较大震级的地震。小震级（即震级小于 6 级）的破裂区域用圆圈表示，地震学上称这种震源为点震源。较大震级的破裂区域变成矩形（即扩展源）。在这种情况下，破裂区域的几何形状由宽度（W）和长度（L）来刻画。文献中，有许多的经验模型将地震震级与破裂尺寸联系起来（例如：Wells，Coppersmith，1994），这些关系可用于地震危险性评估中，它们将在本书的第 2 章进行讨论。

图 1-22 比较了不同的震级测度，展示了里氏震级、体波震级和面波震级的震级饱和现象（两种体波震级：m_b 和 m_B 是使用不同固有周期的地震仪获得的。其中，m_B 由较长周期的地震仪获得）。可见，这些震级测度无法区分一定震级后的地震大小。当使用较长周期地震仪记录获得的波形估计 M_s，在较大震级处将受到震级饱和效应的影响。由上所述，矩量级 M_w 是唯一不受震级饱和影响的震级测度。该图同时对比了日本气象厅的震级测度 M_{JMA}，比较可知其类似于 M_s。

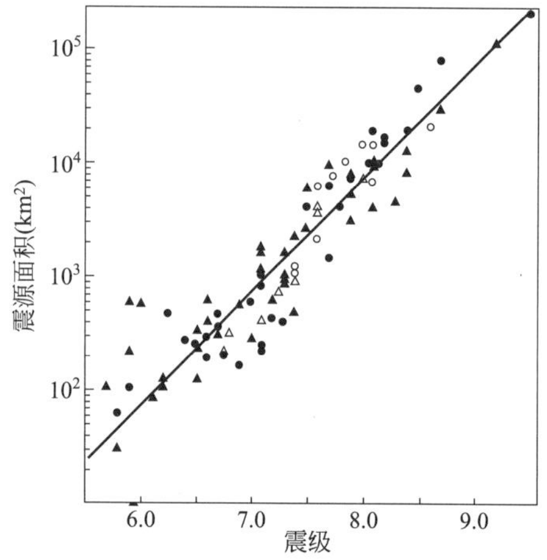

图 1-21　断层破裂面积和震级的经验模型

（资料来源：Reiter，1990）

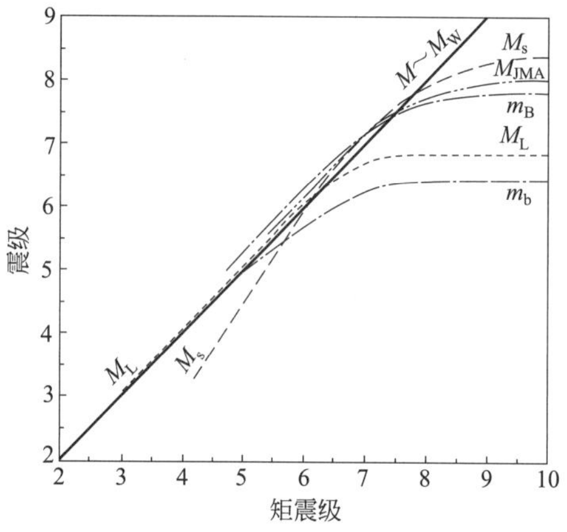

图 1-22　矩量级与其他震级的比较

（资料来源：Reiter，1990）

1.5　地震烈度

地震区域的地震仪器记录和个人主观观测也可以分别用作地震动强度的定量和定性测度。后一种方法采用宏观地震烈度的概念，通过预先给定相应的评价指标进行描述。由于这些评价指标通常基于工程人员和地球物理学家的共识制定，因此地震烈度的估算误差认为最小，而由地震仪器记录获得的地震烈度则认为最可靠。以下章节将简要介绍仪器烈度和宏观烈度。

1.5.1 仪器烈度

对于地震工程的相关研究而言，强震仪记录获得的地面运动包含了描述地震动强度最为有用的数据。强震仪记录了地面运动作用下质点加速度随时间的变化情况。强震仪的记录称为加速度记录或加速度计数据。强震仪通常部署在活动震源附近的自由场地上，捕获工程关注的强地面运动，通常记录有三个相互垂直的运动分量：一个竖直方向和两个水平正交方向。

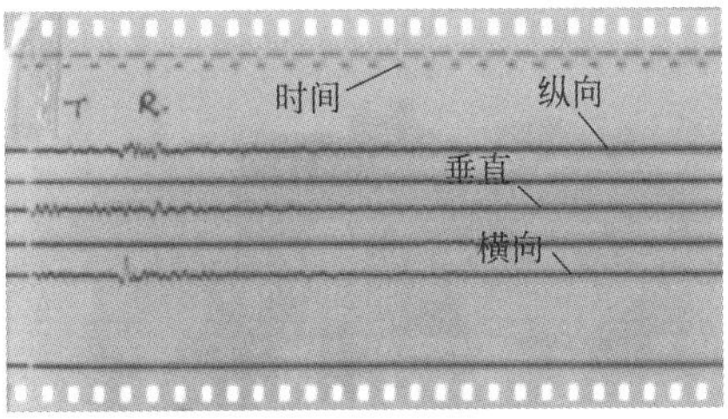

图 1-23 电影胶片上一条典型的模拟记录。胶片包括时间标记、两个水平和一个竖直加速度分量。胶片上的痕迹由专家进行了数字化处理

强震仪有模拟强震仪和数字强震仪两种。模拟强震仪是第一代强震仪，它在电影胶片上进行记录（图 1-23）。模拟强震仪采用触发模式，即：仪器需要达到某一加速度阈值后才开始记录入射波形。如果波形的幅度低于此加速度阈值，即便在触发模式下也无法捕获地震波的首次到达。地震波首次到达的缺失，可能导致在用模拟加速度记录计算地面速度和位移时出现偏差。由于模拟强震仪是在电影胶片上记录的，因此记录质量会受到影响。人们在工程和地震分析中，需要将记录进行数字化，这会给原始波形带来附加的噪声，降低原始记录质量。

在第一台模拟强震仪出现接近 50 年后，数字强震仪才开始投入使用。在技术上，数字强震仪更加先进，可以连续运行并使用事前储存器，记录的波形分辨率也更高。相对模拟强震仪，由于数字强震仪的动态范围更广，因此具有更低水平的噪声。数字强震仪记录的加速度时程已经是数字格式，无需进行模拟—数字波形的转换。图 1-24 展示了一幅典型的数字加速度记录。需要注意的是，该强震仪的事前缓冲区（存储器）约为 15s。换言之，所有三个分量都可显示实际波形到达记录站点大约 15s 前的情况。这一功能有助于强震仪捕获首次到达的地震波形，这对获得更加可靠的地面质点速度和位移时程十分有用。

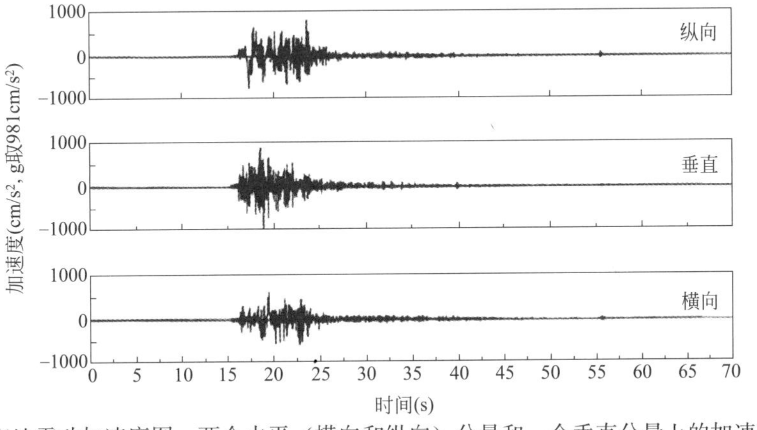

图 1-24 数字地震动加速度图：两个水平（横向和纵向）分量和一个垂直分量上的加速度时间序列

地震动加速度记录包含了地震动特性的重要信息，同时也描述了不同地震或同一地震不同地点地面运动特性的巨大差异（图 1-25）。从地震动加速度记录中获取的地震动参数

（例如，峰值地面加速度、速度或反应谱值）可以定量描述地震动的强度。此外，结构震后的破坏状态和损失也可通过基于地震动加速度记录获得的地震动强度参数进行估计。

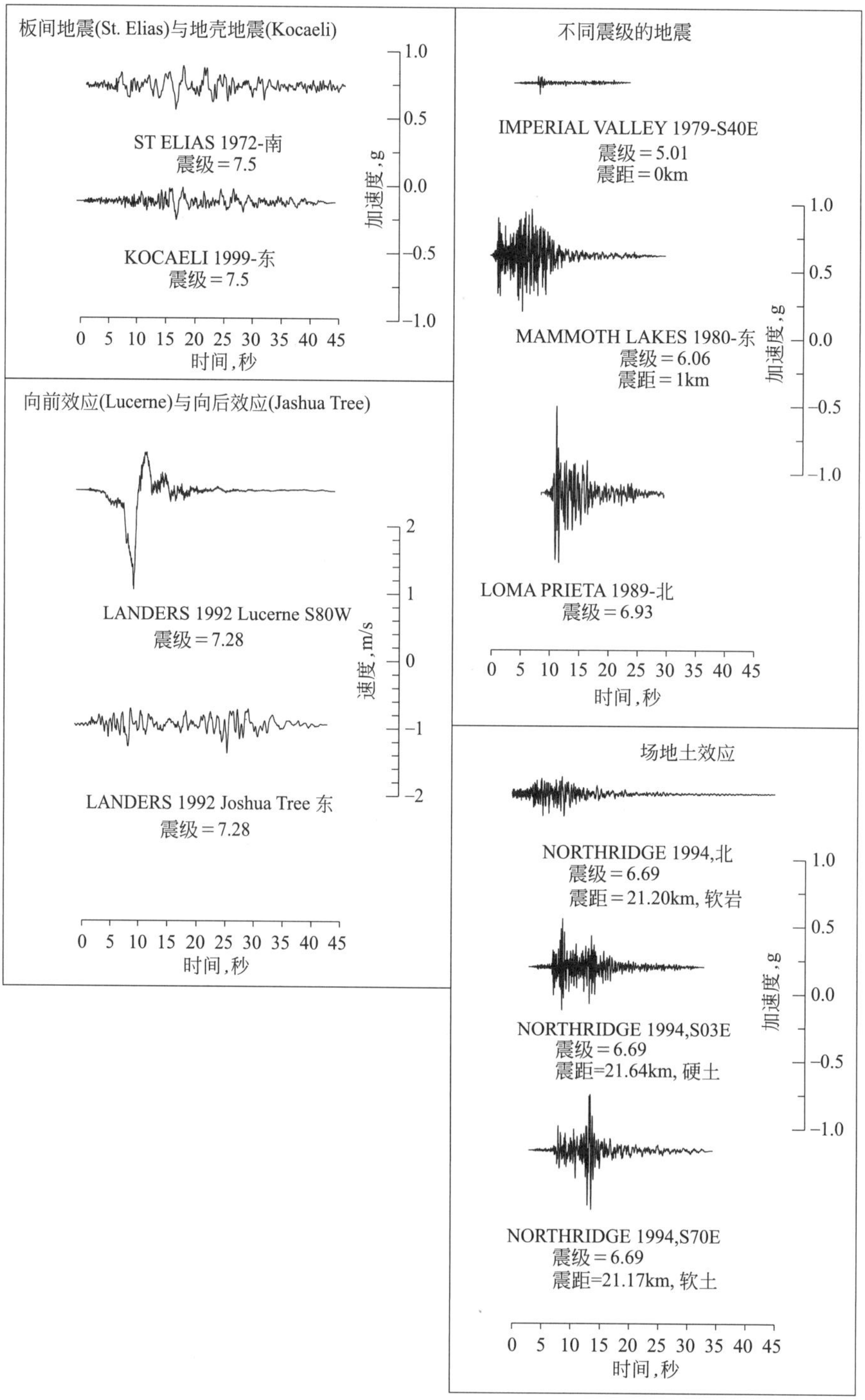

图1-25 不同类型（俯冲板间与地壳）、不同方向性（向前与向后方向性）和不同土体条件下（从软岩到软土）的地震加速度记录表明了强地震动特性的变异性

图 1-25 展示的加速度时程反映了断层破裂的基本特征和地震波的传播路径。可见，加速度时程的持时随地震震级的增加而增加。其中，震级增加是断层破裂面积更大的结果，意味着断层破裂的时间更长，自然反映在了加速度记录中，使得持时更长。

如果断层破裂方向和地震波传播方向都朝向记录台站（向前方向性效应），加速度记录由于波形相干的原因，通常会包含脉冲成分。如果断层破裂方向和地震波传播方向远离记录台站（向后方向性效应），加速度记录中则没有这样的脉冲成分，且波形的振幅降低。向前方向性效应可以在破裂断层附近记录获得的加速度时程中观察到。相对于具有向前方向性特征的加速度记录，具有向后方向性特征的加速度记录往往具有更长的持续时间。

软土场地相比基岩场地通常会放大地震波形。这一现象在地震工程中被描述为场地放大效应。此外，地面加速度的幅值通常随着距破裂断层距离的增加而减小，这一现象被称为地震动衰减，将在下一章中进一步讨论。

加速度记录在时间上积分（通过一些特殊的数据处理方式）可以得到随时间变化的质点速度和位移时程。速度和位移时程揭示了地震的其他重要特征。图 1-26 给出了根据加速度记录计算获得地面速度和位移时程的一个示例。

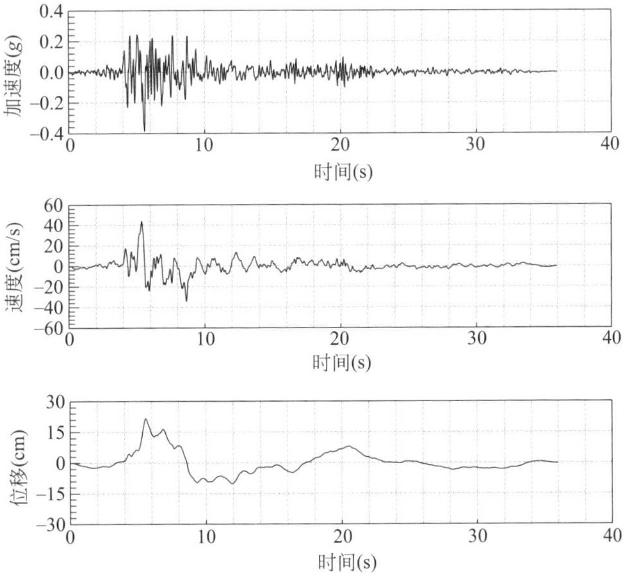

图 1-26 1992 年，美国加利福尼亚州的门多西诺角地震中 Rio Dell Overpass 站台记录且处理后的加速度时程（东西方向分量）及其速度和位移时程。记录站台与破裂断层之间的最短距离大约为 14km

1.5.2 宏观烈度

地震动对结构体系和整个地震区域的影响程度可以采用宏观地震烈度进行定性评估，这一指标反映了某一特定地点在地震中的地震动强度。显然，该定义表明宏观地震烈度是一种基于地震对区域的影响程度从而对地震动的强度进行分级的方式。尽管随着仪器测量技术的不断发展，宏观地震研究似乎显得并无必要，但它对于修正历史地震的活动性至关重要。历史地震的活动性可用于描述地震危险性评估中的震源特征（有关地震危险性评估的详细信息请参见第2章）。宏观地震研究对于结构易损性（结构易受地震破坏的水平）和地震风险评估（地震对建筑环境破坏的风险）也十分重要。

国际上最早的、广泛通用的地震烈度表是10度Rossi-Farel烈度表（1883年）。但在更早时期，斯基安塔雷利（Schiantorelli，1783年）和萨尔科尼（Sarconi，1784年）就已提出了关于地震破坏的简化量化方法。塞贝尔（Sieberg，1912、1923年）的12度地震烈度表构建了现代烈度表的基础，其后的版本被称为MCS（Mercalli-Cancani-Sieberg）烈度表（1932年）。1931年，塞贝尔在1923年发表的内容被伍德（Wood）和纽曼（Neumann）翻译成了英文（称为“Modified Mercalli”，简称MM烈度），并在1956年，被里克特全面重新修订，此版本称为1956年“Modified Mercalli烈度表”（MM56）。1964年，梅德韦杰夫，博纳尔和卡尔尼克（Medvedev，Sponheuer和Karnik）基于MCS、MM56和梅德韦杰夫早年在俄罗斯的研究，出版了MSK烈度表。该烈度表在欧洲得到了广泛使用，直到1998年欧洲地震烈度表（EMS）颁布（Grunthal，1998）。

表1-3所示为EMS，该表通过描述地震对人类、器物和自然、建筑物（根据震害）的影响定义地震烈度。EMS考虑结构类型、施工工艺和结构状况，划分了六种易损性等级用于评估地震烈度，如表1-4所示。震害包括结构性破坏和非结构性破坏，分为五个等级：基本完好至轻微破坏、中等破坏、显著至严重破坏毁坏、倒塌。EMS以语言和图像两种方式对破坏等级进行了描述。表1-5、表1-6中给出了砖石和钢筋混凝土建筑的破坏等级。

EMS烈度指标及其描述（Grunthal，1998）　　表1-3

EMS烈度	定义
Ⅰ无感	(a)无感，即便在最不利的情况下。 (b)无影响。 (c)无破坏
Ⅱ几乎无感	(a)仅有极少数（少于1%）在户内特别敏感且静止不动的人感到震颤。 (b)无影响。 (c)无破坏
Ⅲ轻微震颤	(a)户内少数人感觉到，处于静止的人感到摇摆或轻微震颤。 (b)悬挂物体轻微摆动。 (c)无破坏
Ⅳ普遍有感	(a)在户内的多数人感觉到，户外的非常少的人感觉到。少数睡觉的人会被唤醒，震动幅度不大，适中。观察者会感到建筑物、房间或床、椅子等有轻微的颤抖或晃动。 (b)瓷器，玻璃器皿，窗户和房门作响，悬挂物体摆动。在某些情况下，轻型家具会有明显晃动。某些情况下木制品吱吱作响。 (c)无破坏
Ⅴ感觉强烈	(a)室内绝大多数人和室外少数人感觉到地震。一些人收到惊吓跑向室外，许多熟睡的人被唤醒，观察者会感到整个建筑物、房间或家具的强烈晃动或摇摆 (b)悬挂的物体晃动很大，瓷器和玻璃碎成一片，小型、头重脚轻或不稳定物体可能会移位或掉落，房门和窗户出现摆动打开或关闭现象。在某些情况下，窗格断裂，液体振荡，并可能从填充良好的容器中溢出。室内的动物可能会变得不安。 (c)少数易损性A、B类建筑物遭受1级破坏
Ⅵ轻微破坏	(a)室内绝大多数人和室外少数人感觉到地震，一些人失去平衡，很多人害怕并向室外跑。 (b)稳定性一般的小物件可能掉落，家具可能移位。少数情况下，餐具和玻璃器皿可能会破裂。农场（甚至是户外）动物可能会受到惊吓。 (c)多数易损性A、B类建物筑遭受1级破坏；少数易损性A、B类建筑物遭受2级破坏；少数易损性C类建筑物遭受1级破坏

续表

EMS 烈度	定义
Ⅶ中等破坏	(a)绝大多数人惊慌,试图逃出,多数人难以站立,尤其处于较高楼层的人。 (b)家具被移动,顶部沉重的家具可能会翻倒。大量物体从架子上坠落。水从容器、水箱和水池中溅出。 (c)多数易损性 A 类建筑物遭受 3 级破坏,少数破坏达到 4 级;多数易损性 B 类建筑物遭受 2 级破坏,少数破坏达到 3 级;少数易损性 C 类建筑物遭受 2 级破坏;少数易损性 D 类建筑物遭受 1 级破坏
Ⅷ严重破坏	(a)多数人难以站稳,甚至是在户外也是如此。 (b)家具可能翻到,电视机和打字机等物品摔落地上。墓碑有时可能会移位,转向或倾倒。非常柔软的地面可能会凹凸,有如波浪 (c)多数易损性 A 类建筑物遭受 4 级破坏,少数破坏达到 5 级;多数易损性 B 类建筑物遭受 3 级破坏,少数破坏达到 4 级;多数易损性 C 类建筑物遭受 2 级破坏,少数破坏达到 3 级;少数易损性 D 类建筑物遭受 2 级破坏
Ⅸ毁坏	(a)普遍感到恐慌,人们被猛地摔倒在地。 (b)许多碑体和柱状物倒地或扭转,可以看到柔软的地面呈现波浪形状。 (c)多数易损性 A 类建筑物遭受 5 级破坏;多数易损性 B 类建筑物遭受 4 级破坏,少数破坏达到 5 级;多数易损性 C 类建筑物遭受 3 级破坏,少数破坏达到 4 级;多数易损性 D 类建筑物遭受 2 级破坏,少数破坏达到 3 级;少数易损性 E 类建筑物遭受 2 级破坏
Ⅹ严重毁坏	多数易损性 A 类建筑物遭受 5 级破坏;多数易损性 B 类建筑物遭受 5 级破坏;多数易损性 C 类建筑物遭受 4 级破坏,少数破坏达到 5 级;多数易损性 D 类建筑物遭受 3 级破坏,少数破坏达到 4 级;多数易损性 E 类建筑物遭受 2 级破坏,少数破坏达到 3 级;少数易损性 F 类建筑物遭受 2 级破坏
Ⅺ倒塌	绝大多数易损性 B 类建筑物遭受 5 级破坏;绝大多数易损性 C 类建筑物遭受 4 级破坏,少数破坏达到 5 级;多数易损性 D 类建筑物遭受 4 级破坏,少数破坏达到 5 级;多数易损性 E 类建筑物遭受 3 级破坏,少数破坏达到 4 级;多数易损性 F 类建筑物遭受 2 级破坏,少数破坏达到 3 级
Ⅻ完全倒塌	所有易损性 A、B 类建筑物均被摧毁,几乎所有易损性 C 类建筑物被毁;绝大多数易损性 D、E 和 F 类建筑物被毁。地震影响可能已经达到最大

由于地表破坏（例如：滑坡、落石崩塌、地面开裂）受其他非地震因素（如：震区水文条件）的强烈影响，这些因素有时可能掩盖地震动的直接影响，因此 EMS 降低了地表破坏的重要性。在对烈度的相关描述中，EMS 不考虑地表破坏的影响，而是将它们与不同的烈度范围相关联。值得注意的是，较低的地震烈度主要通过人的反应来描述。实际工程通常关注的烈度在Ⅶ度以上。烈度Ⅻ度表示非常罕见的强地面震动，因此定义烈度Ⅹ度和Ⅺ度为地震烈度的上限。

某一地震动作用下，具有相同承载能力水平的建筑物可能遭受不同形式的损伤。建筑物的损伤模式（经常出现的典型破坏形式）不尽相同，有些建筑物遭受的地震损伤较轻，另一些建筑物可能较重。因此，对于目标区域，EMS 根据这些建筑物的损伤程度定义地震烈度。需要注意的是，EMS 不是衡量建筑物损伤的测度，它是根据建筑物的地震反应定性地评估地震烈度。EMS 通过建筑物的易损性分组与相应的破坏等级，把建筑物的地震损伤与地震烈度联系起来，如表 1-4～表 1-6 所示。地震烈度并非是连续变化的，且呈非线性的变化趋势。因此，从地震烈度Ⅳ度增加到Ⅴ度，和从Ⅶ度增加到Ⅷ度，并不代表地面运动程度发生了相似的变化。

EMS 中易损性分类定义［易损性分类字母（A～F）代表不同结构体系受到破坏的难易程度（Grunthal，1998）］　　表 1-4

结构类型		易损性等级 A	B	C	D	E	F
砌体结构	碎石、散石	○					
	土坯（土砖）		○——	——┤			
	简易石		├----	----○			
	块石					├——	—○---┤
	未加筋的加工石块		├	○----	----┤------	------	
	未加筋但楼板现浇					├——	—○---┤
	加筋或有约束				├	○	├------ ——
钢筋混凝土结构	未经抗震设计的框架	├----	———	—○---	----┤		
	适度抗震设计的框架		├----	———	—○—	—┤	
	高标准抗震设计的框架			├----	———	—○—	—┤
	未经抗震设计的剪力墙		├----	---○—	—┤		
	适度抗震设计的剪力墙			├----	---○—	—┤	
	高标准抗震设计的剪力墙				├----	---○—	—┤
钢结构	钢结构			├----	———	—○—	—┤
木结构	木构架结构			├----	———	—○—	—┤

注：○：最可能的易损性类型；——可能的范围；------不太可能或特殊情况范围。

EMS 对砌体结构破坏等级的描述　　表 1-5

破坏图	破坏等级	破坏描述
	1 级	基本完好至轻微破坏（无结构性破坏、轻微非结构破坏）；极少的墙壁出现裂缝，仅有小块灰石落下；极个别情况下建筑物上部松散石块掉落
	2 级	中等破坏（轻微结构破坏，中等非结构破坏）；许多墙体出现裂缝；大片抹灰掉落；烟囱部分折断
	3 级	显著至严重破坏（中等结构性破坏，严重非结构破坏）；多数墙体出现宽大裂缝；屋盖掉瓦，烟囱从根部折断；个别非结构性构件（隔墙、山墙）破坏

续表

破坏图	破坏等级	破坏描述
	4 级	毁坏(严重结构性破坏,极严重非结构破坏);墙体严重破坏;屋盖和楼板出现部分结构性破坏
	5 级	倒塌(极严重结构性破坏);全部或几乎全部倒塌

EMS 对钢筋混凝土结构破坏等级的描述 **表 1-6**

破坏图	破坏等级	破坏描述
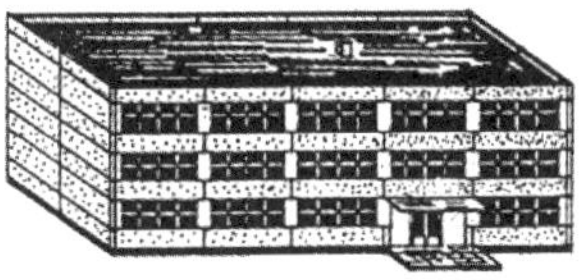	1 级	基本完好至轻微破坏(无结构性破坏、轻微非结构破坏);框架表面或底部墙体抹灰出现细微裂缝;隔墙和填充墙上出现细微裂缝
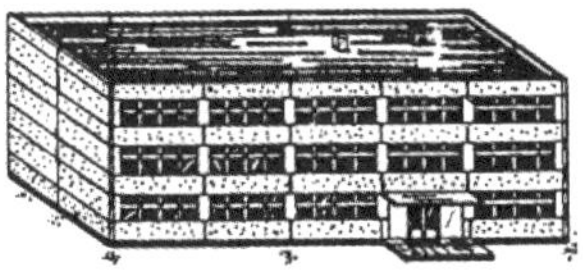	2 级	中等破坏(轻微结构破坏,中等非结构破坏);框架的梁、柱及结构性墙体上出现裂缝;隔墙和填充墙上出现裂缝;易碎保护层和抹灰掉落;墙体连接处砂浆掉落
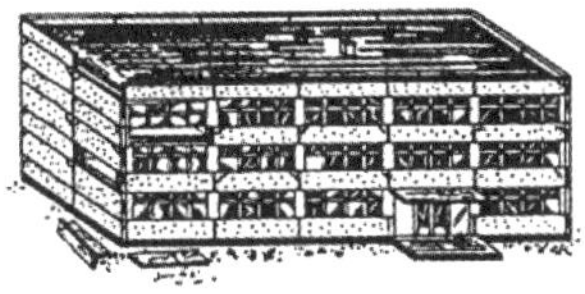	3 级	显著至严重破坏(中等结构性破坏,严重非结构破坏);在底层的钢筋混凝土柱及梁柱节点及联肢墙的连接处出现裂缝;混凝土保护层剥落,钢筋屈服;隔墙和填充墙上出现大裂缝,个别填充墙破坏
	4 级	毁坏(严重结构性破坏,极严重非结构破坏);伴随混凝土压碎和钢筋受压屈曲失稳,承重结构出现大裂缝,梁钢筋锚固粘接失效,柱子倾斜;一些柱子倾倒或个别上部楼层坍塌
	5 级	倒塌(极严重结构性破坏);下部楼层坍塌或部分建筑(如翼楼)倒塌

地震烈度采用地图的方式展示地震对震区的影响。采用不同地点烈度绘制的等烈度图，称为等震线图。图 1-27 给出了 1976 年意大利弗鲁利主震之后的等震线图。等震线图可以快速显示那些因遭受强震引起建筑破坏的区域，以及人们能够感受到地面震动的区域。等震线多少趋于以断层破裂为中心的同心圆。震中一般位于最高烈度的等震线内或邻近区域。等震线的分布情况，尤其是它们之间的距离，反映了地震震级和震源深度的影响。具体而言，浅源地震的等震线间隔更加紧密。俯冲带上的深源地震通常出现较低的烈度，但等震线包围的区域范围更大。

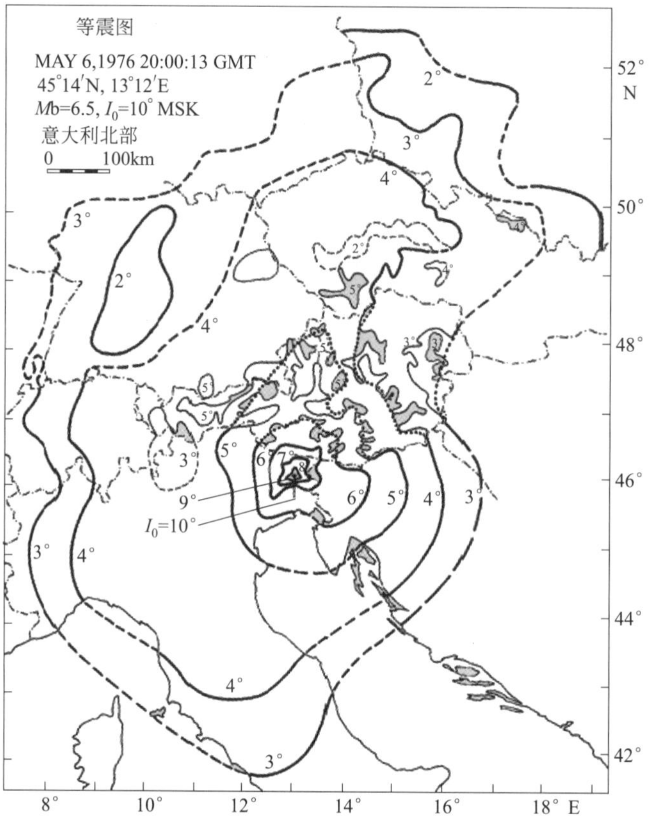

图 1-27 1976 年 Friuli 地震后的等震线

（资料来源：Karnik，et al，1978）

1.6 地震对建筑环境的影响

地震对建筑环境的影响可以分为两类：直接影响和间接影响。建筑基础下方的强地震动是地震产生的主要效应，直接影响震区的结构。跨越长大结构或基础设施网络（生命线）如高架桥、管网或路网的断层破裂也是地震的直接影响。间接影响是指强地震动导致岩土环境破坏，并对位于该岩土环境中的结构产生的影响。岩土环境破坏的例子包括土体液化、地面侧向扩散和地震诱发滑坡。震致海啸和火灾也是地震的间接影响。地震的间接影响十分显著。实际上，2004 年的印度尼西亚（苏门答腊）地震和 2011 年的日本（东北）地震，海啸造成的死亡人数和经济损失远远比地震直接造成的损失严重得多。

1.6.1 强地震动

根据牛顿运动定律，地震作用下的强地震动产生作用于结构质量上的惯性力。强地震动对结构的影响是下面章节的主要内容。当地震产生的结构侧向惯性力超过结构的抗侧承载力时，结构变形超出其线性弹性范围并发生非线性破坏，若结构缺少足够的非弹性变形能力，则会发生倒塌。图 1-28 左图显示了 1999 年马尔马拉地震中倒塌的一组建筑物。需要注意的是，这些建筑物中一些建筑物发生了倒塌，但位于同一位置的其他建筑物却没有发生倒塌。尽管这些建筑物遭受了相同的地震动，但由于抗侧承载力存在差异，使得它们的抗震性能也出现了明显的不同。建筑物的完全倒塌通常会造成生命损失（图 1-28 右图）。

图 1-28 相同地震动下同一区域不同建筑的破坏模式不一致（左图）；建筑完全倒塌致居民死亡（右图）

1.6.2 断层破裂

断层破裂到地表且横穿结构会对结构造成与断层位移相同的较大水平位移或垂直位移。断层较易穿越长跨结构，如：高速公路、铁路、高架桥或管网系统。若穿越铁路，断层将使铁轨发生弯曲（图 1-29 中左图）。因铁轨为柔性结构，变形部分容易更换，因此这类损坏比较容易修复。然而，当断层穿越坚硬结构如混凝土高架桥时，则会造成永久性的破坏。在 1999 年的马尔马拉地震中，断层破裂以一倾斜角穿过安卡拉—伊斯坦布尔高速公路上的博卢（Bolu）高架桥（图 1-30 左图），造成两个相邻桥墩彼此相距约 1.5m（图 1-29 中右图）。高架桥的甲板结构由于不能满足这种水平位移差，因此甲板梁几乎从墩帽上掉落（图 1-30 右图）。地震发生后，桥梁的整个甲板都被拆除以进行重建，这使该条高速公路关闭了两年。造成这种破坏的主要原因是在桥梁设计时对断层位置和断层错动量并未正确估计。

图 1-29 破裂断层穿越铁轨（左图）和高架桥（右图）

图 1-30　贯穿博卢高架桥墩的断层线（左图）和由于桥墩沿破裂断层方向运动造成甲板结构处的破坏（右图）

1.6.3　土体变形

强地震动导致未充分压实的沉积土体发生沉降。这种由强地震动引起土体变形的典型例子是建在沉积土层之上的高速公路和铁路。图 1-31 左图显示了 2010 年智利马乌莱河（Maule）地震造成的双车道高速公路路面破坏。在同一次地震中，铁路桥台发生了严重沉降并从铁轨上滑落，致使铁轨悬浮于空中（图 1-31 右图）。

图 1-31　2010 年智利 Maule 大地震时高速公路路面破坏（左图）和铁路桥梁桥台处的大幅度沉降（右图）（资料来源：EERI 地震图库）

在强地震动引起的循环应力作用下，饱和沉积土将失去抗剪强度，并以塑性材料的形式发生流动，这被称为土体液化。当液化土的承载力低于上部结构施加的静态重力时，将产生较大的竖向变形，致使结构在地震作用下沉入土体，发生刚体倾斜（图 1-32）。液化土的地面加速度通常很低，不会导致严重的结构破坏，因此土体液化不会造成人员伤亡，但会因结构倾斜或变形造成重大的经济损失。在某些情况下，极端的地面变形可能导致结构出现局部坍塌、失稳和严重破坏。

在实际工程中，岩土的液化势可通过标准贯入试验（SPT）和锥形贯入试验（CPT）等现场试验方案评估。这些评估方案的总体思路是在确定性或概率性的框架内，量化与比较循环抗力比（CRR）和循环应力比（CSR）。

土质边坡受到强地震动作用时，也可能发生增量式的侧向变形，如图 1-33 左图所示，这种现象称为侧向扩移。液化土体的侧向扩移对上方的结构产生拉拽作用，有时会把海岸线上的结构拖拽到海里（图 1-33 右图）。这种现象的形变机制可以解释为地震激励下沿下坡方向边坡的累积残余位移。侧向变形量可以利用预测模型、简化分析模型或数值计算方

图 1-32 1999 年土耳其马尔马拉海地震期间，阿达帕扎勒市由于土体液化发生倾斜的建筑物

图 1-33 2010 年智利马乌莱河地震期间 Olas 园林的侧向变形（左图，来自 EERI 地震图库）和 1999 年马尔马拉地震期间戈尔丘克（Gölcük）地区由于侧向变形将建筑拖入海中（右图）

法（有限元、有限差分等）进行估计。显然，从预测模型到有限元分析，液化土侧向变形的预测精度得到提高，但耗费的时间和所需的工作量也相应增加。

静态条件下保持稳定的岩土边坡由于地震引起的附加动态应力可能会丧失稳定，这就出现了如图 1-34 所示的地震诱发滑坡。目前，大多根据永久（或残余）位移对边坡的抗震性能进行评价。与评价边坡的侧向变形类似，永久位移可以通过经验预测模型、简化分析模型或数值计算方法进行估计。图 1-35 给出了需要对房屋和大坝进行地震边坡稳定性分析的案例。

图 1-34 1999 年杜兹克（Düzcc）地震中，高速公路路堤发生滑坡（左图）；2010 年智利马乌莱河地震中，建筑物上方发生滑坡（右图）

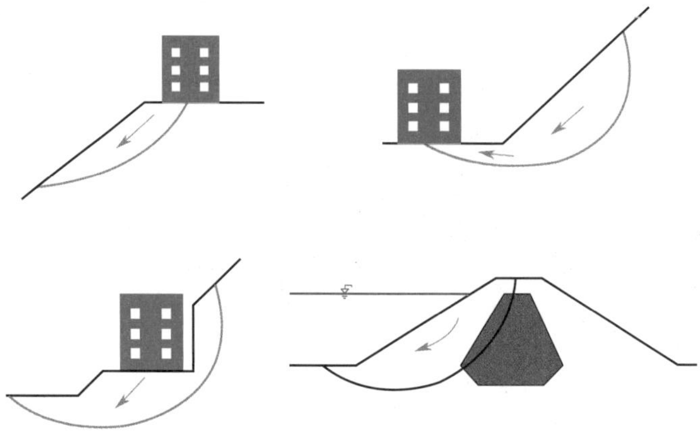

图 1-35 需要进行地震边坡稳定性分析的案例

岩土地震工程是地震工程领域里一个独立的分支学科，包括：地震动引起的岩土变形和相继发生的地表破坏等研究。本节仅简要介绍地震诱发岩土变形的概念，地震作用下的岩土变形分析不在本书讨论之列。

习题

1. 解释地震的震级和烈度。
2. 地震震级的测度是什么?
3. 解释地震的形成过程。
4. 地震仪和强震加速度计的基本区别是什么?
5. 什么导致了地壳构造板块的运动（大陆漂移)?
6. ①解释弹性回弹理论；②什么导致了地震下的地面振动?
7. 阐述地震波的基本类型。是否能在地震记录或加速度记录信号中将它们分辨出来?
8. 哪种地震波传播更快? 传播速度是多少?
9. 哪种地震波更具破坏性? 为什么?
10. 阐述震级饱和现象。为什么会出现这种现象以及何时会出现这种现象?
11. 地震烈度用来度量什么?
12. 联系断层破裂和地震波传播路径，阐述加速度记录的基本特征。
13. ①什么是宏观（主观）烈度，如何度量和表达? ②什么是仪器（客观）烈度，如何度量?
14. 不同类型断层的等震线基本形状是什么样的?
15. 等震线（烈度）图在地震工程中有哪些用途?
16. 解释影响地震动强度的基本因素。
17. 根据欧洲地震烈度表（EMS）确定地震烈度等级时应考虑哪些变量?
18. 描述地震对结构的影响，如何在建筑设计中考虑这些影响?
19. 地震作用下，如果土地预计会有较大残余岩土变形，可以修建建筑物吗? 请阐述应对岩土变形的基本工程措施或方式。

第 2 章
地震危险性分析

摘要：本章介绍了地震危险性评估的基本原理，这些原理是确定设计地震作用的基础。介绍了用于地震危险性分析的经典概率方法和确定性方法，着重介绍了这些方法的基本内容。在讨论完概率地震危险性分析方法和确定性地震危险性分析方法的相同点和不同点之后，按分析步骤对每种方法进行了介绍。最后介绍了一致危险性谱的概念，它是概率地震危险性分析的主要成果之一。这一概念被众多现代抗震设计规范用于计算弹性地震作用。由于概率地震危险性评估的基础是概率论，因此最后部分专门介绍了概率论的一些基本知识。

2.1 引言

地震危险性分析（SHA）用于评估未来地震可能引起的地震动强度参数大小（如峰值地面加速度 *PGA*、峰值地面速度 *PGV* 和不同振动周期下的谱加速度 S_a[①] 等）。在关注结构的设计或抗震性能时，地震危险性分析的主要目标之一是确定设计地震水准对应的地震动强度大小。当地震危险性（地震动强度水平）与人类承灾体以及地震易损性（建筑环境在地震作用下发生破坏的难易程度）结合，便可获得地震风险。

地震危险性分析首先考虑工程场地附近可能产生地震的震源基本特征（如断层）。将收集获得的震源详细信息，经过处理后用于估计未来地震可能产生的地震动强度大小。地震危险性分析可以采用确定性方法或概率方法。本章首先介绍概率地震危险性分析方法和确定性地震危险性分析方法（分别简写为 PSHA 和 DSHA）的主要内容及其组成，然后介绍 PSHA 和 DSHA 的主要步骤。后一种方法可以看作前一种方法的特例。通过对 PSHA 的讨论可引入一致危险性谱（Uniform Hazard Spectrum，UHS）的概念。UHS 被现行抗震设计规范用于确定抗震设计谱。本章最后介绍了概率论的基本原理，以便读者理解 PSHA 某些步骤中的要点。

2.2 地震活动性与地震复发模型（震级-频度关系）

地震危险性分析的第一步是研究震源和评估对工程场地有影响的历史地震事件。震源

---

① 谱加速度是一个反应谱的量，如第 3 章中所述。反应谱是指一组具有相同阻尼（或无阻尼）、不同自振周期的弹性振子（单自由度体系）在某一地震动作用下各种反应参数的绝对最大值。反应谱的纵坐标（如谱加速度）定义为地震动强度参数（如 *PGA* 和 *PGV*）。地震动强度参数通过考虑加速度记录在时域和频域上的特征提供了地面的运动强度信息。地震危险性评估通过使用地震动强度参数量化地震危险性水平。

（断层、面源等）研究主要包括地质研究和地震构造研究。地震活动性（研究区域地震发生的频率）研究依赖于工程场地的地震目录。地震目录给出了工程场地附近区域发生的所有具有工程意义的历史地震的位置和大小（大于最小震级阈值的事件）。通过地质和地震构造研究把这些地震与震源联系起来。图 2-1 展示了活动震源（断层震源 S_1、S_2 和面震源 S_3）的位置以及位于研究区域中心一个虚拟场地周围的地震分布。研究区域的边界应涵盖所有可能影响工程场地的相关地震活动。

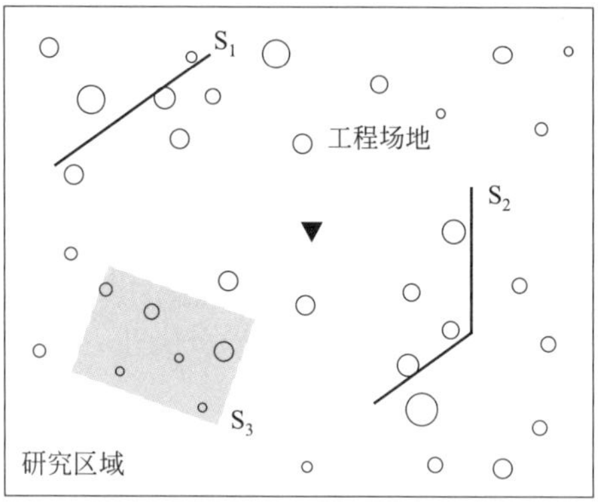

图 2-1 展示了某一虚拟工程场地附近的断层震源（黑色实线）和面震源（灰色矩形框）位置，以及地震事件的空间分布（大小不同的圆圈）。大小不同的圆圈代表不同震级的地震。从地质和地震构造研究中获取的信息可用于描述研究区域的震源特征

地震危险性分析中的地震复发模型由震源获得的地震发生率定义。对于某一给定震级（m^*），地震复发模型给出了超过震级 m^* 的地震年平均发生数。古登堡和里克特（Gutenberg 和 Richter，1944 年）开创性地提出了一种最为简单但非常有用的地震复发模型，如式(2-1) 所示。对超过每个震级的地震总数，采用地震目录涵盖的总时间跨度进行归一化，以描述超过震级 m^* 的地震年平均超越率 ν_m。

$$\log_{10}(\nu_m)=a-bm \tag{2-1}$$

式(2-1) 是一个对数关系，表明可采用指数分布计算研究区域的地震年平均超越率。式(2-1) 中的参数 10^a 表示大于震级 m_{min} 的地震事件年平均数，描述了研究区域内的最小地震活动率①。因此，a 越大，表明地震活动性越强。斜率 b 定义了小震级地震与大震级地震的比。直线越陡（b 值较大）意味小震级事件相对大震级事件占主导地位。相反，b 值较小则代表大震级事件对所考虑震源的地震活动性贡献更大。

Gutenberg-Richter 地震复发模型计算过程简单直接，如图 2-2 所示。首先，对目标震源编制地震目录。在删除前震和余震（以确保地震事件之间的独立性）之后，将地震目录按震级大小由小到大进行排序（图 2-2 左表）。然后，找出震级等于或大于 m^* 级地震的累积数量，并除以地震目录涵盖的时间范围进行归一化，计算出地震的年平均超越率

① Gutenberg-Richter 地震复发模型将 10^a 严格定义为震级大于或等于零的地震数。“0 震级”这一概念也许对于一些不熟悉本领域的读者不好理解。因此，本书采用了“最小震级 m_{min}”一词，舍弃了 Gutenberg-Richter 地震复发模型中最小震级以下的地震事件。

(ν_m)。在此例中，地震目录的总时间范围为 102 年（图 2-2 右图），黑色圆圈代表年平均超越率，为震级 M 的函数。震级与频度的关系可以用一条直线进行拟合，即为 Gutenberg-Richter 地震复发模型。由图 2-2 右图可以推测：震级大于或等于 6 级（$M \geqslant 6$）的地震年平均超越率大约为 0.02，而震级大于或等于 5 级（$M \geqslant 5$）的地震年平均超越率大约为 0.2。这与地震复发模型得到的结论一致：小震级地震的年平均超越率大于大震级地震的年平均超越率。在计算过程中，需要注意的是，地震目录应使用统一的震级标度建立一致的地震复发模型。

震级	震级大于等于 M 的地震事件数(N)	通过目录时间范围归一化后频率(ν)
4.05	95	0.93
4.15	87	0.85
4.25	77	0.75
4.35	74	0.73
4.45	63	0.62
4.55	57	0.56
4.65	50	0.49
4.75	44	0.43
4.85	33	0.32
4.95	22	0.22
5.05	20	0.20
5.15	17	0.17
5.25	14	0.14
5.35	10	0.10
5.45	8	0.08
5.65	5	0.05
5.95	2	0.02
6.15	1	0.01

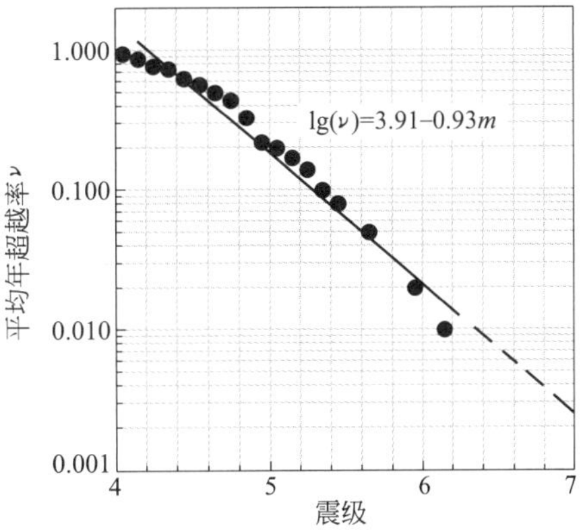

图 2-2 Gutenberg-Richter 地震复发模型在真实数据集上的应用

（图中虚线代表高于地震目录中观测震级所对应的 ν 估计值，即 $\nu_m(M>m^*)$）

仔细观察图 2-2 可见：拟合的直线在大震级终点处（数据在该处发生截断）可能出现与实际数据（黑色圆圈）偏离较大的情况。这一现象可归因于震源在产生超过一定震级的地震时存在一定的物理局限性。如图 2-2 所示，目标震源最大地震事件的震级大约为 6.2 级。式(2-1) 的线性模型，因其固有性质，无法适用于超过最大观测震级（m_{max}）的地震。因此，这一模型对于目标震源上不太可能发生的震级事件，可能会获得不真实（或实际中不合理的）的年平均超越率。图 2-2 中的虚线估计了目标震源上几乎不可能发生的、大于最大震级的地震年平均超越率。这种不一致可采用更严格的震级-年频度关系，轻微调整地震复发模型进行避免，如：可通过使用 *Gutenberg-Richter* 地震复发截断模型解决观测到的大震饱和现象（*McGuire*，*Arabasz*，1990），该模型对于计算给定 m_{max} 地震的年发生频率更加适用。在文献中，尽管还有更为复杂的地震复发模型（如：特征地震复发模型、*Youngs* 和 *Coppersmith* 模型），但这些模型的介绍以及与本书中提及模型的差异超出了本章的范围，因此不再赘述。

图 2-3 展示了基于图 2-2 中的数据建立的 *Gutenberg-Richter* 地震复发截断模型。如上所述，地震复发截断模型需要结合 m_{max} 信息描述目标震源可能产生的最大地震震级。m_{max} 可根据编译的地震目录信息确定（如 *Mueller*，2010），也可通过基于断层破裂尺寸的经验表达式确定（如 *Wells*，*Coppersmith*，1994；*Leonard*，2010）。前一种方法适用于面震源，也可用于断层震源。如果用地震目录信息确定 m_{max}，可在地震目录最大震级

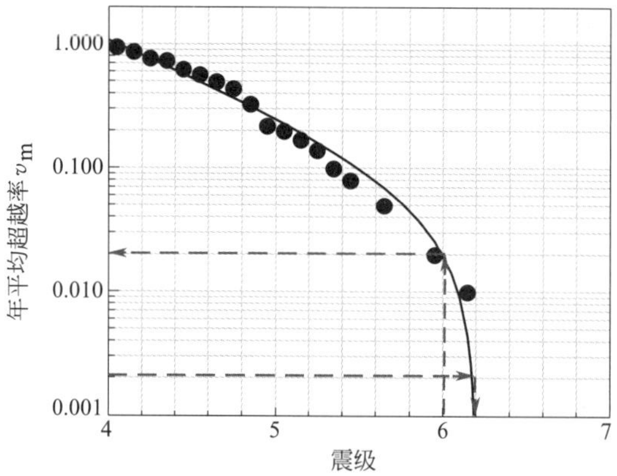

图 2-3 基于图 2-2 中的数据建立的 Gutenberg-Richter 地震复发截断模型（实线）（虚线箭头将在本节后面讨论）

的基础上附加一个增量（如：0.5 个单位）以考虑未来最大可能地震的不确定性。需要注意的是，基于断层破裂尺寸的经验关系是基于有限的数据回归获得的，获得的是带有相应标准差的震级期望值。因此，在利用经验关系确定 m_{max} 时，应考虑使用标准偏差设置 m_{max} 的上限，该标准差代表了未来可能发生的最大地震震级的不确定性。对于图 2-3 给出的例子，没有采用上述方法，而是将 m_{max} 假定为 6.2，该值直接从编译的地震目录中确定（参见图 2-2 中的表格）。表 2-1 列出了威尔斯和科珀史密斯（*Wells*，*Coppersmith*，1994 年）提出的经验关系式，可根据断层的破裂尺寸（地表破裂长度和总破裂面积）估算 m_{max} 的大小。这些经验关系式在估算最大震级时还考虑了断层机制的影响。

基于威尔斯和科珀史密斯（1994 年）提出的经验关系式，根据地表破裂长度（l_{rup}）和破裂面积（A_{rup}）预测最大矩震级（M_w） **表 2-1**

断层机制	经验关系式	σ_{Mw}
走滑断层	$M_w=5.16+1.12\log_{10}l_{rup}$	0.28
逆断层	$M_w=5.00+1.22\log_{10}l_{rup}$	0.28
正断层	$M_w=4.86+1.32\log_{10}l_{rup}$	0.34
走滑断层	$M_w=3.98+1.02\log_{10}A_{rup}$	0.23
逆断层	$M_w=4.33+0.90\log_{10}A_{rup}$	0.23
正断层	$M_w=3.93+1.02\log_{10}A_{rup}$	0.25

注：最后一列给出了每个经验关系式的标准差。

在地震复发模型中，年平均超越率的倒数描述了地震事件的复发时间。地震事件的复发时间称为地震重现期。例如，在图 2-3（深色虚线箭头）给出的例子中，震级 $M\geqslant6$ 的地震事件复发时间为 50 年（= 1/0.02）。换言之，连续两次发生震级 $M\geqslant6$ 的地震事件的平均间隔时间为 50 年。如这一简单例子所强调的，地震事件在一段时间内的分布对于评估一个场地或区域的地震危险性更有意义。在概率地震危险性分析中，地震复发的时间分布通常假设服从泊松分布。

泊松过程是指一个随机过程以某一平均发生率 ν 生成随机事件，且事件的发生与时间无关。泊松过程意味着连续事件的发生概率相等，且事件之间彼此独立。在概率地震危险性分析中，随机过程为地震发生机制，地震的年平均超越率 $\nu_m(M>m^*)$ 可根据前述的地震复发模型计算获得。因此，根据图 2-2 和图 2-3 给出的例子，可估计震级大于 5 级的地震年平均超越率 $\nu_m(M>5)$ 约为 0.225。这一结果表明：目标区域内每隔 4～5 年，预计将发生一次震级大于 5 级的地震。

若从地震物理学的角度出发（弹性回跳理论），目标区域中的地震发生并非彼此独立。因此，地震的活动性与历史地震相关。由于地震发生会释放断层中的应力，降低相同断层发生下一次具有相似震级地震的概率。因此，采用具有时间平稳性和无记忆性的泊松过程描述地震发生过程，无法真正反映真实地震的发生机制。然而，若将前震和余震从地震目录中删除，可假设地震是随时间随机发生的独立事件（事实上，这也是前述将前震和余震从地震目录中删除的主要原因）。泊松过程的时间间隔 t 被称为暴露时间（exposure time)，通常认为是结构的名义经济寿命，如：50 年。根据地震的发生服从泊松分布的假设，震级大于 m^* 的地震年平均超越率 $\nu_m(M>m^*)$ 可以转化为在时间间隔 t 内，观测到震级大于 m^* 级的 n 个地震事件的发生概率，公式如下：

$$P(M>m^*)=\frac{\exp[-t\cdot\nu_m(M>m^*)][t\cdot\nu_m(M>m^*)]^n}{n!} \tag{2-2}$$

根据图 2-2 和图 2-3 讨论的算例，可以更好地理解式(2-2) 的含义。基于震级大于 5 级的地震年平均超越率（即：$\nu_m(M>5)$），图 2-4 给出了暴露时间 $t=50$ 年内观测到 n 次地震的概率。图 2-4 左图所示的概率通过将 n 值由 1 变为 24，同时令 $t=50$ 年计算获得。其中，$\nu_m(M>5)=0.225$。在给定的观测范围内，$n=11$ 时对应的观测概率最大，因其最接近 50 年内 $M>5$ 的预期地震事件数目（$\nu_m(M>5)\cdot t=0.225\times50=11.25$）。需要注意的是，上一节的结论：每 4～5 年观测到一次 $M>5$ 的地震，与本节的结论完全一致。在 50 年的时间间隔内，预期观测到的地震次数约为 11 次，此时式(2-2) 对应的发生概率最大。泊松分布代表固定时间间隔内离散型随机事件的发生概率，但随着观察次数增加，泊松分布逐渐趋于钟形正态概率分布，如图 2-4 左图所示。另外，图 2-4 右图给出的所有观测值概率之和为 1。

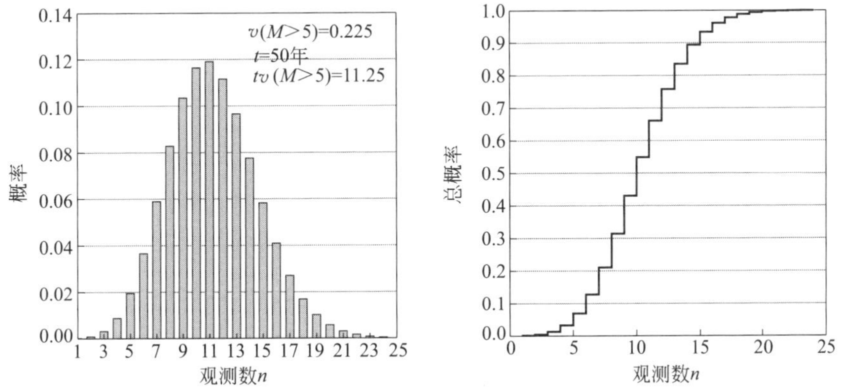

图 2-4 假设地震发生服从泊松过程时，泊松概率分布图

概率地震危险性分析并不关注 n 次 $M>m^*$ 地震事件接连发生的情况，而是更关注时

间间隔 t 内至少发生一次 $M>m^*$ 地震事件的概率。这一概率就是所谓的超越概率。式(2-3) 给出了超越概率的计算公式，等于1减去时间间隔 t 内没有观测到地震的概率（即：式(2-2) 中 $n=0$ 的情况）。需要注意的是，当概率等于1时，表示指定的时间间隔 t 内将发生无数次震级 $M>m^*$ 的地震。

$$P(M>m^*)=1-\exp[-t\cdot\nu_m(M>m^*)] \tag{2-3}$$

由式(2-3) 可修改获得式(2-4)，该式给出了指定暴露时间 t 内，震级 m^* 以上地震的发生概率 $[P(M>m^*)]$ 与年平均超越率 $[\nu_m(M>m^*)]$ 的关系。

$$\nu_m(M>m^*)=-\frac{\ln[1-P(M>m^*)]}{t} \tag{2-4}$$

当暴露时间 $t=50$ 年且发生震级大于 m^* 的地震事件概率为10%（$P(M>m^*)=0.1$）时，由式(2-4) 可计算获得地震的年平均超越率约为 2.1×10^{-3}。若将计算获得的年平均超越概率放入图2-3中的地震复发模型中，可以看到该年平均超越率对应的震级 m^* 约为6.2（参见图2-3中的浅色虚线箭头）。这一简单计算表明，50年内指定区域发生震级 $M\geqslant6.2$ 的地震事件概率是10%。上述结论的有效性毋庸置疑，除非研究区域内地震发生过程服从泊松过程这一假设不再满足。

例 2-1 对于一个假定的面震源，Gutenberg-Richter 地震复发模型的关系式如下：

$$\lg\nu_m=4-m \tag{E2-1-1}$$

假设地震发生服从泊松过程，试计算：

(1) 50年和100年内至少发生一次震级 $M>6$ 地震的概率。

(2) 50年和100年内恰好发生一次震级 $M>6$ 地震的概率。

(3) 50年内超越概率为10%的地震震级。

(4) 50年内超越概率为2%的地震震级。

解： 图2-5为例题中给出的地震复发模型，计算获得震级 $M>6$ 的地震年平均超越概率（红色箭头标记）$\nu_m(M>6)=0.01$。该题解答如下：

(1) 采用式(2-3)，计算获得50年内至少发生一次震级 $M>6$ 地震的概率为：

$$P(M>6)=1-\exp(-50\times0.01)=0.393\ (\text{或 50 年 } P(M>6)=39.3\%)$$

类似地，100年内至少发生一次震级 $M>6$ 地震的概率为：

$$P(M>6)=1-\exp(-100\times0.01)=0.632(\text{或 100 年 } P(M>6)=63.2\%)$$

(2) 根据式(2-2)，计算获得恰好发生一次震级 $M>6$ 地震的概率。对于50年和100年重现期的情况，分别为：

$$P(M>6)=\exp(-50\times0.01)\times(50\times0.01)=0.303\ (50\text{ 年重现期})$$

$$P(M>6)=\exp(-100\times0.01)\times(100\times0.01)=0.368(100\text{ 年重现期})$$

(3) 根据式(2-4)，计算获得50年内超越概率为10%的地震年平均超越概率为：

$$\nu_M(M>m^*)=-\frac{\ln[1-p(M>m^*)]}{t}=-\frac{\ln(1-0.10)}{50}\approx0.002107$$

这一年平均超越概率与给定的50年超越概率一致，因此带入式（E2-1-1），计算获得震级 m^* 为：

$$\lg(0.002107)=4-m^*\Rightarrow m^*=6.67$$

图2-5中的虚线箭头显示了计算获得的震级和与之相应的地震年平均超越率。

（4）采用上述相同的步骤，计算获得震级 $m^*=7.39$，对应的地震年平均超越率为 0.000404，如图 2-5 中的虚线箭头所示。

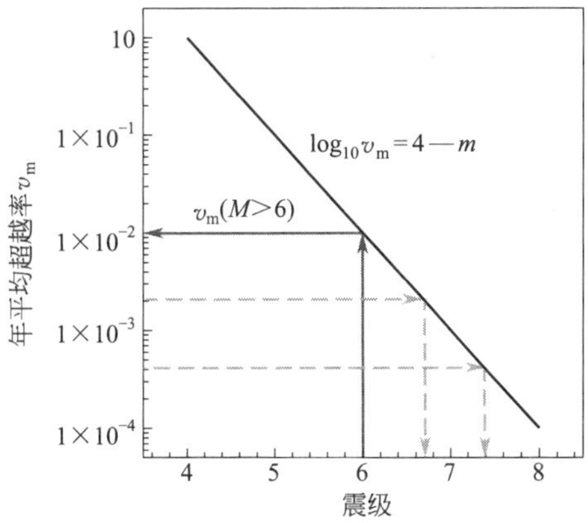

图 2-5 某一假定面震源的地震复发模型

2.3 地震动预测方程（衰减关系）

地震动预测方程（GMPEs）用于估计某一场地的地震动强度参数大小（如：*PGA*、*PGV* 和不同振动周期下的加速度谱 S_a），主要考虑震源、传播途径和场地效应等因素，这些因素由地震动预测方程中的独立自变量描述，如：震级（*M*）、震源-场地距（*R*）、场地类别（*SC*）和断层类型（*SoF*）[①] 等。其中，震级（*M*）和断层类型（*SoF*）描述地震震源的影响，震源-场地距（*R*）描述路径效应引起的地震波振幅变化，场地类别（*SC*）描述土层特性对地震动幅值的影响。地震动预测方程基于经验地震动数据，通过回归分析建立。采用回归分析方法建立 GMPEs 的根本原因在于可以利用大量的地震动数据描述地震动参数的随机性。基于地震震源理论（Joyner，Boore，1981），式(2-5）给出了 GMPEs 的指数表达形式：

$$Y=\exp[f(M)\cdot f(R)\cdot f(SC)\cdot f(SoF)] \tag{2-5}$$

由式(2-5）可以看出，地震动参数 *Y* 是多个函数相乘的结果。其中，自变量参数 *M*、*R*、*SC* 和 *SoF* 相互独立，且用于不同的函数中。*Y* 是服从对数正态分布的随机变量。式(2-6）是较通用的 GMPE 形式，表示为：

$$\ln(Y)=\theta(M,R,SC,SoF)+\varepsilon\cdot\sigma_{\ln y} \tag{2-6}$$

式中，$\theta(M, R, SC, SoF)$ 是通用函数项，代表函数 $f(M)$、$f(R)$、$f(SC)$ 和 $f(SoF)$ 的综合效应，是 ln(*Y*）预测值的对数平均值 μ（译者注：*Y* 服从对数正态分布，其对数平均值等于其中位值）；$\sigma_{\ln y}$ 是 ln(*Y*）的标准差（sigma）；ε 是一个标准正态随机变量，描述了高于（ε 为正值）或低于（ε 为负值）预测得到的对数平均值（中位数）μ 的标准差个数。因此，ε 表征 ln(*Y*）的变异性。从概率地震危险性分析的角度来看，GMPEs 事实

① 此处的独立变量是指 GMPE 中一些比较基本的参数。在许多 GMPE 中，研究人员一般使用更多、更复杂的独立参数，对这些独立参数的描述或考虑不在本章的讨论范围。本书仅把 M、R、SC 和 SoF 作为基本参数。

上表征了依赖于上述独立变量的地震动强度参数的条件概率分布。由于对数正态分布的对数服从正态分布，因此根据式(2-7) 给出的正态概率密度函数，即可计算获得不同阈值 y 对应的超越概率。

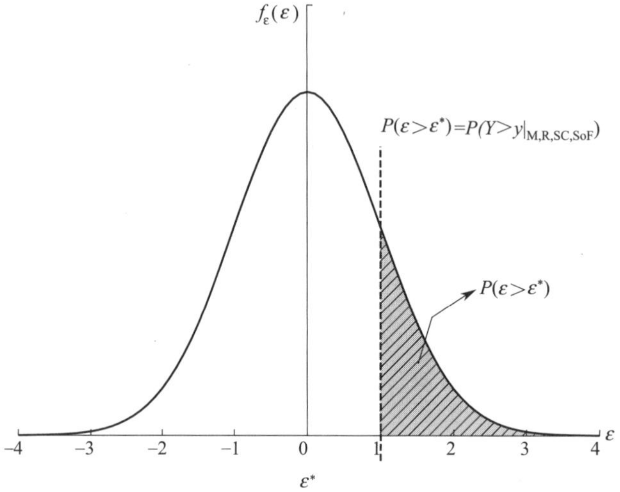

图 2-6　用于计算 GMPEs 中超越概率的标准正态概率分布

$$P(Y>y|_{M,R,SC,SoF})=\int_y^{\infty}\frac{1}{\sigma_{\ln Y}\sqrt{2\pi}}\exp\left[-\frac{1}{2}\left(\frac{\ln y-\mu}{\sigma_{\ln y}}\right)^2\right]\quad y\geqslant 0 \tag{2-7}$$

式(2-7) 中的被积函数为正态概率密度函数 $f_Y(y|_{M,R,SC,SoF})$，该函数也可用 ε 的标准正态概率分布来描述。$f_\varepsilon(\varepsilon)$ 的均值为 0，方差为 1：

$$P(Y>y|_{M,R,SC,SoF})=\int_{\varepsilon^*}^{\infty}f_\varepsilon(\varepsilon)\mathrm{d}\varepsilon \tag{2-8}$$

式(2-8) 的理论框架如图 2-6 所示。当 ε=0 时，估算获得的地震动强度参数具有 50%的超越概率（即 $P(Y>y|_{M,R,SC,SoF})=0.5$），这也是为什么将式(2-6) 在 ε=0 时的拟合曲线称为“中位值曲线”的原因。当 ε=1 时（即中位数+σ 估计），$P(Y>y|_{M,R,SC,SoF})$约为 16%。因此，±3σ 的范围可以考虑地震动强度参数（Y）99%的不确定性。

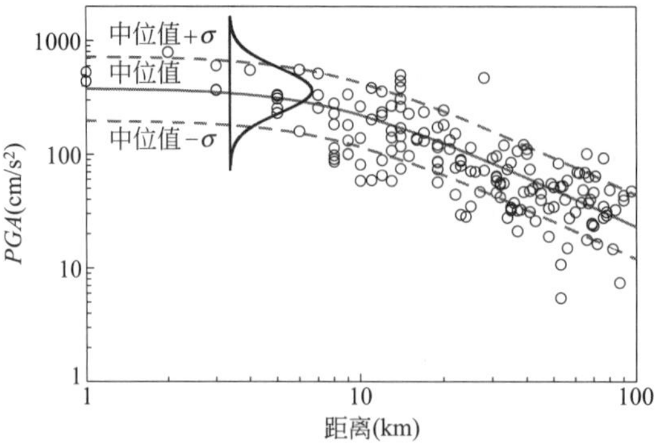

图 2-7　坚硬场地上 *PGA* 曲线的中位值和中位值±标准差，
图中散点为坚硬场地上 6～7 级地震的 *PGA* 观测值

以估计 PGA 的 GMPE 变化为例说明上述概念，如图 2-7 所示。该预测模型采用震级为 6～7 级，场地类型为Ⅰ类的一系列地震动记录的 PGA 值拟合建立。图中实线为预测的 PGA 均值，为距离的函数；虚线为预测的 PGA 中位值±σ。对于中位值+σ 曲线，对应的 PGA 超越概率约为 16%；对于中位值−σ 曲线，对应的 PGA 超越概率约为 84%。上述与 PGA 相关的概率分布图可帮助读者理解这些结果。

不同距离处 $S_{a0.2s}>0.75g$ 的超越概率 **表 2-2**

R(km)	$\ln(S_{a0.2s})$，μ	$\sigma_{\ln y}$	$P(S_{a0.2s}>0.75g)$ (%)
5	−0.2706	0.695	50.98
20	−1.05401	0.695	13.51
30	−1.40576	0.695	5.38
50	−1.87779	0.695	1.11
75	−2.26289	0.695	0.22

例 2-2 采用阿卡尔和布摩尔（Akkar，Bommer，2010 年）提出的 GMPE 估算走滑断层引起的基岩场地 $S_a(T=0.2s)$ 的大小（$S_{a0.2s}$），如下所示：

$$\ln(S_{a0.2s})=-4.769+2.229M-0.182M^2+(-2.493+0.218M)\ln\sqrt{R^2+8.219^2} \tag{E2-2-1}$$

相应的标准偏差为 $\sigma_{\ln y}=0.695$。试确定 7 级地震作用下距离为 5、20、30、50 和 75km 时 $S_{a0.2s}>0.75g$ 的概率。

注意：阿卡尔和布摩尔（2010）最初提出的 GMPE 是为了估计谱加速度（单位为 g），因此进行了调幅。同时，为与本书相关说明保持一致，将 GMPE 中的 $\log_{10}$ 修改为自然对数 ln 的形式。

解： 根据式(E2-2-1) 计算获得指定距离和震级的 $S_{a0.2s}$ 对数平均值，如表 2-2 所示。将对数平均值和标准差（$\sigma_{\ln y}=0.695$）代入式(2-7)，计算获得 P（$S_{a0.2s}>0.75g$），如表 2-2 中的最后一列所示。图 2-8 给出了不同震中距下的概率分布函数。概率分布函数中的阴影区域对应的是 0.75g 的超越概率。

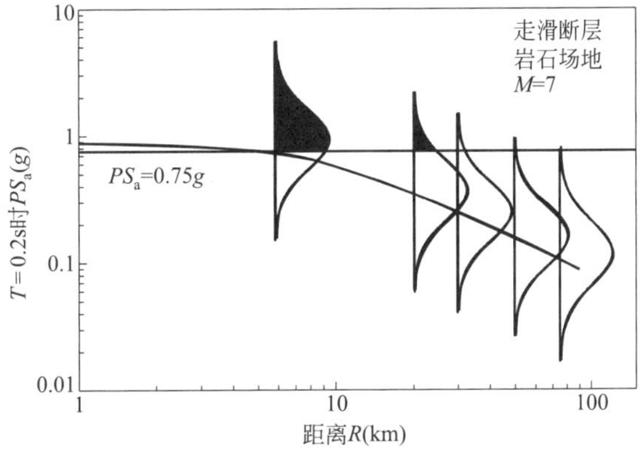

图 2-8 由式(E2-2-1) 计算获得距离 R=5、20、30、50、75km 处的概率密度分布。每个概率密度分布的阴影区域代表谱加速度超越 0.75g 的概率。实线代表 0.75g 的水平线。粗线代表式(E2-2-1) 随距离的变化

2.4 概率地震危险性分析

概率地震危险性分析（PSHA）考虑所有对工程场地有影响的震源可能发生的地震事件和地震动水平。这种方法由科内尔（Cornell）在 1968 年最早提出。地震动水平由地震动强度估计值的平均值加减几倍标准差确定。在某种意义上，PSHA 包括了震源所能产生的大量地震事件（即所有可能的震级、距离和标准差组合）。PSHA 用于计算目标地震动强度参数（如 *PGA*）超过某一特定阈值的年平均概率。通过假设地震动强度参数服从泊松分布，计算获得的年平均超越概率可表示为给定暴露时间内地震动强度参数的超越概率。①

因此，对于某一给定的震源，可用式(2-9) 所示积分计算地震动强度参数 Y 超过阈值 y 的年平均发生率（γ）：

$$\gamma(Y>y)=\nu_{\mathrm{m}}(M>m_{\min})\int_{m_{\min}}^{m_{\max}}\int_{0}^{r_{\max}}f_{\mathrm{M}}(m)f_{\mathrm{R}}(r)P(Y>y\,|_{\mathrm{m,r}})\,\mathrm{d}m\,\mathrm{d}r \tag{2-9}$$

式中，$\nu_{\mathrm{m}}(M>m_{\min})$ 是指目标震源能够产生的且震级大于 $m_{\min}$ 的地震年平均超越率；$f_{\mathrm{M}}(m)$ 和 $f_{\mathrm{R}}(r)$ 分别为震级和震源-场地距的概率密度函数。对于目标震源，地震复发模型的理论已在 2.2 节中讨论。$f_{\mathrm{R}}(r)$ 表征了震源激发地震事件的位置不确定性。一般来说，目标震源内的地震可假设为均匀分布，概率密度函数 $f_{\mathrm{R}}(r)$ 将此假设转换为距离的不确定性，其与震源几何形状相关（2.7 节给出了某些特定情况下 $f_{\mathrm{M}}(m)$ 和 $f_{\mathrm{R}}(r)$ 的推导过程）。$P(Y>y\,|_{\mathrm{m,r}})$描述了目标地震动强度参数的变异性。需要注意的是，如果假定目标场地的土层条件和震源的断层机制已知，且在计算过程中保持不变，则 $P(Y>y\,|_{\mathrm{m,r}})$由所选择的 GMPE 确定（参见 2.3 节的讨论）。在选择 GMPE 时，应考虑震源的整体地震构造特征（包括断层类型、浅震区或深震区等），且能较好地反映场地的土层条件。场地土层条件可按抗震设计规范中提供的通用场地类别进行分类，如：基岩、硬土或软土。此外，还可通过场地的地球物理分析计算获得上部 30m 位置处土体剖面的平均剪切波速（V_{S30}），进而按照抗震设计规范中的相关规定，基于 V_{S30} 对土层条件进行分类。

式(2-9) 综合了地震年平均超越率、可能的震级区间、震源-场地距和 Y 的概率密度分布等知识来计算 Y 超过某一阈值 y 的年均发生率。式(2-9) 由于考虑了地震危险性积分中各个分量的全部不确定性，因此获得其解析解几乎不可能，也不切实际。因此，在实际计算中，通常将震级和距离分别划分为 n_{m} 和 n_{r} 个小区间，然后将地震危险性积分转换为如式(2-10) 所示的求和运算。式(2-10) 还考虑了存在多个（n_{s}）震源的可能性，这些震源均对项目场地有一定的影响。

$$\gamma(Y>y)=\sum_{i=1}^{n_{\mathrm{s}}}\nu_{\mathrm{m}_i}(M_i>m_{\min})\sum_{j=1}^{n_{\mathrm{m}}}\sum_{k=1}^{n_{\mathrm{r}}}P(Y>y\,|_{\mathrm{m}_j,\mathrm{r}_k})P(M=m_j)P(R=r_k) \tag{2-10}$$

由于对震级和震源-场地距进行离散，因此式(2-10) 将式(2-9) 中的概率项 $f_{\mathrm{M}}(m)$ 和 $f_{\mathrm{R}}(r)$ 分别表示为 $P(M=m_j)$ 和 $P(R=r_k)$。以一个代表性例子说明上述理论的实现过

① 在描述地震平均发生率的模型中，有比泊松过程更复杂的模型，但这些模型不在本章的讨论范围之内。

程，如图 2-9 所示，具体步骤如下：

（1）根据目标区域的震源地震活动性定义一组地震场景。在此步骤中，需要确定最小震级（$m_{\min}$）和最大震级（$m_{\max}$），参见 2.2 节讨论。一般来说，$m_{\min}$ 为对某一具体项目具有工程意义的最小地震震级。此后，考虑 $m_{\min}$ 至 $m_{\max}$ 范围内的一系列离散震级，这些离散震级代表可能发生在震源上的地震系列场景。离散后的震级对应的概率 $P(M=m_j)$ 根据 $f_M(m)$ 进行计算。其中，$f_M(m)$ 由震源的地震复发模型确定（图 2-9b）。

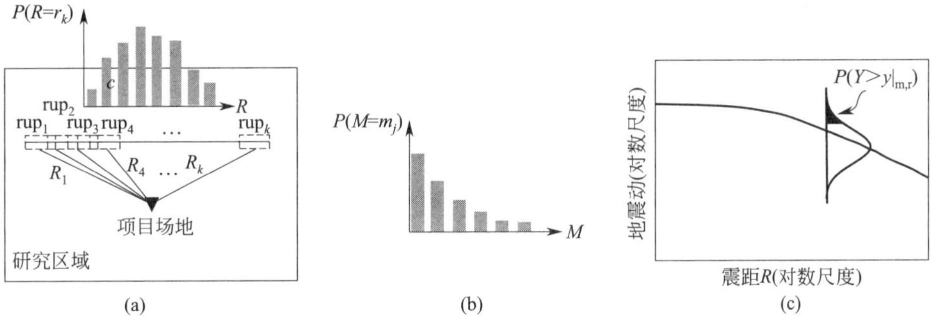

图 2-9 设定项目场地受单一震源影响的 PSHA 的主要组成部分

（2）针对每个震级场景，采用 M-l_{rup} 经验关系式估计地表破裂长度（l_{rup}），M—l_{rup} 经验关系式如表 2-1 中的表达式所示（如：$\lg l_{rup}=a+b\times M_w$）。根据地表破裂尺寸，情景地震可能发生在震源内的任何位置。在此基础上，给定一个震级场景，设定 $n_r(r=1,2,\cdots,k)$ 个不同的离散化破裂位置，如图 2-9(a) 所示。假设破裂位置在震源区域内呈均匀分布（即 $P(\text{location}|_{\text{scenario}})=1/n_r$），则可计算出震源到场地距离的概率 $P(R=r_k)$，如图 2-9(a) 上图所示。需要注意的是，要想获得较为可靠的 $P(R=r_k)$ 计算结果，需要合理考虑 GMPE 中的震源-场地距矩阵。震源-场地距的计算需要震源的几何特征信息(source geometry)，但该类信息并非总能从地质研究中获得。在缺乏此类信息的情况下，地震危险性分析专家可以作一些适当的、合乎物理机制的假设。此类方法已超出了本章范围，故不在此赘述。

（3）考虑震源-场地距与震级场景每一种可能组合的贡献，计算年平均超越率 $\gamma(Y>y)$。对于某一给定的震源 i，离散发生率的总和如下：

$$\gamma_i(Y>y)=\nu_{m_i}(M_i>m_{\min})\sum_{j=1}^{n_m}\sum_{k=1}^{n_r}P(Y>y|_{m_j,r_k})P(M=m_j)P(R=r_k) \quad (2\text{-}11)$$

当研究区域存在多个震源时，重复上述步骤计算年平均超越率。超越阈值 y 的总年平均发生率为：

$$\gamma(Y>y)=\sum_{i=1}^{n_s}\gamma_i(Y>y) \quad (2\text{-}12)$$

（4）对不同的阈值 y 重复上述计算过程，可获得目标地震动强度参数的“地震危险性曲线”。地震危险性曲线可以提供对应不同年超越率的地震动强度水平（如：PGA 和不同振动周期下的谱加速度 S_a），因此特别适用于工程设计。工程师使用此信息设计或验证结构系统在不同地震需求下的性能。图 2-10 给出了一条以 PGA 作为目标地震动强度参数的地震危险曲线。

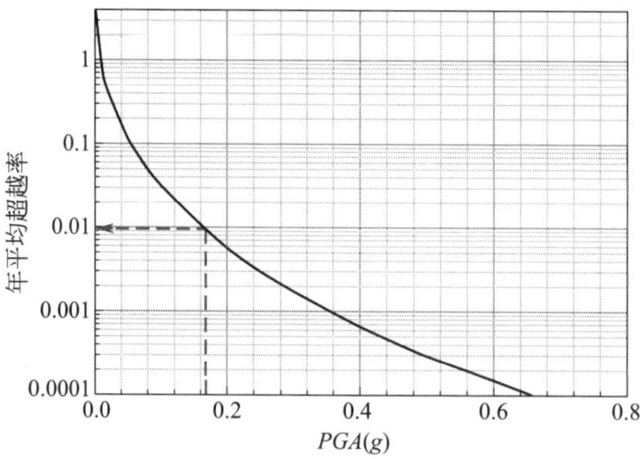

图 2-10 以 *PGA* 作为目标地震动强度参数的地震危险性曲线

正如本节所讨论的，PSHA 是一个用来获得地震危险性曲线的概率评估过程，用于帮助设计师了解地震动强度超过某一阈值的年平均超越率。PSHA 的整个计算过程都是基于震源可能发生的地震场景。图 2-10 所示的地震危险性曲线表明，*PGA* 大于 0.16g 的年平均超越率为 0.01。换言之，这条地震危险性曲线（图 2-10）对应的场地，重现 $PGA=0.16g$ 这一地震强度水平的平均时间为 100 年（1/0.01）。在 PSHA 中，发生某一强度水平地震的平均时间（地震危险性曲线中年平均超越概率的倒数）称为“地震重现期”。如果假设地震动强度的发生也如地震的发生一样服从泊松过程，则地震动强度的重现期可以根据 t 年内不同的超越概率进行计算。因此，采用式(2-4) 并假设 $t=50$ 年，当某一地震动强度的年平均超越率 $\gamma=0.0004$ 时，其 50 年内的超越概率约为 2%，即年平均超越率 $\gamma=0.0004$ 的地震动强度水平在建筑物使用年限为 50 年的情况下具有 2%的超越概率。当 t 为 50 年时，$\gamma=0.002$ 对应的地震动强度具有约 10%的超越概率。

基于 Gutenberg-Richter 地震复发模型得到的虚拟走滑断层震级概率　　表 2-3

m_j	$F_M(m_j)$	$P(M=m_j)$
5.00	0.000	0.438
5.25	0.438	0.246
5.50	0.684	0.138
5.75	0.822	0.078
6.00	0.900	0.044

例 2-3 若在距离走滑断层 25km 处的一处基岩场地上建造一座发电厂。该项目地点位于容易发生浅层地壳地震区域。目标断层可以产生最大矩震级为 $M_w=6$ 的地震。在工程设计中，考虑的最小矩震级为 $M_w=5$。震源特征研究结果表明：$M_w=5$ 地震的年平均超越率为 0.15（即 $\nu_m(M_w>5)=0.15$）。假定地震的发生符合 Gutenberg-Richter 地震复发模型，b 值为 1。因此，可得 $5\leqslant M_w\leqslant 6$ 之间各离散震级对应的概率，如表 2-3 所示。工程公司要求以重现期为 475 年的 S_a（$T=0.5$s）值设计发电厂的主体建筑，建筑物的基本周期为 $T=0.5$s，试确定 $T=0.5$s 对应的 S_a 值。假设地震和地震动强度参数均满足泊松过程。

解：通过一个简单例子说明 2.4 节介绍的 PSHA 计算步骤。为方便计算，首先将目标断层上预期发生的震级区间离散化为少量的区间间隔（见表 2-3）。在实际的 PSHA 中，为了获得更加精确的结果，通常会将震级范围划分为更多数量的区间间隔。假设断层为点源，该假设忽略了实际的断层几何形状，因此不能考虑地震空间分布的不确定性（即 $P(R=25)=1$），这是本例题求解的另一简化。采用 Akkar 和 Bommer（2010 年）提出的 GMPE，其表达式如下：

$$\ln(S_{a0.5s})=-6.376+4.22M_w-0.304M_w^2+(-2.13+0.169M_w)\ln\sqrt{R^2+7.174^2} \tag{E2-3-1}$$

式中，GMPE 预测的 S_a 单位为"cm/s^2"，标准差为 $\sigma_{\ln y}=0.7576$。由于本书采用自然对数进行预测，因此上式已把该 GMPE 原始函数中的 $\log_{10}$ 修改为 ln 形式。表 2-4 列出了每种可能的震级—距离（M-R）组合对应的不同加速度阈值的超越概率（即 $P(S_{a0.5s}>y|_{mj,r=25})$）。需要注意的是，本例中所有地震场景的震源-场地距取确定值 $R=10$km。表 2-4 中的变量 μ 是每一种震级—距离组合对应的对数平均加速度，可由式(E2-3-1) 计算获得。然后，采用式(2-7) 计算获得不同加速度阈值对应的超越概率。在此基础上，对每组 M—R 组合的 $P(S_{a0.5s}>y|_{m_j,r=25})$、$P(M=m_j)$、$P(R=25)$和 $\nu_m(M_w>5)$求积，并对全部 M—R 组合的乘积求和，获得给定加速度阈值 $S_{a0.5s}$ 对应的年超越率（$\gamma(S_{a0.5s}>y)$）。表 2-5 给出了不同 M—R 组合下每个加速度阈值对应的最终的年平均超越率贡献率。其中，最终的年平均超越概率用粗体显示。图 2-11 给出了 $S_{a0.5s}$ 的年平均超越率（左图）、重现期（中图）和 50 年超越概率（右图）的地震危险性曲线。其中，重现期为年超越率的倒数，50 年超越概率基于主体结构的使用年限（暴露时间）为 $t=50$ 年的假设，采用式(2-4) 计算获得。为方便计算，将式(2-4) 进一步修改为式(E2-3-2)，计算基于年平均超越率的 $P(S_{a0.5s}>y)$：

$$P(S_{a0.5s}>y)=1-\exp[-t\cdot\gamma(S_{a0.5s}>y)] \tag{E2-3-2}$$

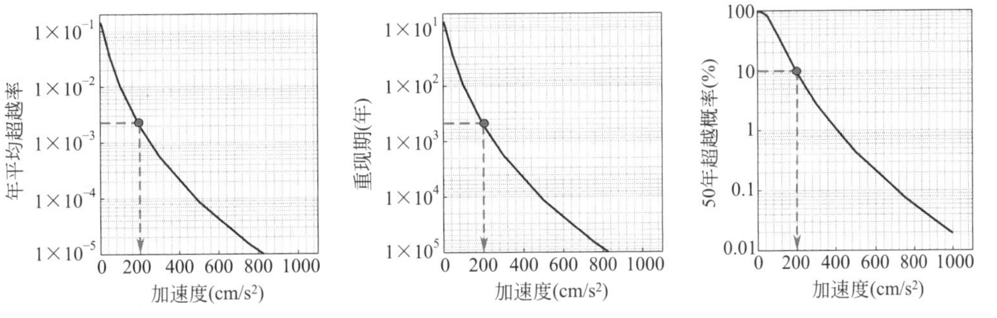

图 2-11 假设建筑物的使用寿命为 50 年，获得 S_a 在 $T=0.5$s 时的地震危险性曲线。左图为年平均超越率，中图为重现期，右图为 50 年超越概率

图 2-11 同时展示了 $T=0.5$s 时的设计谱加速度值（虚线箭头）。其中，475 年重现期对应的年平均超越率为 0.0021(=1/475)，对应 50 年内 10%的超越概率。在电厂建筑设计中，对应的谱加速度约为 200cm/s^2。

S_a(0.5s)不同阈值的超越概率 **表 2-4**

M_w	μ	$\sigma_{\ln y}$	加速度阈值 y(cm/s^2)										
			1	5	10	20	50	100	200	300	500	750	1000
			$P(PS_{a0.5s}>y\mid_{mj,r=25})$										
5.00	2.9336	0.7576	0.9999	0.9598	0.7976	0.4673	0.0982	0.0137	0.0009	0.0001	7.42E-06	5.68E-07	7.77E-08
5.25	3.3470	0.7576	1.0000	0.9891	0.9160	0.6786	0.2279	0.0484	0.0050	0.0009	0.0001	7.78E-06	1.30E-06
5.50	3.7225	0.7576	1.0000	0.9974	0.9696	0.8313	0.4012	0.1220	0.0188	0.0045	0.0005	0.0001	1.31E-05
5.75	4.0600	0.7576	1.0000	0.9994	0.9898	0.9200	0.5775	0.2359	0.0511	0.0150	0.0022	0.0004	0.0001
6.00	4.3595	0.7576	1.0000	0.9999	0.9967	0.9641	0.7226	0.3729	0.1076	0.0380	0.0072	0.0014	0.0004

S_a (0.5s) 不同阈值的年超越率 **表 2-5**

M_w	$\nu_m(M_w>5)$	$P(M=M_w)$	$P(R=25)$	加速度阈值 y(cm/s^2)										
				1	5	10	20	50	100	200	300	500	750	1000
				γ_1	γ_5	γ_{10}	γ_{20}	γ_{50}	γ_{100}	γ_{200}	γ_{300}	γ_{500}	γ_{750}	γ_{1000}
5	0.15	0.438	1	0.0657	0.0631	0.0524	0.0307	0.0065	0.0009	0.0001	0	4.87E-07	3.73E-08	5.10E-09
5.25	0.15	0.246	1	0.0369	0.0365	0.0338	0.025	0.0084	0.0018	0.0002	0	2.83E-06	2.87E-07	4.79E-08
5.5	0.15	0.138	1	0.0207	0.0206	0.0201	0.0172	0.0083	0.0025	0.0004	0.0001	1.04E-05	1.35E-06	2.71E-07
5.75	0.15	0.078	1	0.0117	0.0117	0.0116	0.0108	0.0068	0.0028	0.0006	0.0002	0	4.25E-06	9.97E-07
6	0.15	0.044	1	0.0066	0.0066	0.0066	0.0064	0.0048	0.0025	0.0007	0.0003	0	9.39E-06	2.54E-06
				0.1416	**0.1385**	**0.1244**	**0.0901**	**0.0347**	**0.0104**	**0.0019**	**0.0006**	**0.0001**	**1.53E-05**	**3.86E-06**

注：表中列出了算例中考虑的所有可能 M—R 组合对年超越率的贡献率。

2.5　确定性地震危险性分析

确定性地震危险性分析（DSHA）可视为PSHA的一种特殊情况，即PSHA为控制地震而设定的某个地震场景（即给定震级和震源-场地距的组合）。因此，DSHA关注的是研究区域内震源可能产生的最大地震动。产生最大地震动的地震称为控制地震，它描述了项目场地的地震危险。根据控制地震场景计算获得的目标地震动强度参数（如：PGA 和给定振动周期对应的 S_a 等）可用于结构抗震设计或抗震性能评估。DSHA将控制地震的地震动水平定义为中位值（$\varepsilon=0$）或中位值加上一倍标准差（$\varepsilon=1$）。采用中位值或中位值加上一倍标准差的方式表征地震动的强度类似于考虑地震动幅值的固有不确定性。由于整个DSHA方法是基于控制地震情景展开的，因此不存在地震重现期的概念。换言之，DSHA的计算结果并不提供关于控制地震发生概率的信息。因此，DSHA始终关注的是最不利地震，而不量化地震在结构使用寿命内的发生可能性。但是，控制地震及其对应的地震动选择在很大程度上取决于地震危险性分析专家的工程经验。因此，最不利地震场景的选择仍然具有一定的主观性。事实上，DSHA确定的确定性地震或地震动可能并非“真正的”最不利情况。这是因为，在DSHA分析方法中始终存在发生更大地震或地震动的可能性。图2-12给出了DSHA分析步骤的流程，其主要步骤总结如下：

（1）针对研究区域定义具有断层信息（如果可能）的震源（见图2-12，S_1 和 S_2 是可能会影响项目场地危险性的活动断层）。

（2）在已识别的震源上，估计可能发生的最大可能地震事件震级大小（$M_{max,1}$ 和 $M_{max,2}$）。这些信息可从地震目录中获取（第2.2节）。另一种方法是使用震级（M）与断层破裂长度（l_{rup}）的经验关系，类似表2-1提供的经验关系（如 $\log_{10} l_{rup}=a+b\times M_w$）。后一种方法假设当控制地震发生时，破裂发生在整个（或大部分）断层长度内。如第2.2节所述，地震危险性分析专家可以考虑增加0.5个单位的地震震级，或在估计最大震级时考虑经验 M—l_{rup} 关系的标准差，以考虑未来可能发生最大地震的不确定性。

（3）确定已识别的震源与目标场地之间的最短震源-场地距，如图2-12(a）所示。最短距离 R_1 和 R_2 分别对应震源 S_1 和 S_2（请参阅上一节有关震源场地距计算的讨论）。

（4）根据现场岩土工程研究结果确定场地的土体条件（请参阅上述有关土体条件识别的章节）。

（5）利用前述步骤获得的震级、震源-场地距、场地类别和断层类型等信息，选择合适的GMPE估计目标地震动强度参数。在图2-12(b）中，该目标地震动参数是结构基本周期（T^*）对应的加速度谱值（S_a），用于结构抗震设计或评估结构在控制地震作用下的抗震性能。一般来说，基于选定的GMPE，目标地震动强度参数可以为中位值（即 $\varepsilon=0$），也可以为中位值加上一倍标准差（即 $\varepsilon=1$）。有些研究人员喜欢采用地震动强度参数的中位值，而有些研究人员选择后者。具体根据项目的不同，选择也不相同。

（6）比较每个震源获得的目标地震动强度参数值［图2-12(b）给出的 $S_a(T^*)$］，

选取最大的地震动参数用于抗震设计（或抗震性能评估），相应的地震情景就是该项目设计或性能评估的控制地震。需要注意的是，如果控制地震事件的震源-场地距为最短震中距，那么当选择地震动强度参数的中位数，则有 50%的可能性发生超过该地震动强度的地震；当选择地震动强度参数的中位值加上一倍标准差，其超越概率为 16%。

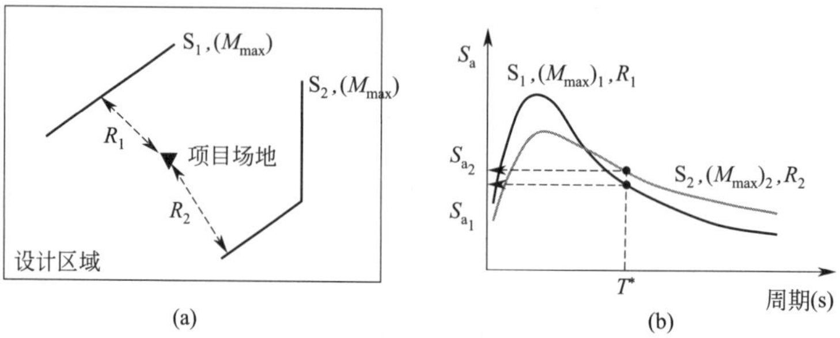

图 2-12 DSHA 基本步骤

例 2-4 使用 DSHA 确定例 2-3 中发电厂的设计谱加速度。

解： 将最大矩震级（$M_w=6.0$）和最短震源-场地距（$R=25$km）代入式(E2-3-1)，获得对应给定震源和场地条件下控制地震在 $T=0.5$s 时的 S_a 中位值，约为 78.2cm/s^2。如果考虑地震动的不确定性，式(E2-3-1) 使用中位数$+1\sigma$，则可获得 S_a（$T=0.5$s）值约为 166.8cm/s^2，如下所示：

$$e^{-6.376+4.22\times6-0.304\times6^2+(-2.13+0.169\times6)\ln\sqrt{25^2+7.174^2}}=78.2$$

$$e^{-6.376+4.22\times6-0.304\times6^2+(-2.13+0.169\times6)\log_{10}\sqrt{25^2+7.174^2}+0.7576}=166.8$$

需要注意的是，上述两种计算的差异在于，第二个表达式在幂指数项中考虑了对数标准差（$\sigma_{\ln y}=0.7576$）。这两个谱加速度值的哪一个用于目标建筑设计是一种主观行为，完全取决于设计专家的观点。若把上述计算结果与 PSHA（例 2-3）得到的结果相比，可以发现，由 DSHA 确定的谱加速度也许不能代表发电厂建筑抗震设计的关键地震需求。因此在设计中，PSHA 建议采用一个更大的 S_a 值。

2.6 一致危险性谱

一致危险性谱（UHS）用于定义当前抗震设计规范中抗震设计或抗震性能评估不同的地震动强度水平。为生成 UHS，首先需要生成包含有一系列谱加速度坐标的地震危险性曲线，然后从地震危险性曲线上获得对应目标年平均超越率（例如，$\gamma=0.000404$，对应于 2475 年的回归期）的谱加速度值。这组谱加速度值构成了这一目标年平均超越率的 UHS。具体来说，这组谱加速度值构成了一致危险性谱的纵坐标（图 2-13）。对于给定的暴露时间 t，它们具有相同的超越率。

2.7 概率论中的一些基本概念

本节介绍概率论中的一些基础知识，这些知识可以帮助读者理解本章中一些简洁起见未进行详细介绍的中间环节。

概率论的主要目标之一是定义随机变量。随机变量可以取不同的量值，可以是离散的，也可以是连续的。离散随机变量可以取若干个有限数量的值，连续随机变量则可以取样本空间 S 中的任意值（即无限数量的值）。

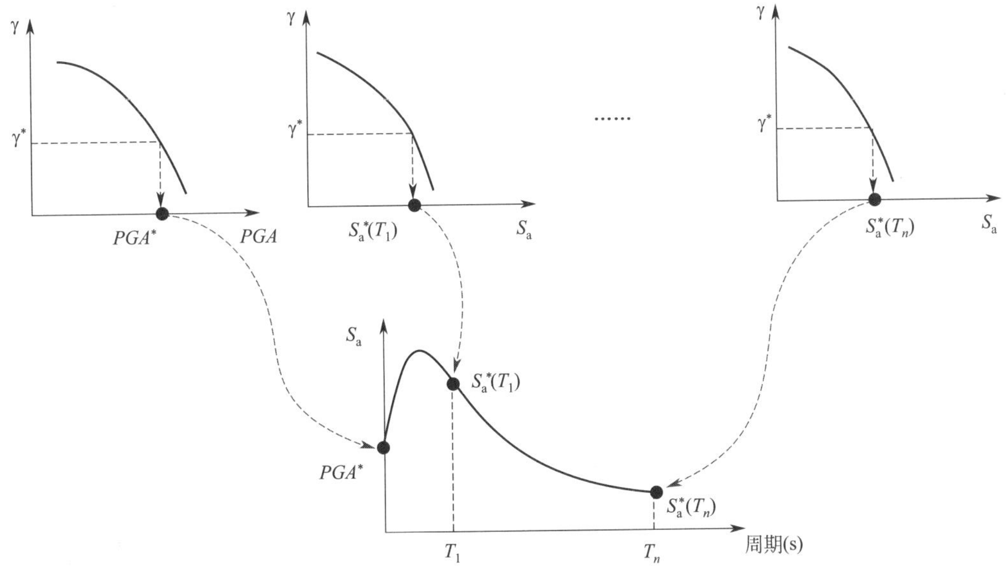

图 2-13 一致危险性谱的概念。最下一行给出的 UHS 谱坐标具有相同的年均超越概率

在详细介绍随机变量相关概念之前，首先引入“事件”（E）这一基本概念。事件是样本空间 S 的子集。一个事件包含一个样本空间的某些结果，发生的概率范围从 0 到 1（即 $0\leqslant P(E)\leqslant 1$）。在概率计算中，事件的并集（$E_1\cup E_2$）和交集（$E_1\cap E_2$ 或者 E_1E_2）是关联的，且 $P(E_1\cup E_2)=P(E_1)+P(E_2)-P(E_1\cap E_2)$。一个确定性的事件包含样本空间的所有结果，因此该事件的概率为 1。由于样本空间 S 包含所有的可能结果，因此 $P(S)=1$。零事件（ϕ）不包含样本空间中的任何结果，因此概率为 0（$P(\phi)=0$）。互斥事件是指两个事件没有共同结果（即：$E_1E_2=\phi$）。如果事件 E_1 和 E_2 互斥，则 $P(E_1\cup E_2)=P(E_1)+P(E_2)$。如果事件的并集包含样本空间中所有可能的结果时（即：$E_1\cup E_2=S$），它们称为相互穷尽事件。如果 $E_1E_2=\phi$ 且 $E_1\cup E_2=S$，事件 E_1 和 E_2 互斥且相互穷尽。上述这些定义及其相应的概率构成了概率论的公理化体系。

一般来说，如果一个事件的发生概率取决于另一个事件的发生概率，则需要定义条件概率 $P(E_1\mid E_2)$，如式(2-13) 所示。

$$P(E_1|E_2)=\frac{P(E_1E_2)}{P(E_2)};P(E_1E_2)=P(E_1|E_2)P(E_2) \tag{2-13}$$

如果事件 E_1 和 E_2 相互独立，则式(2-13) 可简化为：

$$P(E_1|E_2)-P(E_1) \tag{2-14}$$

式(2-14) 表示 E_1 的发生概率不受 E_2 发生概率的影响。对于两个独立事件 E_1 和 E_2，如果同时考虑式(2-13) 和式(2-14)，可以获得以下关系：

$$P(E_1E_2)=P(E_1)P(E_2) \tag{2-15}$$

全概率定理根据一组两两互斥且和为全集的事件 E_1，E_2，…，E_n 的概率，和以每个 E_i 为条件的事件 A 的条件概率，计算事件 A 的概率，如式(2-16) 所示。全概率定理通常用于直接计算事件 A 的概率比较困难的情况。因此，通过已知事件的概率和以这些事件为条件的 A 的条件概率，计算获得事件 A 的概率。

$$P(A)=\sum_{i=1}^{n}P(A \mid E_i)P(E_i) \tag{2-16}$$

例 2-5 某城市受到几个假设震源的影响。其中，短、中、远距离震源发生地震的概率分别为：P(短距离)=0.2、P(中距离)=0.4、P(长距离)=0.4。历史地震统计研究结果表明，上述震中距下大、中、小震级的发生概率分别为：P(大震级｜短距离)=0.3、P(中震级｜短距离)=0.5、P(小震级｜短距离)=0.2、P(大震级｜中距离)=0.2、P(中震级｜中距离)=0.4、P(小震级｜中距离)=0.4、P(大震级｜长距离)=0.1、P(中震级｜长距离)=0.3、P(小震级｜长距离)=0.6。该城市的一家工程公司想要了解不同强度地震作用造成该城市发生严重破坏的可能性。统计研究结果表明，不论震源-场地距大小，大、中、小震级作用下该城市发生严重破坏的概率分别为 0.6、0.3 和 0.1。因此，考虑城市周围的地震活动性，计算未来一次地震对该城市造成严重破坏的概率。

解：基于全概率定理确定大、中、小震级的概率，分别为：

P(大震级)	$=P$(大震级｜短距离)×P(短距离)+P(大震级｜中距离)×P(中距离)+P(大震级｜长距离)×P(长距离)=0.3×0.2+0.2×0.4+0.1×0.4=0.18
P(中震级)	$=P$(中震级｜短距离)×P(短距离)+P(中震级｜中距离)×P(中距离)+P(中震级｜长距离)×P(长距离)=0.5×0.2+0.4×0.4+0.3×0.4=0.38
P(小震级)	$=P$(小震级｜短距离)×P(短距离)+P(小震级｜中距离)×P(中距离)+P(小震级｜长距离)×P(长距离)=0.2×0.2+0.4×0.4+0.6×0.4=0.44

未来一次地震后，该城市遭受严重破坏的概率同样可采用全概率定理计算：

P(严重破坏)	$=P$(严重破坏｜大震级)×P(大震级)+P(严重破坏｜中震级)×P(中震级)+P(严重破坏｜小震级)×P(小震级)=0.6×0.18+0.3×0.38+0.1×0.44=0.266

连续随机变量的概率可由概率密度分布函数（PDF，$f_X(x)$）或累积概率密度分布函数（CDF，$F_X(x)$）定义。式(2-17) 给出了 CDF 和 PDF 的关系。PDF 介于 $-\infty$ 和 x 之间的区域面积是随机变量 X 的值小于或等于 x（即 $F_X(x)$）的概率。CDF 的导数为 PDF。因此，通过求导或积分，利用 CDF 和 PDF 中的任何一个可计算获得另一个。如果随机变量是离散变量，则概率质量函数（PMF，$P_X(x)$）描述了其概率分布。式(2-18) 给出了离散随机变量 CDF 和 PMF 的关系。式(2-17) 和式(2-18) 的关系如图 2-14 所示。

$$F_X(x)=P(X\leqslant x)=\int_{-\infty}^{x}f_X(x)\mathrm{d}x;f_X(x)=\frac{\mathrm{d}}{\mathrm{d}x}F_X(x) \tag{2-17}$$

$$F_X(a)=\sum\nolimits_{\mathrm{all},x_i\leqslant a}p_X(x_i) \tag{2-18}$$

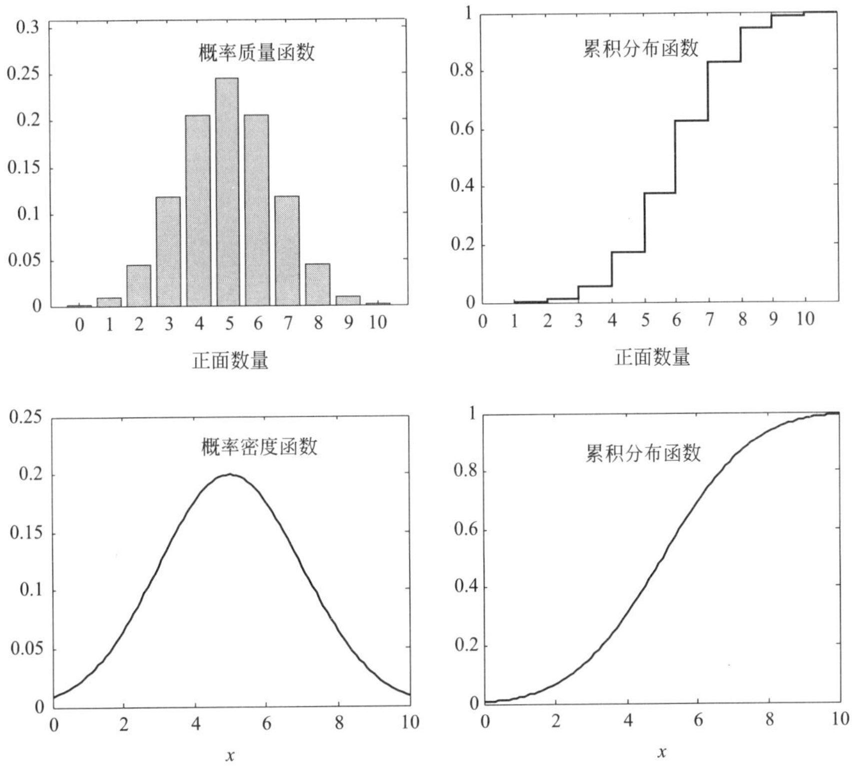

图 2-14 离散型（上一行）和连续型（下一行）概率分布。离散概率代表 11 次抛硬币过程中得到正面数量的概率。第一行的左图显示的是连续试验的 *PMF*($p_H(h_i)$)，如：在 11 次抛掷硬币过程中，有 5 次是正面的概率约为 0.25（即：$p_H(h=5)\approx 0.25$）。第一行的右图显示的是此过程的 *CDF*，如：在 11 次抛硬币过程中，得到 5 次或更少次数为正面的概率约为 0.4（即 $F_H(5)\approx 0.40$）。第二行的左图是正态分布的 *PDF*，其平均值等于 5，标准差等于 2。第二行的右图是对应的 *CDF*

例 2-6 基于 Gutenberg-Richter 地震复发模型，推导震级大于 $m_{\min}$ 的 *CDF* 和 *PDF* 函数。

解：上述问题的 *CDF* 定义为：

$$F_M(m)=P(M\leqslant m\,|\,M>m_{\min})$$

这一条件概率可采用以下表达式进行描述：

$$F_M(m)=\frac{\text{震级为}m_{\min}<M\leqslant m\text{ 的地震发生率}}{\text{震级为}M>m_{\min}\text{ 的地震发生率}}=\frac{\nu_{m_{\min}}-\nu_m}{\nu_{m_{\min}}}$$

式中，分子是震级在 $m_{\min}$ 与 m（$m>m_{\min}$）之间的地震发生率，分母是震级大于 $m_{\min}$ 的地震发生率。根据式(2-1)，可获得 *CDF* 的最终形式为：

$$F_M(m)=\frac{10^{a-bm_{\min}}-10^{a-bm}}{10^{a-bm_{\min}}}=1-10^{-b(m-m_{\min})},\quad m>m_{\min}$$

相应的 *PDF* 为：

$$f_M(m)=\frac{\mathrm{d}}{\mathrm{d}m}F_M(m)=\frac{\mathrm{d}}{\mathrm{d}m}[1-10^{-b(m-m_{\min})}]=b\ln(10)10^{-b(m-m_{\min})},\quad m>m_{\min}$$

需要注意的是，截断 Gutenberg-Richter 模型因为可以设定最大震级的上限，是具有物理意义的地震复发模型，如 2.2 节所述。因此，基于截断 Gutenberg-Richter 地震复发模型，按照上述步骤，*CDF* 和 *PDF* 分别为：

$$F_M(m)=\frac{1-10^{-b(m-m_{\min})}}{1-10^{-b(m_{\max}-m_{\min})}};f_M(m)=\frac{b\ln(10)10^{-b(m-m_{\min})}}{1-10^{-b(m_{\max}-m_{\min})}}$$

由于 PSHA 使用离散的地震数据集，因此上述连续分布的震级应转换为离散的震级值。将震级区间划分成一组离散区间，则 M 等于 m_j 的概率为：

$$P(M=m_j)=F_M(m_{j+1})-F_M(m_j),\quad m_j<m_{j+1}$$

例 2-7 某一场地位于某一地震面源区域中。该面源能够在距场地 75km 半径范围内的任何地方以相同的概率发生地震。试定义震源-场地距的概率密度函数和累积分布函数，描述地震相对于场地的位置。

解： 图 2-15 给出了面源和场地的位置。由于圆形面源区域内发生地震的概率相等，因此震中位于距离 r 内的概率为：

$$P(R\leqslant r)=F_R(r)=\frac{\pi r^2}{\pi 75^2}=\frac{r^2}{5625}$$

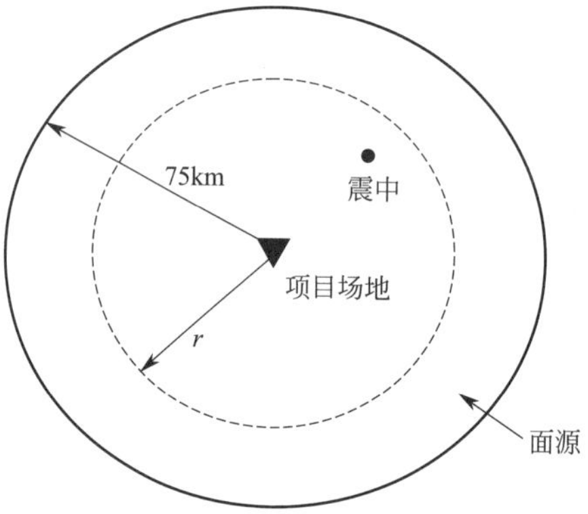

图 2-15 例 2-7 中的面源示意图

上述 *CDF* 有效的区域范围为 0km$\leqslant r\leqslant$75km。相应的 *PDF* 及其适用范围如下所述。在指定范围之外，*PDF* 计算获得的概率为零。

$$f_R(r)=\frac{\mathrm{d}}{\mathrm{d}r}F_R(r)=\frac{r}{2812.5},\quad 0\text{km}\leqslant r\leqslant 75\text{km}$$

例 2-8 如图 2-16 所示断层，假设地震在断层长度上呈均匀分布。对于图 2-16 给出的几何尺寸，试推导震源到工程场地距离的 *CDF* 和 *PDF*。

解： 与例 2-7 相同，震中位于距断层距离 r 的概率为：

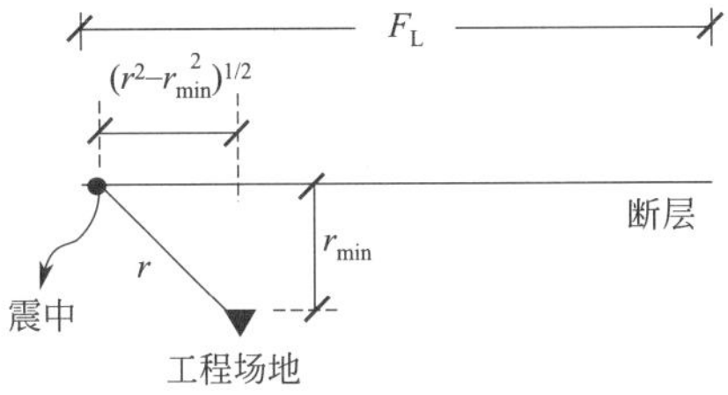

图 2-16 例 2-8 中的断层示意图

$$P(R\leqslant r)=F_R(r)=\frac{2(r^2-r_{min}^2)^{1/2}}{F_L}$$

上式表明，$P(R\leqslant r)$ 为 r 半径内断层区段长度与总断层长度 F_L 之比，该表达式同时是距离的累积分布函数（*CDF*）。*PDF* 是 *CDF* 的导数形式，如下所示：

$$f_R(r)=\frac{d}{dr}F_R(r)=\frac{2r}{F_L(r^2-r_{min}^2)^{1/2}}$$

习题

1. 采用 Gutenberg-Richter 地震复发模型表示某两个震源的地震活动性。这些震源的地震特征，如下表所示。试确定这些震源产生 5.5、6.5 和 7.5 级地震的超越概率。假设这些震源上的地震发生服从泊松过程，工程项目考虑的暴露时间为 $t=100$ 年，请问：哪个震源更有可能产生上述震级的地震?

问题 1　中的地震震源的震源特征

震源	a	B	M_{max}
Ⅰ	6	0.8	7.0
Ⅱ	2	1.0	7.5

2. 周期 $T\leqslant3.0$s 范围内一组谱加速度阈值（$0.01g\sim3g$）对应的概率地震危险性曲线。试确定 75 年内超越概率为 10%的一致危险性谱。同理，试确定 75 年内超越概率为 2%的一致危险性谱。如有必要，给定的年平均超越概率和一致危险性谱值之间可使用线性插值。

3. 假定某基岩场地受多个震源的影响，如下图所示。断层 A 和 B 的地震特性如图旁表格所示。项目场地周围半径 100km 区域内 95 年的地震目录信息，如表所示。采用截断 Gutenberg-Richter 模型作为所有震源的震级复发模型。若该场地将建造一个土坝，采用 *PGA* 作为地震动强度参数设计路堤。采用科内尔等人（Cornell et al，1979）提出的 GMPE 模型计算 *PGA* 的变化，如下式所示。GMPE 模型的对数标准偏差为 $\sigma_{\ln y}=0.57$。

$$\ln(PGA)=-0.152+0.859M-1.803\ln(R+25)$$

根据路堤设计规范，在路堤设计中，采用 PSHA 确定重现期为 475 年的 PGA_{475}。将 PGA_{475} 与 DSHA 获得的计算结果进行比较，且比较 DSHA 和 PSHA 地震危险性的控制震源。

问题 2 一组周期小于等于 3s 内谱加速度阈值对应的地震危险性曲线

周期(s)	预设的谱加速度阈值 y (g)												
	$\gamma_{0.01g}$	$\gamma_{0.02g}$	$\gamma_{0.05g}$	$\gamma_{0.07g}$	$\gamma_{0.1g}$	$\gamma_{0.2g}$	$\gamma_{0.3g}$	$\gamma_{0.4g}$	$\gamma_{0.5g}$	$\gamma_{0.7g}$	γ_{1g}	γ_{2g}	γ_{3g}
PGA	0.00534	0.00474	0.00259	0.00156	0.000716	6.72E-05	9.41E-06	1.77E-06	4.12E-07	3.49E-08	1.77E-09	1.83E-12	1.68E-14
0.05	0.00538	0.00487	0.00299	0.00199	0.00105	0.000144	2.70E-05	6.44E-06	1.83E-06	2.14E-07	1.59E-08	3.81E-11	6.06E-13
0.1	0.00547	0.00512	0.00373	0.00282	0.00178	0.000392	0.000102	3.15E-05	1.11E-05	1.83E-06	1.99E-07	1.08E-09	2.88E-11
0.15	0.00553	0.00527	0.00418	0.00338	0.00234	0.000627	0.000184	6.14E-05	2.28E-05	4.06E-06	4.75E-07	2.83E-09	7.78E-11
0.2	0.00557	0.00539	0.00442	0.00365	0.0026	0.000747	0.00023	7.91E-05	3.02E-05	5.57E-06	6.78E-07	4.36E-09	1.25E-10
0.25	0.00557	0.00541	0.00441	0.0036	0.00252	0.000686	0.000202	6.71E-05	2.48E-05	4.37E-06	5.03E-07	2.85E-09	7.57E-11
0.3	0.00558	0.00541	0.00433	0.00348	0.00239	0.000632	0.000186	6.26E-05	2.35E-05	4.29E-06	5.20E-07	3.44E-09	1.03E-10
0.4	0.00558	0.00541	0.0042	0.00328	0.00215	0.000502	0.000135	4.21E-05	1.49E-05	2.47E-06	2.69E-07	1.41E-09	3.66E-11
0.5	0.00557	0.00533	0.00384	0.00283	0.00172	0.000341	8.34E-05	2.45E-05	8.31E-06	1.30E-06	1.34E-07	6.62E-10	1.69E-11
0.75	0.00552	0.00507	0.003	0.00197	0.00105	0.000162	3.50E-05	9.61E-06	3.12E-06	4.66E-07	4.72E-08	2.43E-10	6.69E-12
1	0.00546	0.00478	0.00235	0.00139	0.000653	7.68E-05	1.41E-05	3.42E-06	1.01E-06	1.31E-07	1.14E-08	4.39E-11	1.02E-12
1.5	0.0052	0.004	0.00142	0.000733	0.000297	2.71E-05	4.40E-06	1.00E-06	2.84E-07	3.51E-08	2.99E-09	1.18E-11	2.94E-13
2	0.00476	0.00313	0.000809	0.000366	0.000129	9.25E-06	1.33E-06	2.79E-07	7.48E-08	8.60E-09	6.87E-10	2.50E-12	6.07E-14
3	0.00372	0.0018	0.000265	9.46E-05	2.58E-05	1.08E-06	1.13E-07	1.87E-08	4.17E-09	3.61E-10	2.13E-11	4.22E-14	7.12E-16

提示：在应用 PSHA 时可将震源-场地距与震级划为 10 等份。

问题 3　中断层的地震特征

	b	$v_m(M>5)$	M_{max}
断层 A	0.85		7.7
断层 B	0.95		6.5

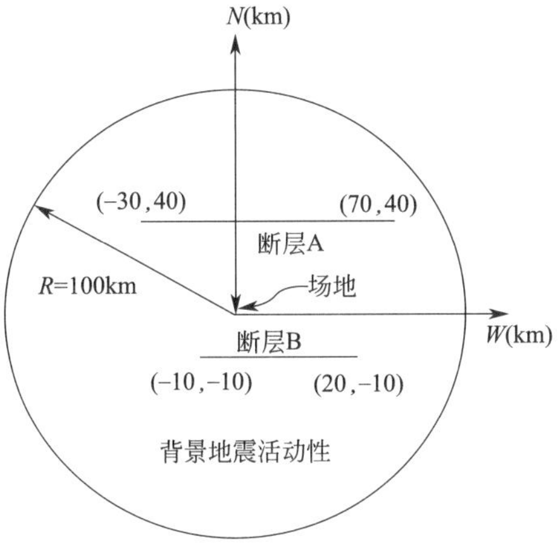

震源和项目场地

震级区间	地震数量
5.0～5.1	18
5.1～5.2	16
5.2～5.3	13
5.3～5.4	9
5.4～5.5	7
5.5～5.6	6
5.7～5.8	4
5.8～5.9	3
5.9～6.0	1

第 3 章
简单结构的地震响应

摘要： 本章从建立单自由度体系的响应分析过程开始。首先，推导了控制单自由度体系自由振动响应（简谐运动）和受迫振动响应的运动微分方程。然后，采用经典的封闭解析方法，建立了无阻尼和有阻尼体系在简谐激励下的运动方程。利用数值计算方法，求解两种体系在地震作用下的运动方程。根据地震响应计算结果，获得了地震反应谱。最后，将上述过程推广应用于具有非线性滞回关系（力-变形关系）的体系中，同时引出了延性、强度、延性折减系数、强度谱和延性谱的概念。

3.1 单自由度体系

如果一个结构体系在任何一个运动时刻 t 的变形形状都可以用单一的动态位移坐标 $u(t)$ 表示，那么该体系称为单自由度体系，该坐标称为自由度。在单自由度体系中，所有抵抗外部动态荷载的内力均是动态位移 $u(t)$ 或其对时间的导数，如：速度 $\dot{u}(t)$ 和加速度 $\ddot{u}(t)$。单自由度体系也被称为“理想单自由度体系”或“理想化单自由度体系”。

3.1.1 理想单自由度体系：集中质量和刚度

理想单自由度体系的全部质量和刚度均集中于动态位移坐标 $u(t)$ 对应的质点上。图 3-1(a) 是一个理想单自由度体系。其中，刚性块质量为 m，通过一刚度为 k 的弹簧与固定端相连，刚性块只能通过滚轴在水平方向自由移动。图 3-1(b) 所示的倒立摆也是一种典型的理想单自由度体系。该体系的集中质量 m 通过一根无质量的悬臂柱与固定底座相连，弹簧的刚度等于悬臂柱的侧向刚度，即：$k=3EI/L^3$。在上述两个单自由度体系中，集中质量的运动和弹簧在任一时刻 t 所产生的弹性力均可用动位移坐标 $u(t)$ 表示。另外，图 3-1(c) 所示的钟摆结构也是理想单自由度体系的另一个典型实例。其中，质量 m 的摆锤与长度为 l 的弦杆相连，在重力场 g 中，摆锤绕弦杆固定端转动，其自由度为转角 θ。

3.1.2 理想单自由度体系：分布质量和刚度

具有分布质量和刚度的更为复杂的动力体系也可简化为一个理想单自由度体系。如图 3-2 所示的悬臂柱和简单的多层框架结构，其沿高度的侧向变形分布在运动过程中随时间

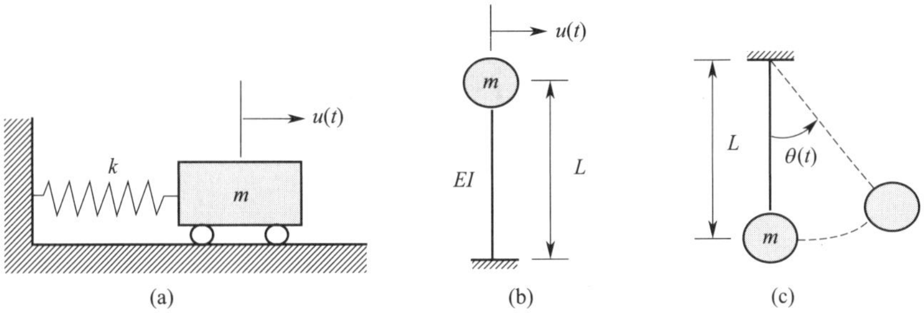

图 3-1 理想单自由度体系（一）

（a）滚轮上的汽车；（b）倒立摆；（c）钟摆

发生变化。但是，如果这两个体系沿高度 x 的侧向变形分布 $u(x, t)$ 可用下式表示，则这两个体系也可定义为理想单自由度体系：

$$u(x,t)=\varphi(x)\cdot \bar{u}(t) \tag{3-1}$$

式中：$\varphi(x)$ 为归一化的结构侧向变形形状，即 $\varphi(L)=1$；结构的顶部侧向位移 $\bar{u}(t)$ 为一单自由度。需要指出的是，这里假定 $\varphi(x)$ 不随时间变化，为一常数。这一假设虽然并不完全合理，但在实际应用中是可以接受的。需要指出的是，这一假设仅对简单的结构体系有效，如图 3-2 中的两个单自由度体系，$\varphi(x)=(x/L)^2$ 是一个可接受的、归一化的侧向变形形状，且满足 $u(0)=0$ 和 $x=0$ 时，$u'(0)=0$ 的边界条件。

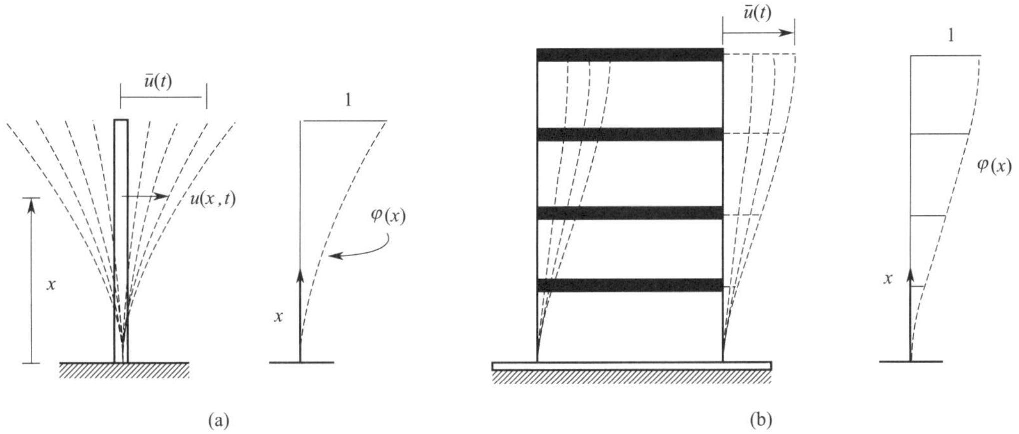

图 3-2 理想化单自由度体系（二）

（a）悬臂柱；（b）多层框架

3.2 运动方程：直接平衡

图 3-3 所示为两个具有质量、弹簧和阻尼器的理想单自由度体系。图 3-3 与图 3-1 的唯一区别是前者带有阻尼器。阻尼器代表真实力学体系的内摩擦机制。内摩擦机制是变形力学系统中由于分子在动力变形过程中的相互摩擦造成的，它会造成振动体系的能量发生损失。

当集中质量在外力 $F(t)$ 的作用下以速度 $\dot{u}(t)$ 沿正向发生位移 $u(t)$ 时，弹簧会沿反方向产生一个大小为 $ku(t)$ 的阻力，阻尼器则会沿反方向产生一个大小为 $c\dot{u}(t)$ 的阻力。图 3-4 展示了这两个单自由度体系集中质量的受力平衡。

应用牛顿第二运动定律 $\sum F=ma$，根据质量块沿水平向的动力平衡条件，可以得到：

$$F(t)-ku-c\dot{u}=m\ddot{u} \tag{3-2a}$$

或

$$m\ddot{u}+c\dot{u}+ku=F(t) \tag{3-2b}$$

上式是一个具有常系数 m、c 和 k 的二阶线性常微分方程。

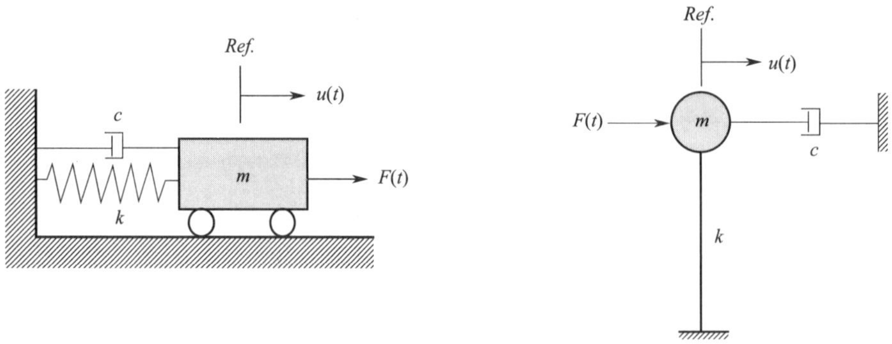

图 3-3 具有质量 m、刚度 k 和阻尼 c 的理想单自由度体系

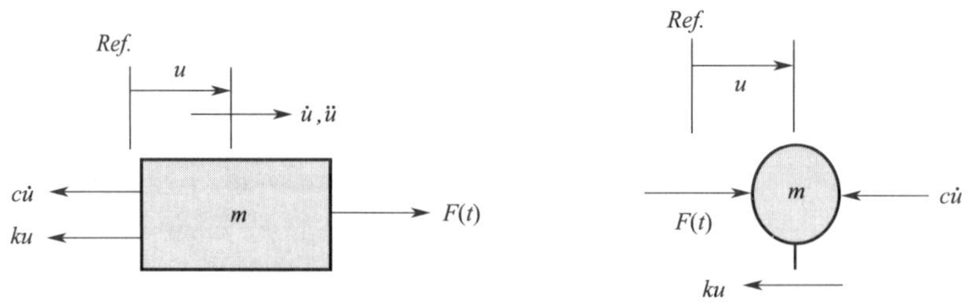

图 3-4 集中质量在 t 时刻以速度 $\dot{u}(t)$ 和加速度 $\ddot{u}(t)$ 运动并产生位移 $u(t)$ 的受力图

3.3 基底激励下的运动方程

图 3-5(a) 所示的是一个倒立摆。地震作用下，倒立摆的基底随地面发生位移为 $u_g(t)$ 的运动。显然，在地面运动时，倒立摆的质量块并没有受外力 $F(t)$ 的直接作用。但根据牛顿第二定律（$F=ma$），质量块具有惯性力。其中，a 是质量块的总加速度（$a=\ddot{u}^{\text{total}}$），等于地面加速度和质量块相对于地面加速度的和，即：

$$\ddot{u}^{\text{total}}=\ddot{u}_g+\ddot{u} \tag{3-3}$$

图 3-5(b) 给出了质量块的受力图。根据牛顿第二定律 $\sum F=\ddot{u}^{\text{total}}$，可得：

$$-c\dot{u}-ku=m\ddot{u}^{\text{total}} \tag{3-4}$$

或

$$m(\ddot{u}_g+\ddot{u})+c\dot{u}+ku=0 \tag{3-5}$$

将式(3-5)转化为式(3-2b)的标准形式，有：

$$m\ddot{u}+c\dot{u}+ku=-m\ddot{u}_g(t)=F_{eff}(t) \tag{3-6}$$

式中，$-m\ddot{u}_g(t)$ 为等效荷载。

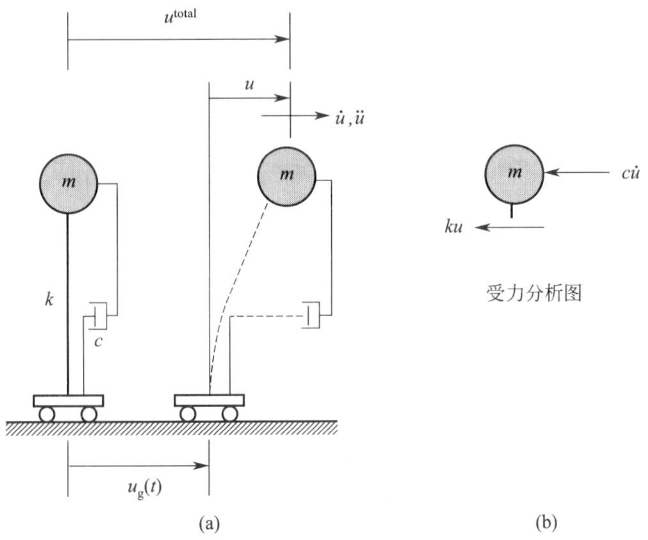

图 3-5 (a) 基底激励下的单自由度体系；(b) 集中质量在 t 时刻以速度 $\dot{u}(t)$ 和加速度 $\ddot{u}(t)$ 运动，并产生位移 $u(t)$ 时的受力图

3.4 单自由度体系运动方程的解

二阶常微分方程的解，包括两个部分：

$$u(t)=u_h(t)+u_p(t) \tag{3-7}$$

式中，u_h 是齐次解，u_p 是特解。在一个振动问题中，u_h 代表自由振动响应（$F=0$），u_p 代表受迫振动响应（$F\neq 0$）。

3.4.1 自由振动响应

当 $t=0$ 时，运动应满足初始条件：$u(0)=u_0$（初始位移）和 $\dot{u}(0)=v_0$（初始速度）。因此，自由振动方程可表示为：

$$m\ddot{u}+c\dot{u}+ku=0 \tag{3-8}$$

将上式各项均除以质量 m，可得：

$$\ddot{u}+\frac{c}{m}\dot{u}+\frac{k}{m}u=0 \tag{3-9}$$

令 $\frac{c}{m}=2\xi\omega_n$，$\frac{k}{m}=\omega_n^2$，这里用两个具有不同物理意义的系数 ξ 和 ω_n 分别替换 $\frac{c}{m}$ 和

$\frac{k}{m}$。其中，无量纲参数 ξ 为临界阻尼比，ω_n 为自振频率（rad/s）。振动仅在 $\xi<1$ 时发生。因此，式(3-9) 可表示为：

$$\ddot{u}+2\xi\omega_n\dot{u}+\omega_n^2u=0 \tag{3-10}$$

3.4.1.1 无阻尼自由振动（$\xi=0$）

当阻尼为0时，式(3-10) 可简化为：

$$\ddot{u}+\omega_n^2u=0 \tag{3-11}$$

式(3-11) 为简单的简谐运动方程。此时，谐振频率 ω_n 对应的调和函数为该方程的解，其最一般的形式为任意幅值的正弦函数和余弦函数的组合，即：

$$u(t)=A\sin\omega_nt+B\cos\omega_nt \tag{3-12}$$

式中，A 和 B 为振幅，可通过引入初始条件 $u(0)=u_0$ 和 $\dot{u}(0)=\nu_0$ 确定。因此：

$$u(t)=u_0\cos\omega_nt+\frac{\nu_0}{\omega_n}\sin\omega_nt \tag{3-13}$$

图3-6 给出了式(3-13) 所确定的振动曲线。

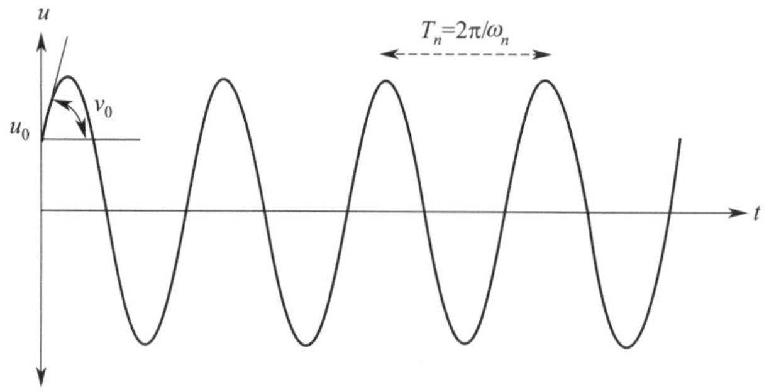

图3-6 单自由度体系无阻尼自由振动

3.4.1.2 有阻尼自由振动（$0<\xi<1$）

阻尼使得图3-6 所示的无阻尼自由振动循环响应发生衰减，可采用施加衰减函数形式的包络线来进行考虑。衰减函数为指数函数形式，衰减速率取决于 ω_nt，如式(3-14) 所示：

$$u(t)=e^{-\xi\omega_nt}\left(u_0\cos\omega_\mathrm{d}t+\frac{\nu_0+u_0\xi\omega_n}{\omega_\mathrm{d}}\sin\omega_\mathrm{d}t\right) \tag{3-14}$$

简谐振动的幅值在每个周期内呈指数递减，且逐渐趋于0，如图3-7 所示。

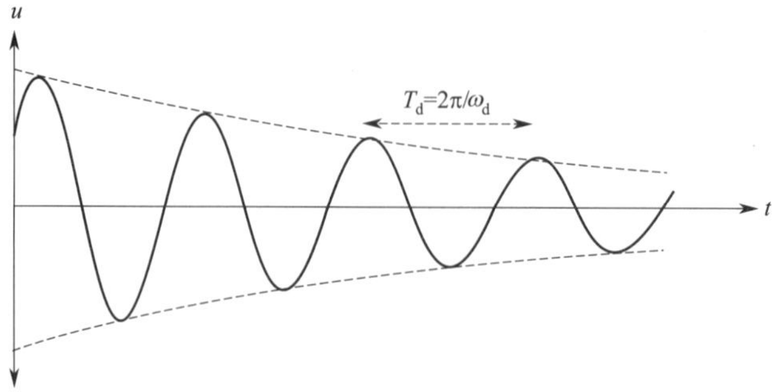

图3-7 单自由度体系有阻尼自由振动

需要注意的是，式(3-14) 中的括号项与式(3-13) 中的相似，但 ω_n 替换为 ω_{d}，ω_{d} 是“考虑阻尼影响”的结构固有频率：

$$\omega_{\mathrm{d}}=\omega_n\sqrt{1-\xi^2} \tag{3-15}$$

对于结构体系，一般有 $\xi\leqslant 0.20$。因此，$\omega_{\mathrm{d}}\approx\omega_n$。表 3-1 给出了几种基本结构体系的典型黏滞阻尼比。

基本结构体系的典型黏滞阻尼比 **表 3-1**

结构形式	阻尼比(%)	
	<50%屈服强度	≥50%屈服强度
钢结构(焊接)	2～3	3～5
钢筋混凝土结构	3～5	5～10
预应力混凝土结构	2～3	3～5
砖石结构	5～10	10～20

例 3-1 如图 3-8(a) 所示，摆锤质量为 m，弦杆长为 L，摆锤在重力场中摆动。

(1) 确定运动方程；

(2) 若运动开始时的初始转角为 θ_0，求解运动方程，获得摆锤的转角 θ。

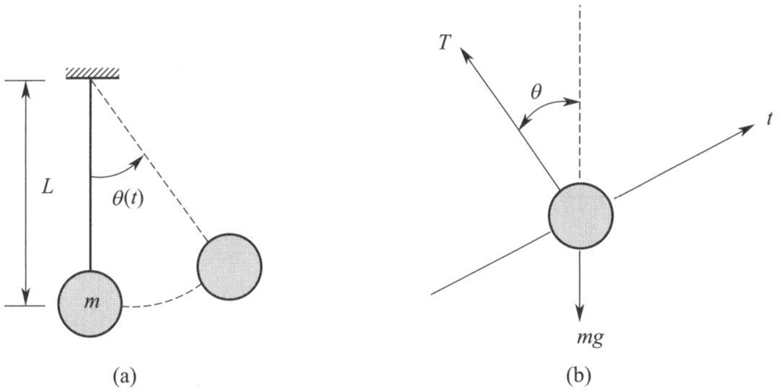

图 3-8 (a) 单摆；(b) 受力图

解：(1) 在任一 $\theta(t)$，集中质量的受力图，如图 3-8(b) 所示。其中，T 为杆中拉力。因此，t（切线）方向上的运动方程可表示为：

$$\sum F=ma_{\mathrm{t}}$$

根据图 3-8(b)，得：

$$-mg\sin\theta=ma_{\mathrm{t}}=mL\ddot{\theta}$$

整理得：

$$mL\ddot{\theta}+mg\sin\theta=0 \tag{E3-1-1}$$

(2) 式(E3-1-1) 为一个二阶非线性常微分方程，其非线性项源于 $\sin\theta$。对于小幅振动，$\sin\theta\approx\theta$。因此，运动方程变为线性方程，即：

$$mL\ddot{\theta}+mg\theta=0$$

或

$$\ddot{\theta}+\frac{g}{L}\theta=0$$

与式(3-11) 相类似，可定义：

$$\omega_n^2=\frac{g}{L}\text{或}\ T_n=2\pi\sqrt{\frac{L}{g}}$$

根据式(3-12) 的解，有：

$$\theta(t)=A\sin\omega_n t+B\cos\omega_n t \tag{E3-1-2}$$

将 $\theta(0)=\theta_0$ 和 $\dot{\theta}(0)=0$ 代入式(E3-1-2)，可得：

$$\theta(t)=\theta_0\cos\sqrt{\frac{g}{L}}t$$

例 3-2　如图 3-9(a) 所示，AB 杆为一根无质量的刚性杆，试求该单自由度体系的固有频率。其中，B 端的竖向位移可视为自由度，如图 3-9(b) 所示。假设该单自由度体系从 A 端到 B 端的位移变化始终为线性，且形状固定。

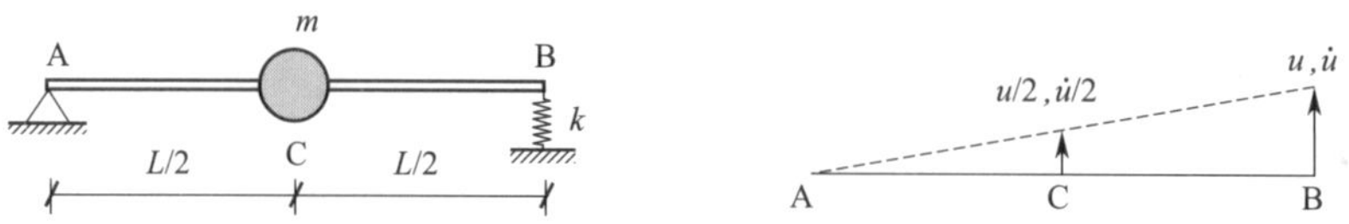

(a)　　(b)

图 3-9　(a) 刚体组合；(b) 运动简图

解：因为所有的力并未直接作用在集中质量上，因此无法直接建立该单自由度体系的运动方程。对此，能量守恒原理提供了一种更加简便的方法：

$$T+U=\text{constant} \tag{E3-2-1}$$

式中，T 为动能，U 是任意时刻 t 的势能，有：

$$T=\frac{1}{2}m\dot{u}^2, U=\frac{1}{2}ku^2 \tag{E3-2-2}$$

由图 3-9(b) 可知，集中质量在自由度方向上的速度为 $\frac{\dot{u}}{2}$。因此，$T=\frac{1}{2}m\left(\frac{\dot{u}}{2}\right)^2$，代入式(E3-2-1) 中，且两边同时对时间求导，可得：

$$m\frac{\dot{u}}{2}\frac{\ddot{u}}{2}+ku\dot{u}=0$$

或

$$4\frac{k}{m}u+\ddot{u}=0$$

相应地，与式(3-11) 类似，有：

$$\omega_n=2\sqrt{\frac{k}{m}}$$

例 3-3　图 3-10(a) 所示为一个单层单跨门式刚架结构。

（1）确定其自由振动方程和自振周期；

（2）确定基础激励 $\ddot{u}_g(t)$ 下的结构运动方程。

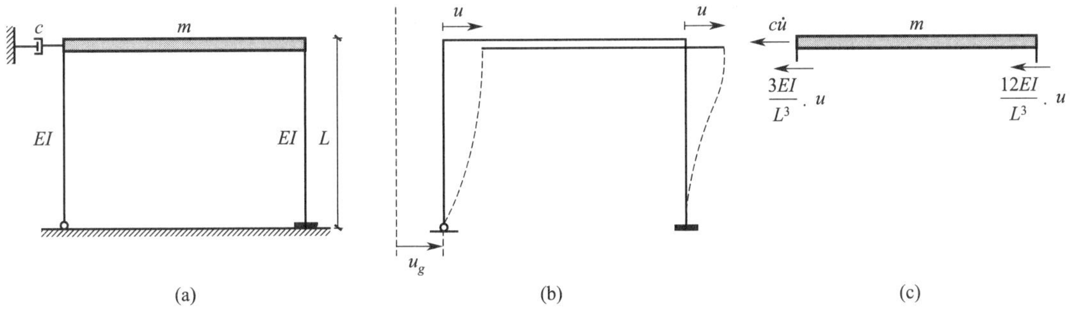

图 3-10　（a）门式刚架；（b）侧向变形；（c）受力图

解：（1）如图 3-10(b）所示，门式刚架结构是一个具有固定侧向变形形状的单自由度体系。结构顶部集中质量 m 的侧向位移 u 为体系的自由度。顶部集中质量的受力如图 3-10(c）所示。应用牛顿第二运动定律 $\sum F=ma$，根据质量块沿侧向的动力平衡条件，可得：

$$-c\dot{u}-\frac{3EI}{L^3}u-\frac{12EI}{L^3}u=m\ddot{u} \tag{E3-3-1}$$

整理后得：

$$m\ddot{u}+c\dot{u}+\frac{15EI}{L^3}u=0$$

式中，$\frac{15EI}{L^3}$是门式刚架结构的有效刚度。因此，有：

$$\omega_n^2=\frac{15EI}{mL^3};T_n=2\pi\sqrt{\frac{mL^3}{15EI}}$$

（2）基础激励下式(E3-3-1）可表示为：

$$-c\dot{u}-\frac{15EI}{L^3}u=m\ddot{u}^{\text{total}}=m(\ddot{u}+\ddot{u}_g)$$

或

$$m\ddot{u}+c\dot{u}+\frac{15EI}{L^3}u=-m\ddot{u}_g$$

3.4.2　受迫振动响应：简谐激励

简谐激励既可是外部简谐力，也可是简谐波基础激励 $\ddot{u}_g(t)=a_0\sin\bar{\omega}t$ 所产生的有效简谐力。简谐激励下，单自由度系统的运动方程可表示为：

$$m\ddot{u}+c\dot{u}+ku=F_0\sin\bar{\omega}t=-ma_0\sin\bar{\omega}t \tag{3-16}$$

该方程的齐次解与式(3-14）中自由振动频率为 ω_d 的有阻尼自由振动响应相同。因此有：

$$u_h = e^{-\xi\omega_n t}(A_1 \sin\omega_d t + A_2 \cos\omega_d t) \tag{3-17}$$

式中，A_1 和 A_2 为振幅，可根据 $t=0$ 时的初始条件确定。然而，该初始条件对应一般解（完全解），并非齐次解。因此，假设特解由正弦函数和余弦函数组成，当强迫振动的频率为 $\bar{\omega}$ 时，有：

$$u_p = G_1 \sin\bar{\omega}t + G_2 \cos\bar{\omega}t \tag{3-18}$$

任意简谐波的振幅 G_1 和 G_2，可采用常微分方程求解中的待定系数法来确定：

$$G_1 = \frac{F_0}{k}\frac{1-\beta^2}{(1-\beta^2)^2+(2\xi\beta)^2};G_2 = \frac{F_0}{k}\frac{-2\xi\beta}{(1-\beta^2)^2+(2\xi\beta)^2} \tag{3-19}$$

式中，$\beta=\bar{\omega}/\omega_n$ 为受迫振动频率与固有频率之比；$F_0=-ma_0$ 为有效简谐力的幅值。

3.4.2.1 通解

式(3-16) 的通解是式(3-17) 和式(3-18) 中齐次解和特解的组合。将式(3-19) 中的 G_1 和 G_2 代入式(3-18)，简化后代入 $u(t)=u_h(t)+u_p(t)$，有：

$$u(t) = e^{-\xi\omega_n t}(A_1 \sin\omega_d t + A_2 \cos\omega_d t) + \frac{F_0}{k}\frac{(1-\beta^2)\sin\bar{\omega}t - 2\xi\beta\cos\bar{\omega}t}{(1-\beta^2)^2+(2\xi\beta)^2} \tag{3-20}$$

式中，A_1 和 A_2 由初始条件确定。在谐波激励的有阻尼体系中，u_h 称为瞬态响应，u_p 称为稳态响应。如图 3-7 所示，瞬态响应随时间发生衰减。在简谐激励下，若忽略瞬态响应，余下的稳态响应分量 u_p 可表示为：

$$u = u_p = \rho\sin(\bar{\omega}t - \theta) \tag{3-21}$$

式中：

$$\rho = \frac{F_0/k}{[(1-\beta^2)^2+(2\xi\beta)^2]^{1/2}},\theta = \tan^{-1}\frac{2\xi\beta}{1-\beta^2} \tag{3-22}$$

式中，ρ 是振幅；θ 是 u_p 和 $F_0\sin\bar{\omega}t$ 之间的相位差；$F_0=-ma_0$。通过扩展 $\sin(\bar{\omega}t-\theta)$，可见：式(3-21) 和式(3-22) 等同式(3-20) 中的第二项（稳态项）。图 3-11 给出了 ρ 随频率比 β 和阻尼比 ξ 的变化关系，称之为频响函数。由图可见，当 β 接近于 1 时，响应位移振幅增大。然而，随着阻尼比的增加，振幅增大的程度逐渐降低。

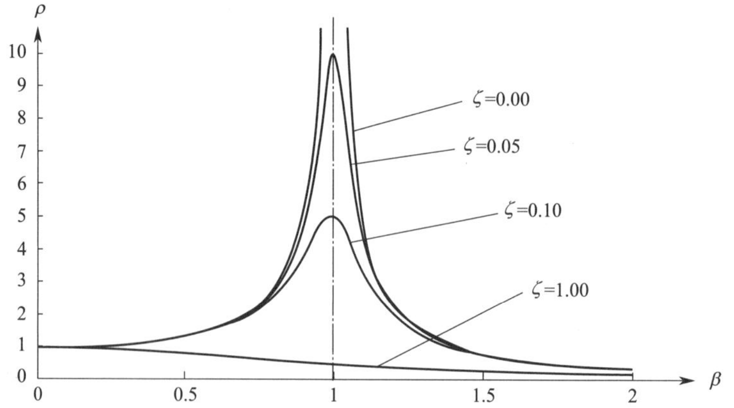

图 3-11 简谐激励下有阻尼体系的频响函数

3.4.2.2　共振

当 $\beta=1$ 时，式(3-18) 中的受迫振动频率 $\bar{\omega}$ 等于固有频率 ω_n。这时，式(3-19) 可简化为：

$$u(t)=\frac{F_0/k}{2\xi}(e^{-\xi\bar{\omega}t}-1)\cos\bar{\omega}t \tag{3-23}$$

式(3-23) 对应的图形表达，如图 3-12(a) 所示。由图可见，循环位移的幅值逐渐增加且接近于$\frac{F_0/k}{2\xi}$。同时，若 $\xi\rightarrow 0$，根据洛必达法则（L'Hospital rule)，有：

$$u(t)=\frac{F_0/k}{2}(\sin\bar{\omega}t-\omega t\cos\bar{\omega}t) \tag{3-24}$$

式(3-24) 中括号内的第二项表明，位移振幅随时间增加呈线性增加趋势，且没有边界限制（译者注：不存在上限)。式(3-24) 表征的结构响应如图 3-12(b) 所示。

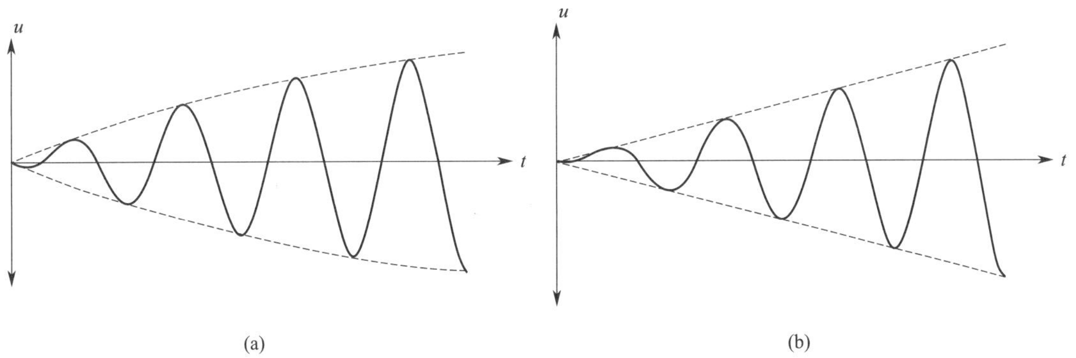

图 3-12　简谐激励下的共振

(a) 有阻尼单自由度体系；(b) 无阻尼单自由度体系

式(3-23) 和式(3-24) 定义的振动现象称为共振。在力学系统中，共振会产生巨大的位移，常常导致结构倒塌。

当结构发生共振时，位移会随时间 t 的增加而趋于无穷大，惯性力 $m\ddot{u}$ 和弹性阻力 ku 的方向相反、相互抵消。此时，外力仅由阻尼力 $c\dot{u}$ 抵抗，这就使得结构体系只有在非常高的速度下才能保持动态平衡。这一结论可由式(3-23) 在 t 趋于无穷大时来验证。

3.4.3　受迫振动响应：地震激励

图 3-13 所示为地震作用下某一单自由度体系。地震作用的激励函数 $F(t)$ 或$-m\ddot{u}_g(t)$ 很难用解析函数表示，通常采用加速度计记录获得的地面加速度时程 $\ddot{u}_g(t)$ 来表示（一般为数字化记录)。因此，无法获得类似于式(3-20) 的显式解析解，而需要采用数值积分方法对其进行求解。目前，最实用也最广泛应用的数值积分方法是逐步直接积分法（Newmark，1956)。

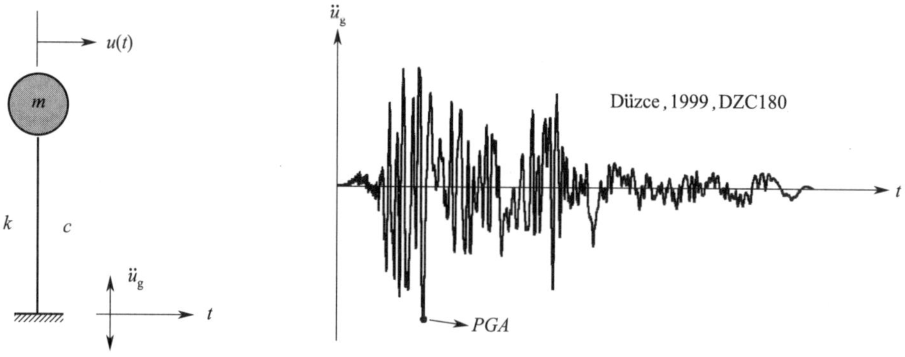

图 3-13　地震作用下的单自由度体系

3.4.4　动力响应的数值计算

首先，考虑单自由度体系在 $t=t_i$ 和 $t=t_{i+1}\equiv t_i+\Delta t$ 时的运动方程。其中，Δt 为一个很小的时间间隔：

$$m\ddot{u}_{t}+c\dot{u}_i+ku_i=F_i\equiv -m\ddot{u}_{g}(t_i) \tag{3-25a}$$

$$m\ddot{u}_{i+1}+c\dot{u}_{i+1}+ku_{i+1}=F_{i+1}\equiv -m\ddot{u}_{g}(t_{i+1}) \tag{3-25b}$$

将式(3-25a) 与式(3-25b) 相减，可得：

$$m(\ddot{u}_{i+1}-\ddot{u}_i)+c(\dot{u}_{i+1}-\dot{u}_i)+k(u_{i+1}-u_i)=F_{i+1}-F_i \tag{3-26}$$

或

$$m\Delta\ddot{u}_i+c\Delta\dot{u}_i+k\Delta u_i=\Delta F_i \tag{3-27}$$

式中，

$$\Delta(\cdot)_i=(\cdot)_{i+1}-(\cdot)_i \tag{3-28}$$

式(3-27) 中包含了三个随时间而变化的未知响应参数（Δu_i，$\Delta\dot{u}_i$，$\Delta\ddot{u}_i$）。这三个响应参数可以建立两个运动学关系式：$\mathrm{d}\dot{u}=\ddot{u}\,\mathrm{d}t$ 和 $\mathrm{d}u=\dot{u}\,\mathrm{d}t$。依据这两个运动学关系式，如果假设给出加速度 $\ddot{u}(t)$ 在 Δt 内的变化规律，那么，通过进行两次积分就可以计算获得 Δt 内的 $\dot{u}(t)$ 和 $u(t)$。在计算过程中，假设某一时间步初始时刻所对应的 $\ddot{u}_i$、$\dot{u}_i$ 和 u_i 可由上一时间步的结果计算获得。

目前，关于 $\ddot{u}(t)$ 在 Δt 内的变化方式有两种常用假设，即：恒定平均加速度变化和线性加速度变化。下面的数值计算将采用较为简单的恒定平均加速度变化假设。

恒定平均加速度

图 3-14 给出了加速度 $\ddot{u}(t)$ 在时间步 Δt 内的变化，可通过式(3-29) 给出的近似恒定平均加速度变化关系来计算：

$$\ddot{u}(\tau)=\frac{1}{2}(\ddot{u}_i+\ddot{u}_{i+1}),0<\tau<\Delta t \tag{3-29}$$

需要指出的是，式(3-29) 左边所示的加速度在 Δt 内的实际变化情况未知。因此，式

子右边的 $\ddot{u}_{i+1}$ 项也未知。上式通过假设在时间 Δt 内的平均加速度变化保持恒定来将未知量 $\ddot{u}(t)$ 从函数形式转化为离散值。

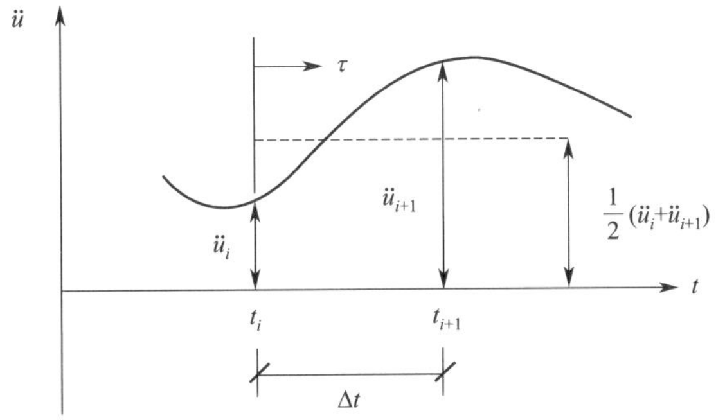

图 3-14 时间步 Δt 内实际的和估计的加速度变化

为获得时间步 Δt 内速度和位移的变化，可对式(3-29) 中的恒定加速度变化进行两次积分，如图 3-15 所示。

第一次积分是从加速度到速度，即 $\mathrm{d}\dot{u}=\ddot{u}\,\mathrm{d}\tau$，有：

$$\int_{\dot{u}_i}^{\dot{u}} \mathrm{d}\dot{u}=\int_{t_i}^{t} \ddot{u}\,\mathrm{d}\tau \tag{3-30}$$

将式(3-29) 中的 $\ddot{u}$ 代入式(3-30) 并积分，得：

$$\dot{u}(\tau)=\dot{u}_i+\frac{\tau}{2}(\ddot{u}_i+\ddot{u}_{i+1}) \tag{3-31}$$

在时间步结束时 $\tau=\Delta t$，式(3-31) 可表示为：

$$\dot{u}_{i+1}=\dot{u}_i+\frac{\Delta t}{2}(\ddot{u}_i+\ddot{u}_{i+1}) \tag{3-32}$$

将式(3-31) 中的 $\dot{u}$ 代入 $\mathrm{d}u=\dot{u}\,\mathrm{d}\tau$，并对 Δt 积分，得：

$$\int_{u_i}^{u_{i+1}} \mathrm{d}u=\int_{t_i}^{t_i+\Delta t} \dot{u}\,\mathrm{d}\tau \tag{3-33}$$

因此，

$$u_{i+1}=u_i+\dot{u}_i\Delta t+\frac{\Delta t^2}{4}(\ddot{u}_i+\ddot{u}_{i+1}) \tag{3-34}$$

式(3-32) 和式(3-34) 中 t_{i+1} 时刻的 u_{i+1}、$\dot{u}_{i+1}$ 和 $\ddot{u}_{i+1}$ 均为未知量。令 $(\ddot{u}_i+\ddot{u}_{i+1})\equiv\ddot{u}_{i+1}-\ddot{u}_i+2\ddot{u}_i\equiv\Delta\ddot{u}_i+2\ddot{u}_i$，并代入式(3-32) 和式(3-34)，可得：

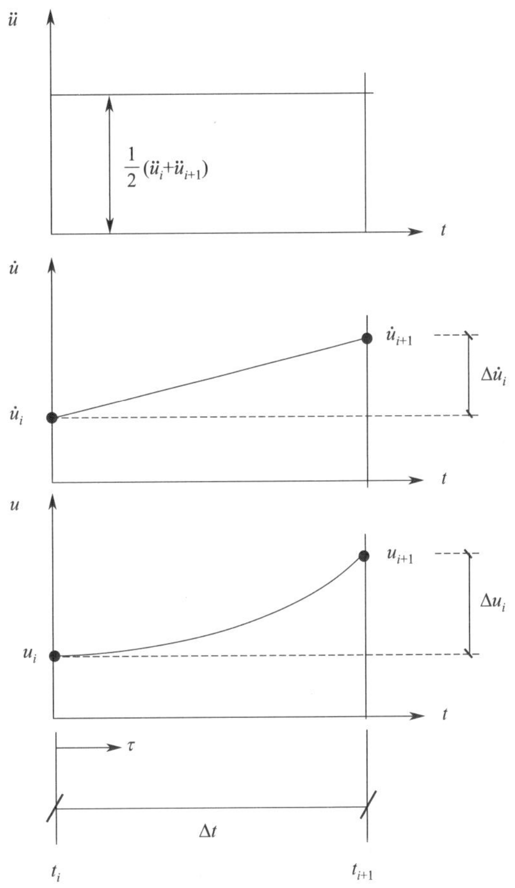

图 3-15 时间步 Δt 内恒定平均加速度变化的积分

$$\Delta \dot{u}_i = \frac{\Delta t}{2}(\Delta \ddot{u}_i + 2\ddot{u}_i) \tag{3-35}$$

$$\Delta u_i = \dot{u}_i \Delta t + \frac{\Delta t^2}{4}(\Delta \ddot{u}_i + 2\ddot{u}_i) \tag{3-36}$$

式(3-35) 和式(3-36) 中的 Δu_i、$\Delta \dot{u}_i$ 和 $\Delta \ddot{u}_i$ 是三个新的未知量，它们与式(3-27) 一起形成了一个三元线性方程组，可通过消元法求解。

因此，重新整理式(3-35) 和式(3-36)，用 Δu_i 表示 $\Delta \dot{u}_i$ 和 $\Delta \ddot{u}_i$，根据式(3-36)，可得：

$$\Delta \ddot{u}_i = \frac{4}{\Delta t^2}\Delta u_i - \frac{4}{\Delta t}\dot{u}_i - 2\ddot{u}_i \tag{3-37}$$

将上面的 Δu_i 代入式(3-35)，可得：

$$\Delta \dot{u}_i = \frac{2}{\Delta t}\Delta u_i - 2\dot{u}_i \tag{3-38}$$

最后，将式(3-37) 和式(3-38) 中的 $\Delta \ddot{u}_i$ 和 $\Delta \dot{u}_i$ 代入式(3-27)，整理获得：

$$k_i^* \Delta u_i = \Delta F_i^* \tag{3-39}$$

式中，

$$k_i^* = k + \frac{2c}{\Delta t} + \frac{4m}{\Delta t^2} \tag{3-40}$$

为瞬时动态刚度，而

$$\Delta F_i^* = \Delta F_i + \left(\frac{4m}{\Delta t} + 2c\right)\dot{u}_i + 2m\ddot{u}_i \tag{3-41}$$

为有效动态增量力。需要注意的是，式(3-40) 中的 $k_i^* = k^*$，即假设动态刚度在每个时间步 i 中不发生变化。

当 $i=0$ 时，可用 $u(0)=0$ 和 $\dot{u}(0)=0$ 作为初始条件进行递归求解。这是一个无条件稳定的求解过程，即误差不会随递归步骤的增加而增加。当然，也需保证$\frac{\Delta t}{T_n} \leqslant 10$，以满足求解精度的要求。

3.4.5 积分算法

上述逐步直接积分法可总结为以下步骤，并可用传统软件（FORTRAN、MatLab、Excel 等）实现。

1. 定义 m，c，k，$u(0)=0$，$\dot{u}(0)=0$，$F_i=F(t_i)$ 和 Δt
2. 计算 $\ddot{u}_0 = \frac{1}{m}(F_0 - c\dot{u}_0 - ku_0)$
3. 按式(3-40) 计算 k^*
4. $i=i+1$

5. 按式(3-41)计算 ΔF_i^*

6. 计算 $\Delta u_i = \Delta F_i^* / k$

7. 分别按式(3-37)和式(3-38)计算 $\Delta \dot{u}_i$ 和 $\Delta \ddot{u}_i$

8. 计算$(\cdot)_{i+1} = (\cdot)_i + \Delta(\cdot)_i$，其中，$(\cdot) = u$，$\dot{u}$，$\ddot{u}$

9. 返回步骤 4

例 3-4 图 3-16 所示为一个线弹性单自由度体系，$T_n = 1\text{s}$，$m = 1\text{kg}$，$\xi = 5\%$，$u(0) = 0$，$\dot{u}(0) = 0$。试计算基底激励 $\ddot{u}_g(t)$ 作用下体系位移响应 $u(t)$，取 $\Delta t = 0.1\text{s}$。

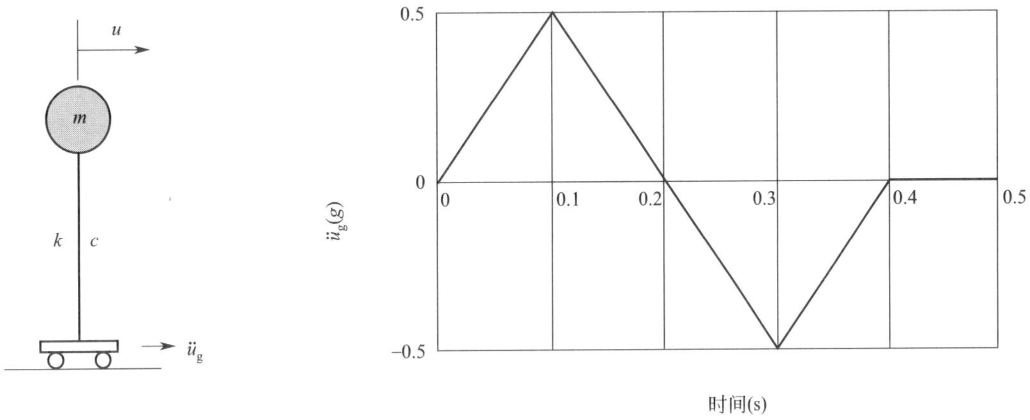

图 3-16 地面脉冲作用下的线弹性单自由度体系

解：所有单位均为牛顿、米和秒。

$$\omega_n = \frac{2\pi}{T_n} = 6.28\text{rad/s}^2, k = \omega_n^2 m = 39.478\text{N/m}, c = 2\xi m \omega_n = 0.628\text{N}\cdot\text{s/m}$$

$$\ddot{u}_0 = \frac{1}{m}(-m\ddot{u}_{g(0)} - c\dot{u}_0 - ku_0) = 0, k^* = k + \frac{2c}{\Delta t} + \frac{4m}{\Delta t^2} = 452.045\text{N/m}$$

m	T_n(s)	ω_n(rad/s)	ξ	Δt(s)	c	k	u_0	$\dot{u}(0)$	$\ddot{u}(0)$	k^*
1	1	6.28	0.05	0.1	0.628	39.478	0	0	0	452.045

$$\Delta F_i^* = \Delta F_i + \left(\frac{4m}{\Delta t} + 2c\right)\dot{u}_i + 2m\ddot{u}_i$$

式中，

$$\Delta F_i = -m(\ddot{u}_{g(i+1)} - \ddot{u}_{g(i)})$$

令 $i=0$，可得：

$$\Delta F_0^* = -1\times(0.5-0)\times 9.81 + \left[\left(\frac{4\times 1}{0.1}\right) + 2\times 0.628\right]\times(0) + 2\times 1\times(0) = -4.905\text{N}$$

$$\Delta u_0 = -\frac{4.905}{452.045} = -0.0109; \Delta\dot{u}_0 = \frac{2}{\Delta t}(-0.0109) = -0.217;$$

$$\Delta\ddot{u}_0 = \frac{4}{\Delta t^2}(-0.0109) = -4.34; u_1 = 0 - 0.0109 = -0.0109; \dot{u}_1 = 0 - 0.217 = -0.217;$$

$$\ddot{u}_1=0-4.34=-4.34$$

令 $i=1$，继续计算，可得到下表：

i	t	u_i	$\dot{u}_i$	$\ddot{u}_i$	ΔF_i^*	Δu_i	$\Delta \dot{u}_i$	$\Delta \ddot{u}$	u_{i+1}	$\dot{u}_{i+1}$	$\ddot{u}_{i+1}$
0	0	0	0	0	−4.905	−0.0109	−0.2170	−4.3403	−0.0109	−0.2170	−4.3403
1	0.1	−0.0109	−0.2170	−4.3403	−12.729	−0.0282	−0.1291	6.0978	−0.0390	−0.3462	1.7575
2	0.2	−0.0390	−0.3462	1.7575	−5.861	−0.0130	0.4330	5.1448	−0.0520	0.0868	6.9023
3	0.3	−0.0520	0.0868	6.9023	12.482	0.0276	0.3786	−6.2330	−0.0244	0.4654	0.6693
4	0.4	−0.0244	0.4654	0.6693							

令 $\Delta t=0.01$s 再次重复上述过程进行求解，图3-17给出了受迫振动阶段两个时间间隔内计算获得的位移响应。其中，实际位移 $u(0.1)=0.008$，$u(0.2)=0.044$。可见，$\Delta t=0.01$s 所对应的结果可认为是该问题的精确解。

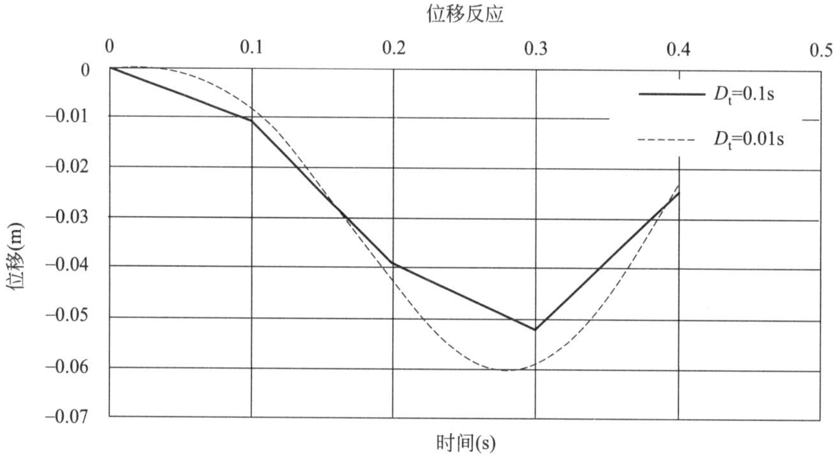

图3-17 不同 Δt 对应的单自由度体系位移响应

3.5 地震反应谱

图3-18给出了地震作用下一系列具有不同周期 T 但具有相同阻尼比 ξ 的单自由度体系。注意图3-18中的 $T_1<T_2<T_3<T_4$。

根据直接积分法，可计算得到每个单自由度体系的位移响应 $u(t)$。图3-19分别给出了在1999年Düzce地震动NS分量作用下，周期为 $T_1=0.5$s、$T_2=1.0$s 和 $T_3=2.0$s 且阻尼比为5%的单自由度体系的位移响应 $u(t)$ 和加速度响应 $\ddot{u}(t)$ 随时间的变化情况。

将位移响应 $u(t)$ 的最大值定义为谱位移 S_d，有：

$$S_d=\max|u(t)| \tag{3-42}$$

由于 $u(t)$ 是 T 和 ξ 的函数，因此 S_d 随 T 和 ξ 而变化，有：

$$S_d=S_d(T,\xi) \tag{3-43}$$

类似地，谱加速度定义为加速度响应的峰值：

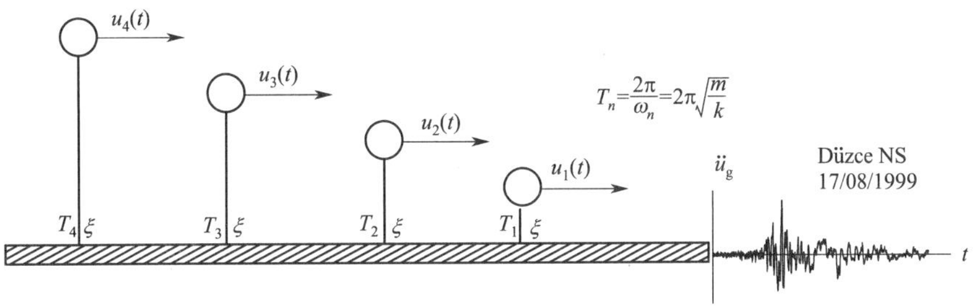

图 3-18 不同单自由度体系遭受相同地震作用

$$S_a=\max|\ddot{u}(t)+\ddot{u}_g(t)| \tag{3-44}$$

式中：

$$S_a=S_a(T,\xi) \tag{3-45}$$

图 3-19 中每个单自由度体系的响应均标注了 S_a 和 S_d 值。若将式(3-43) 和式(3-45) 中的 S_a 和 S_d 结果绘制成 T 和 ξ 的曲线，即：针对一系列不同的阻尼比，重复上述过程，得到一组 S_a 和 S_d 随 T 和 ξ 变化的曲线，它们分别称为地震动加速度反应谱和位移反应谱。图 3-20 给出了 1999 年 Düzce 地震动 NS 分量的加速度反应谱和位移反应谱。图 3-19 中标注的加速度和位移响应峰值也在图 3-20 上进行了标记。

地震反应谱只考虑了结构响应峰值出现的时刻，因此，它几乎没有涉及地震动持时的概念，这对结构的抗震设计是可行的。然而，长持时地震动可能会导致结构发生低周疲劳和持续退化，这些详细的信息则无法在反应谱中得以反应。

由图 3-20 可知，当 $T=0$ 时，$S_a=\ddot{u}_{g,\max}$（PGA）且 $S_d=0$。另一方面，当 T 趋于无穷大时，S_a 趋于零，且 S_d 趋于 $u_{g,\max}$(PGD)。上述极限情况，如图 3-21 所示。

$T=0$ 等价于 $\omega_n=\infty$，即体系为无限刚性体系。此时，弹簧不会变形（$u=0$，$S_d=0$），集中质量的运动与地面运动相同。相应地，集中质量的最大加速度与地面最大加速度相同。

当 ω_n 趋于零时，T 趋于无穷，即体系为无限柔性体系。无限柔性体系没有刚度，即无法将任何来自地面的侧向力传递给集中质量。在地震作用下，地面移动而集中质量静止。质量块的总位移为 0（$u^{\text{total}}=u+u_g=0$）。相应地，$|u|_{\max}=|u|_{\max}$ 或 $S_d=PGD$。与此类似，集中质量的总加速度为 0（$\ddot{u}^{\text{total}}=\ddot{u}+\ddot{u}_g=0$），这使得式(3-44) 中的 $S_a=0$。

3.5.1 伪速度和伪加速度反应谱

伪谱速度 PS_v 和伪谱加速度 PS_a 是速度谱和加速度谱的另外一种表达方式，它们建立了谱位移、谱速度和谱加速度之间一种简单实用的关系。PS_v 和 PS_a 可直接由 S_d 获得，其定义如式(3-46) 和式(3-48) 所示。当 $\xi<0.2$ 时，PS_v 和 PS_a 十分接近 S_v 和 S_a。

3.5.1.1 伪速度

$$PS_v(T,\xi)=\omega_n\cdot S_d=\frac{2\pi}{T_n}S_d(T,\xi) \tag{3-46}$$

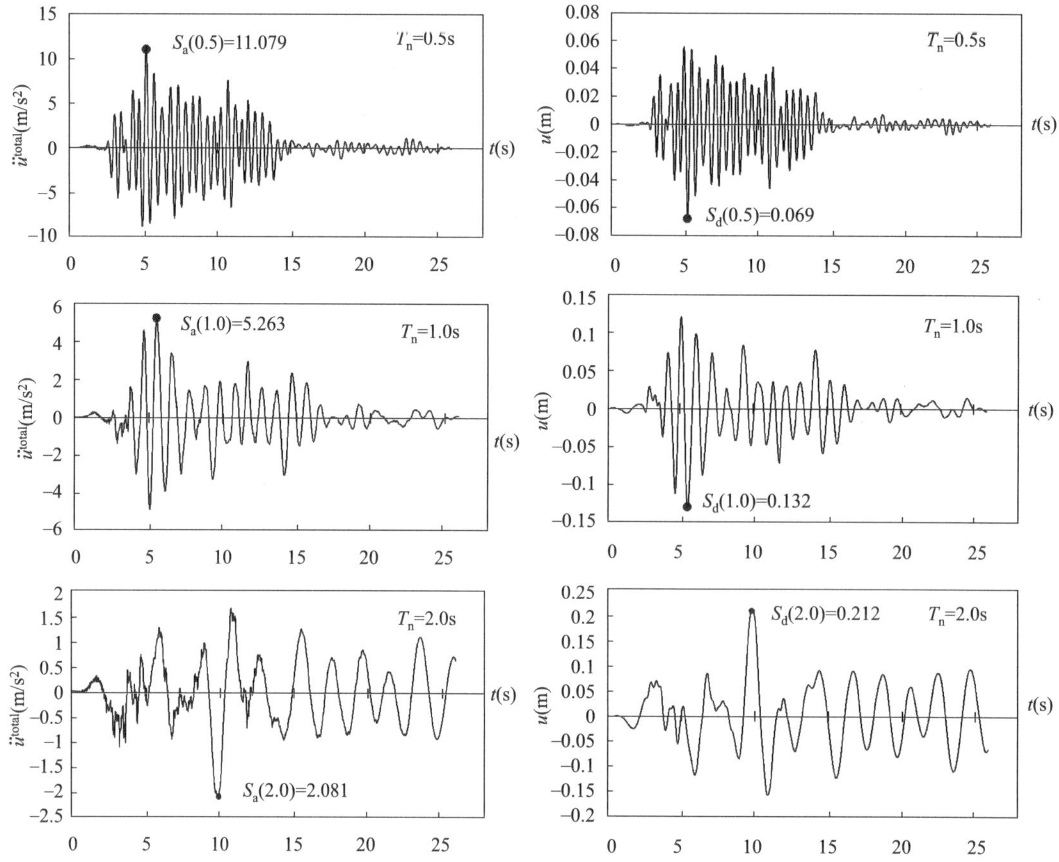

图 3-19 1999 年 Düzce 地震动 NS 分量下几个单自由度体系的位移和加速度响应时程

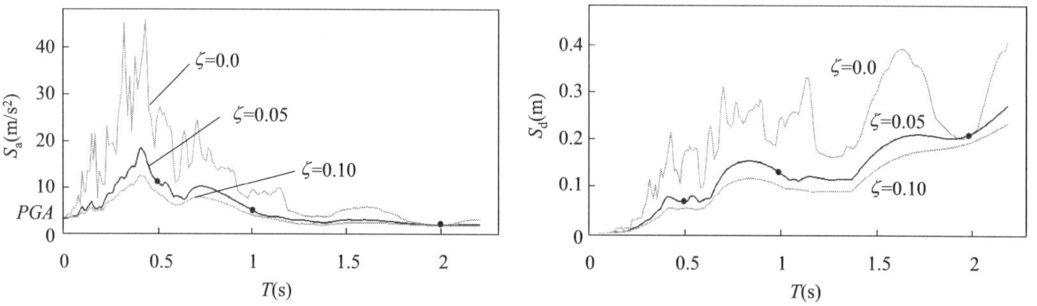

图 3-20 1999 年 Düzce 地震动 NS 分量的加速度反应谱和位移反应谱

当 $\xi < 0.2$ 时，$PS_v \approx S_v$ 与地震作用下单自由度体系的最大应变能 $E_{s,max}$ 有关：

$$E_{s,max} = \frac{1}{2}ku_{max}^2 = \frac{1}{2}kS_d^2 = \frac{1}{2}k\left(\frac{PS_v}{\omega_n}\right)^2 = \frac{1}{2}m(PS_v)^2 \tag{3-47}$$

3.5.1.2 伪加速度

伪加速度 PS_a 可表示为下式的形式：

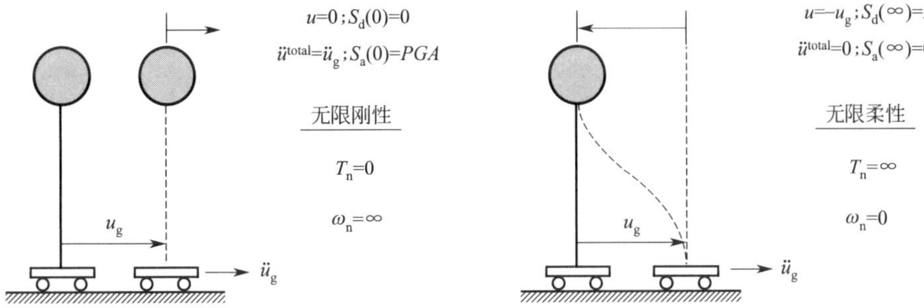

图 3-21 无限刚性和无限柔性单自由度体系在地面激励下的响应

$$PS_a(T,\xi)=\omega_n^2 S_d=\left(\frac{2\pi}{T_n}\right)^2 S_d(T,\xi) \tag{3-48}$$

当 $\xi<0.2$ 时，$PS_a\approx S_a$，这与地震作用下单自由度体系的最大基底剪力有关。

一个无阻尼单自由度体系在地面激励 $\ddot{u}_g$ 作用下的运动方程为：

$$m(\ddot{u}+\ddot{u}_g)+ku=0 \tag{3-49}$$

因此，

$$m\left|(\ddot{u}+\ddot{u}_g)\right|_{max}=k\left|u\right|_{max} \tag{3-50}$$

当 $\xi=0$ 时，

$$mS_a=kS_d \text{ 或 } S_a=\omega_n^2 S_d \tag{3-51}$$

比较式(3-48) 和式(3-51)，可得：当 $\xi=0$ 时，$PS_a=S_a$。

图 3-22 展示了地震作用下单自由度体系的内部剪力（恢复力）和基底剪力。可见，当相对位移最大时，单自由度体系的基底剪力最大，即：

$$V_{b,max}=ku_{max}=kS_d=k\left(\frac{S_a}{\omega_n^2}\right)=mS_a \tag{3-52}$$

若为有阻尼单自由度体系，式(3-52) 可替换为：

$$V_{b,max}=ku_{max}=kS_d=k\left(\frac{PS_a}{\omega_n^2}\right)=mPS_a \tag{3-53}$$

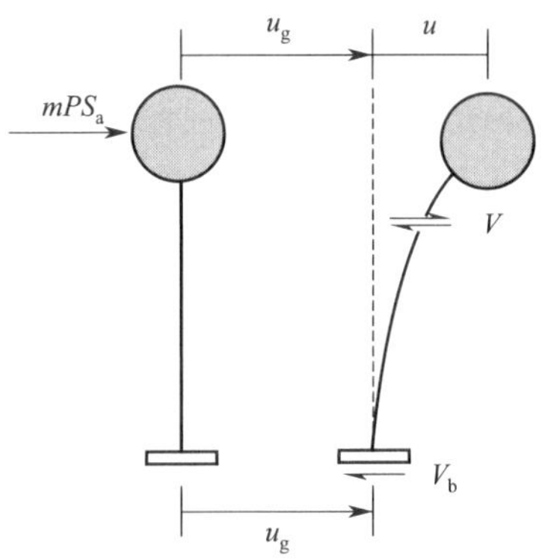

图 3-22 地震作用下单自由度体系的内部剪力和基底剪力

根据牛顿第二定律，有阻尼单自由度体系的最大基底剪力可直接由 PS_a 求得。

3.5.2 地震反应谱的实际应用

若 S_d、PS_v 和 PS_a 已知，则可较易从这些反应谱中获得单自由度体系在地震作用下的位移、应变能、惯性力和基底剪力最大值。在这一过程中，仅需知道单自由度体系的自振周期 T_n 和黏滞阻尼比 ξ。

根据式(3-53)，单自由度体系的最大基底剪力可表示为：

$$V_{b,max}=mPS_a=mg\frac{PS_a}{g}=W\cdot\frac{PS_a}{g} \tag{3-54}$$

式中，W 为自重。因此有：

$$\frac{V_{b,max}}{W}=\frac{PS_a}{g} \tag{3-55}$$

最大基底剪力与自重的比称为基底剪力系数。这是结构地震响应分析和抗震设计中一个实用且非常重要的参数。基底剪力参数采用 C 来表示，可直接由 PS_a 获得：

$$C=\frac{V_{b,max}}{W}=\frac{PS_a}{g} \tag{3-56}$$

例 3-5 以例 3-3 中的门式刚架结构为例。刚架结构的参数为：柱尺寸 0.4m×0.5m，$E=250000\text{kN/m}^2$，$L=3\text{m}$，$m=25\text{t}$。试计算刚架结构在 1999 年 Düzce NS 地震动分量作用下的顶点最大位移。结构的黏滞阻尼比为 $\xi=5\%$。

解： 例 3-3 中已定义了该刚架结构的自振周期为 $T=1.3\text{s}$。由图 3-20 可确定 $T=1.3\text{s}$ 时的谱加速度 $S_a=4\text{m/s}^2$。

此时，作用于顶部集中质量的等效地震作用为：

$$F_{eff}=mS_a=25\text{t}\times4\text{m/s}^2=100\text{kN}$$

同样，由例 3-3 可得刚架结构的有效刚度为 $k_{eff}=587.7\text{kN/s}$。将上述数值代入下式，求得：

$$u=\frac{F_{eff}}{k_{eff}}=0.173\text{m}$$

3.6 非线性单自由度体系

线弹性结构体系在强地震作用下的侧向力通常很大。图 3-23 给出了一组 10 条地震动记录的谱加速度曲线。由图可见，在 0.4～1.0s 的周期范围内，有效侧向力（mPS_a）和自重（mg）为同一个数量级。由于大多数建筑结构的基本自振周期都处于 0.4～1.0s 的范围内，对于地震这种小概率事件，即便建筑结构在使用周期内遭遇强烈地震，若按此设计具有如此高抗侧力水平的结构，显然既不经济也不实用。

抗震设计常用的一种方法是让结构的侧向承载力 F_y 小于其弹性承载力 F_e，赋予结构一定的塑性变形能力，使得结构在强地震作用下可以发生超过线弹性范围的变形。

当结构的变形超过抗侧力体系的屈服位移时，恢复力-变形曲线的斜率将发生下降，即刚度发生软化。图 3-24 给出了单自由度体系在地面加速度某个循环作用下典型的力-变形加卸载路径。这类典型的非线性行为在力学系统中被称为“材料非线性”，它是由于材料性能在大变形条件下发生退化，从而导致结构系统发生软化，其类似于钢和混凝土材料的应力-应变行为。在图 3-24 中，F_s 为恢复力（内部阻力），F_y 为屈服承载力，u_y 为屈服位移。

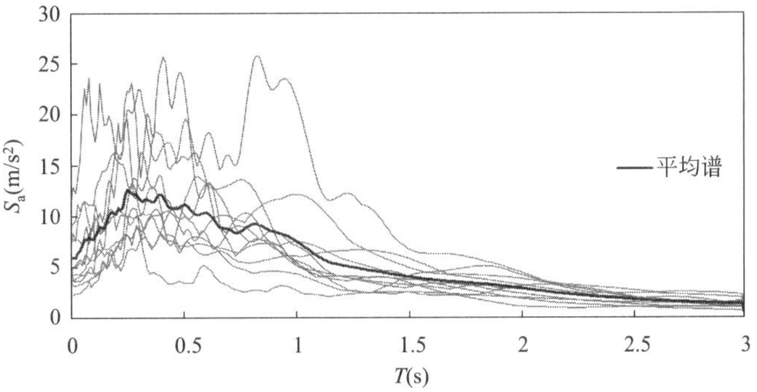

图 3-23 10 条地震动的线弹性加速度反应谱

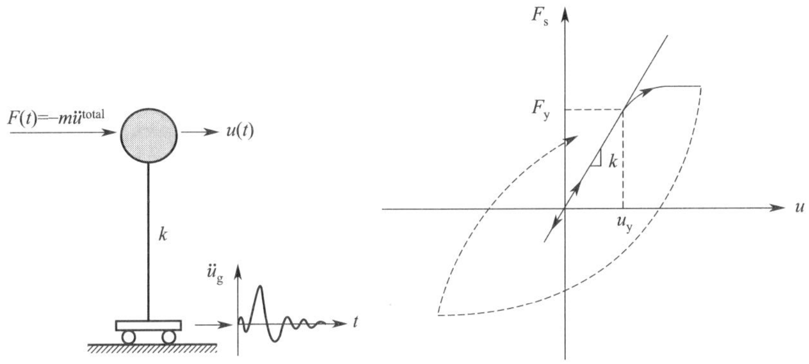

图 3-24 非线性力-变形路径上内力 F_s 随位移 u 的变化

3.6.1 非线性力-变形关系

滞回关系由一组加卸载规则组成。根据这些规则，F_s 的变化由之前加载步中 u 的变化历史确定，称之为滞回模型。在地震工程中，有两类基本的滞回模型，即：弹塑性模型和刚度退化模型。弹塑性模型通常用来表示钢结构的滞回抗弯性能，刚度退化模型则用于表示混凝土结构在地震作用下的滞回抗弯性能。

图 3-25 分别给出了弹塑性滞回模型和具有应变硬化的刚度退化滞回模型。其中，F_y 和 u_y 分别是屈服强度和屈服位移，k 是初始弹性刚度，αk 是屈服后的应变硬化刚度，α 通常小于 10%。当 α 等于 0 时，该体系无应变硬化。无应变硬化的弹塑性体系称为理想弹塑性体系。

3.6.1.1 弹塑性模型

理想弹塑性模型包括两种刚度状态：k 或 αk，如图 3-25(a) 所示。其中，初始加载阶

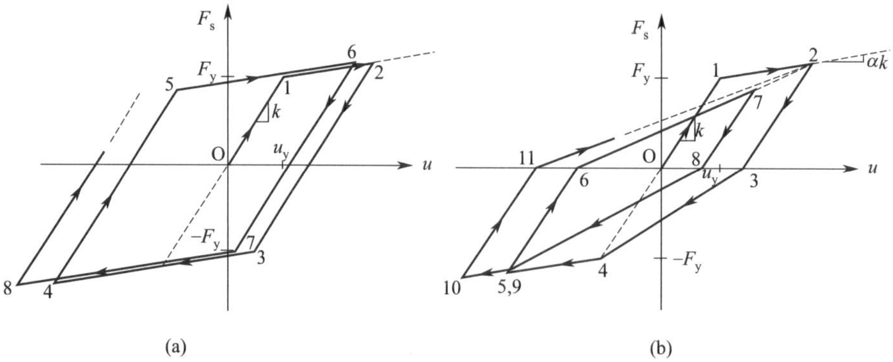

图 3-25 弹塑性和刚度退化滞回模型

(a) 弹塑性模型（钢构件）；(b) 刚度退化模型（钢筋混凝土构件）

段（0-1 或 0-1′）的刚度为 k。当内力达到塑性状态，结构体系发生屈服且沿屈服平台发生变形时，刚度为 αk（1-2）。此时，可按弹性刚度 k 进行加载和卸载（2-3；4-5；6-7）。当荷载方向沿着这一路径从加载变换到卸载或从卸载变换到加载时，刚度保持不变。另外，当内部抗力在点（3、5 或 7）处进入塑性，模型将沿屈服平台产生变形，屈服后的结构刚度为 αk（3-4 或 5-6）。

3.6.1.2 刚度退化模型

刚度退化模型中（图 3-25b）的加卸载刚度变化并不相同。其中，屈服平台处的卸载刚度为初始弹性刚度 k（2-3 或 5-6），而在重加载时，刚度发生退化，定义为从完全卸载点（3 或 6）到前几个循环中相同方向的最大变形点（4 或 2）。另外，在达到屈服平台前，若在再加载路径进行卸载，刚度也为 k（7-8）。

3.6.2 非线性单自由度体系的强度与延性关系

地震作用下非线性体系仅能产生最大侧向屈服强度为 F_y 的抗力，但能产生较大的位移变形。考虑相同地震动 $\ddot{u}_g$ 作用下，三个具有相同初始刚度 k 和周期 T 的弹塑性单自由度体系，如图 3-26 所示。根据抗力由弱到强，参数依次为：

(1) 体系 1：弹塑性体系，屈服强度为 F_{y1}，屈服位移为 u_{y1}；

(2) 体系 2：弹塑性体系，屈服强度为 F_{y2}，屈服位移为 u_{y2}（$F_{y2}>F_{y1}$）；

(3) 体系 3：理想线弹性体系，即 $F_y=\infty$。

可以预计，最弱体系（体系 1）具有最大的变形，可达到绝对最大位移 u_{max1}；体系 2 具有较小的最大位移 u_{max2}。同时，线弹性体系在同一地震动作用下的变形最大位移为 u_e。这些最大绝对位移 u_{max1}、u_{max2} 和 u_e 分别称为体系 1、2 和 3 的地震位移需求。这些需求可用一个无量纲变形比 μ 定义，称为延性比：

$$\mu_i=\frac{u_{max,i}}{u_y} \tag{3-57}$$

对于强度较小的体系，地震作用下要求具有更高的延性。

$$F_{y1}<F_{y2}<F_e \quad \Rightarrow \quad \mu_1>\mu_2>\mu_e \tag{3-58}$$

式中，F_e 是弹性力需求。理论上，线弹性体系的 $\mu_e=1$。

式(3-58) 中的左边项为强度（承载力），右边项为延性比（需求）。

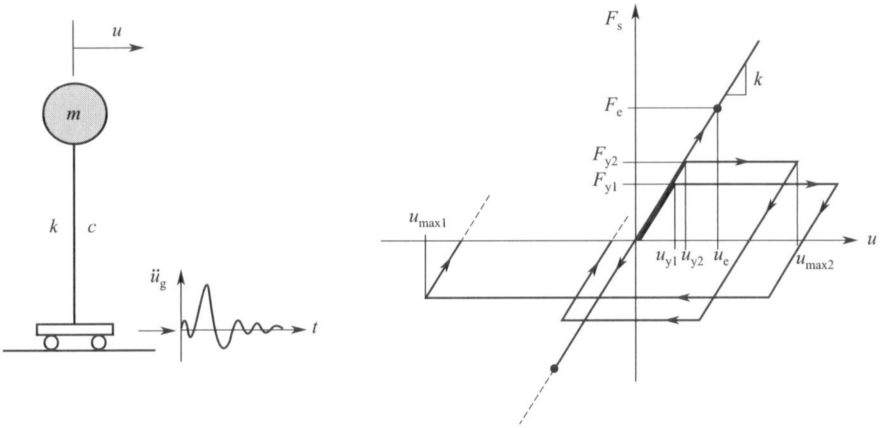

图 3-26 地震往复作用下三个具有相同初始刚度 k 和不同屈服强度 F_{yi} 的单自由度体系滞回响应

3.6.3 非线性单自由度体系的运动方程

非线性单自由度体系的运动方程也是一个二阶常微分方程，但带有一个非线性项：

$$m\ddot{u}+c\dot{u}+F_s(u)=F(t)\equiv-m\ddot{u}_g \tag{3-59}$$

由于 $F_s(u)$ 为非线性（滞回）函数，因此给上述运动方程带来了非线性特性。在线性体系中，F_s 等于 ku，表示 F_s 和 u 呈线性关系。在非线性体系中，$F_s=F_s(u)$ 意味着切线刚度 k 不再如线性体系一样是一个常数，而随着位移 u 的变化而变化。图 3-24 展示了 F_s 沿某一非线性力—变形路径随 u 的变化情况。

考虑某一光滑非线性体系，如图 3-27 所示。在某一时间步 Δt 内，其运动方程可以表示为如下增量表达的形式：

$$m\Delta\ddot{u}_i+c\Delta\dot{u}_i+\Delta F_s(u)_i=\Delta F_i\equiv-m\Delta\ddot{u}_{gi} \tag{3-60}$$

式中，恢复力 F_s 随 u 的变化增量可表示为：

$$\Delta F_{s,i}\approx k_i(u_i)\Delta u_i \tag{3-61}$$

式中：

$$F_{s,i+1}=F_{s,i}+\Delta F_{s,i}\,;u_{i+1}=u_i+\Delta u_i \tag{3-62}$$

式中，k_i 是 u_i 的切线刚度。因此，式(3-60) 所示的非线性运动方程可视为时间步 Δt 内每个位移增量 Δu_i 处的等效线性方程，可利用式(3-61) 和式(3-62) 求解。

3.6.4 非线性动力响应的数值求解

如果滞回关系 $F_s=F_s(u)$ 已知，3.4.5 节中针对线弹性体系提出的逐步直接积分法同样可用于非线性体系。其中，切线刚度 $k_i(u_i)$ 需要在每个增量步 i 处更新，即：在时间增量步 i 的末端和位移为 u_{i+1} 时确定 $\Delta F_{s,i}$。然而，如果时间增量步内出现滞回曲线的斜率变化或方向反转，将带来两种类型的误差。这里，采用一个分段线性滞回模型对这

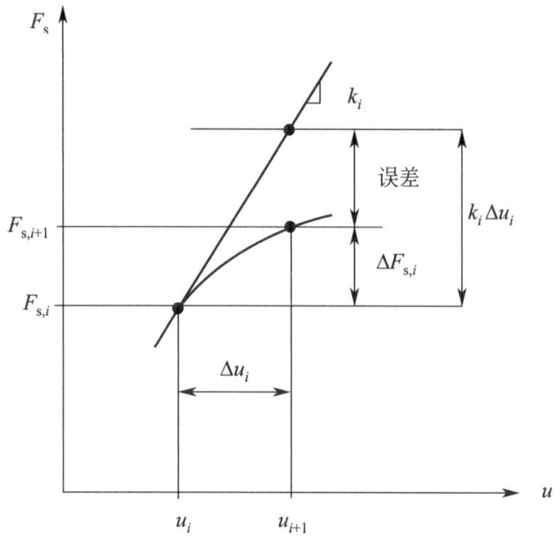

图 3-27 非线性体系中恢复力 F_s 和位移 u 的变化增量

两类误差进行讨论，如图 3-28 所示。其中，实线表示真实的（实际的）力-位移加载路径，虚线表示基于式(3-61）和式(3-62）预测的近似路径。

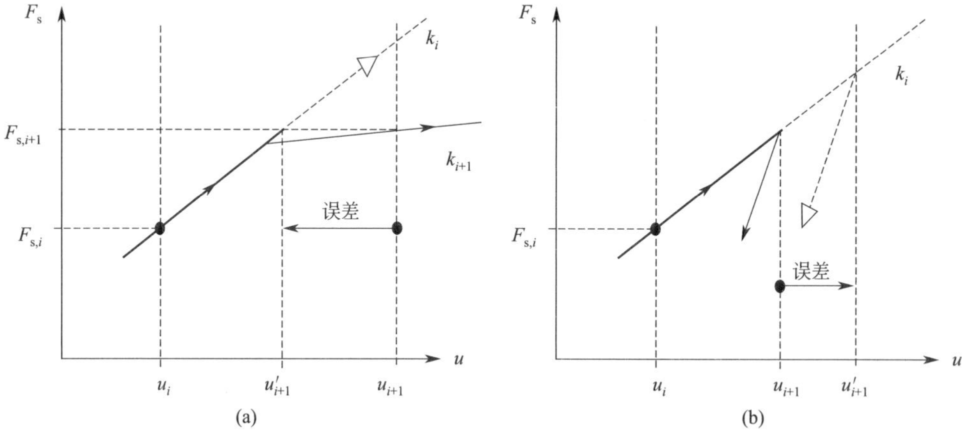

图 3-28 非线性单自由度体系在位移增量内的动作

（a）斜率变化；（b）方向反转

3.6.4.1 斜率变化

如果在某一时间步末端的滞回曲线斜率发生变化，即 k_i 与 k_{i+1} 不同，时间步 Δt 可划分为更小的时间增量 $\Delta t/n$。其中，n 可取一个较大的整数。在实际应用中，一般取$n=10$ 就足够了。缩减时间步长可大大减小预测的误差，并可较为准确地计算出与斜率变化相对应的位移。一旦在子增量时间步内发现斜率发生变化，可采用 k_{i+1} 和原始时间增量 Δt 进行计算，以加快求解的速度。需要指出的是，对于斜率发生变化的情况，采用牛顿—拉斐逊迭代可获得更为精确的解，但子增量法一般更为实用，且能获得可接受的精度。

3.6.4.2 方向反转

如果在某一时间步结束时速度方向发生变化，即存在预测误差，如图 3-28(b) 所示，这时可参考上述关于斜率变化的处理方法，将时间增量进一步细分为更小的子时间增量，然后对这些子时间增量进行求解，直到可以准确预测方向反转的时间为止。最后，利用卸载刚度和初始时间增量 Δt 进行求解，以加快求解的速度。

3.6.4.3 动力平衡

迭代数值求解虽然可以将误差缩小到可以接受的程度，但永远不能获得精确解。这些误差将不可避免地影响 t_{i+1} 步结束时的瞬时动力平衡。因此，可在 t_{i+1} 时刻根据平衡条件保证体系动力平衡，即根据式(3-63) 给出的总平衡方程计算 $\ddot{u}_{i+1}$，而非计算增量解 $\ddot{u}_{i+1}=\ddot{u}_i+\Delta\ddot{u}_i$，即：

$$\ddot{u}_{i+1}=\frac{1}{m}(-m\ddot{u}_{g,i+1}-c\dot{u}_{i+1}-F_{s,i+1}) \tag{3-63}$$

相应地，数值误差转换为式(3-37) 中 $\Delta\ddot{u}_i$ 和 Δu_i 的运动学关系。

3.6.4.4 积分算法

1. 定义 m，c，k，$u(0)=0$，$\dot{u}(0)=0$，$F_i=F(t_i)$ 和 Δt

2. 计算 $\ddot{u}_0=\frac{1}{m}(-m\ddot{u}_{g,0}-c\dot{u}_0-F_{s,0})$

3. 根据式(3-40)，$k_i^*=k+\frac{2c}{\Delta t}+\frac{4m}{\Delta t^2}$

4. $i=i+1$

5. 根据式(3-41)，$\Delta F_i^*=\Delta F_i+\left(\frac{4m}{\Delta t}+2c\right)\dot{u}_i+2m\ddot{u}_i$，其中 $\Delta F_i=-m(\ddot{u}_{g,i+1}-\ddot{u}_{g,i})$

6. 计算 $\Delta u_i=\Delta F_i^*/k_i^*$

7. 根据式(3-38) 计算 $\Delta\dot{u}_i$

8. 计算$(\cdot)_{i+1}=(\cdot)_i+\Delta(\cdot)_i$，其中，$(\cdot)=u,\dot{u}$

9. 根据式(3-63) 计算 $\ddot{u}_{i+1}$

10. 返回步骤 4

例 3-6 例 3-4 中的单自由度体系为一个弹塑性体系，如图 3-29 所示。其中，$F_y=0.1mg$，$\alpha=0$，试计算 $\ddot{u}_g(t)$ 作用下的位移响应 $u(t)$。

解：

m	T_n(s)	ω_n(rad/s)	ξ	Δt(s)	c	$k_{elastic}$	α	f_y	u_0	$\dot{u}_0$	$\ddot{u}_0$	$F_s(0)$
1	1	6.28	0.05	0.1	0.628	39.478	0	0.981	0	0	0	0

$$k_i^*=k_i+\frac{2c}{\Delta t}+\frac{4m}{4t^2}$$

式中，k_i 是 u_i 处的切线刚度 k_i，

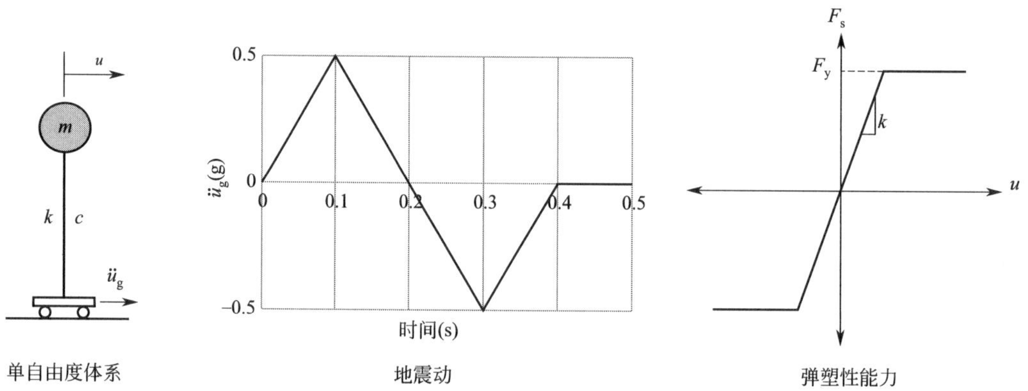

图 3-29 脉冲激励下的弹塑性单自由度体系

$$\Delta F_{s(i)}=-m(\ddot{u}_{g,i+1}-\ddot{u}_{g,i})-m\Delta\ddot{u}_i-c\Delta\dot{u}_i$$

$$\ddot{u}_{i+1}=\frac{1}{m}(-m\ddot{u}_{g,i+1}-c\dot{u}_{i+1}-F_{s,i+1})$$

计算步骤总结如下表所示：

i	t	u_i	$\dot{u}_i$	$\ddot{u}_i$	k_i	k_i^*	ΔF_i^*	Δu_i	$\Delta\dot{u}_i$
0	0	0	0	0	39.478	452.045	−4.905	−0.0109	−0.2170
1	0.1	−0.0109	−0.2170	−43.403	39.478	452.045	−12.729	−0.0282	−0.1291
2	0.2	−0.0390	−0.3462	11.985	0.000	412.566	−6.979	−0.0169	0.3540
3	0.3	−0.0559	0.0078	58.811	0.000	412.566	7.180	0.0174	0.3324
4	0.4	−0.0385	0.3402	0.7672	—	—	—	—	—

i	t	$\Delta\ddot{u}_i$	$F_{s,i}$	$\Delta F_{s,i}$	计算 $F_{s,i+1}$	真实 $F_{s,i+1}$	u_{i+1}	$\dot{u}_{i+1}$	$\ddot{u}_{i+1}$
0	0	−43.403	0	−0.428	−0.428	−0.428	−0.0109	−0.2170	−43.403
1	0.1	60.978	−0.428	−1.112	−1.540	−0.981	−0.0390	−0.3462	11.985
2	0.2	46.826	−0.981	0.000	−0.981	−0.981	−0.0559	0.0078	58.811
3	0.3	−51.139	−0.981	0.000	−0.981	−0.981	−0.0385	0.3402	0.7672
4	0.4	—	—	—	—	—	—	—	—

图 3-30 给出了 $\Delta t=0.1$s 和 $\Delta t=0.01$s 时的解。可见，峰值位移误差超过了 20%。

3.6.5 非线性单自由度体系的延性谱和强度谱

在相同的地震动 $\ddot{u}_g$ 作用下，求解具有相同 F_y、ξ 和不同 k_i（或 T_i）的弹塑性体系非线性运动方程：

$$m\ddot{u}+c\dot{u}+F_{s(u)}=-m\ddot{u}_g(t) \tag{3-64}$$

可以获得与 k_i 或 T_i 对应的每个体系的最大位移 $u_{max,i}$。图 3-31 给出了强地面激励循环下的情况。

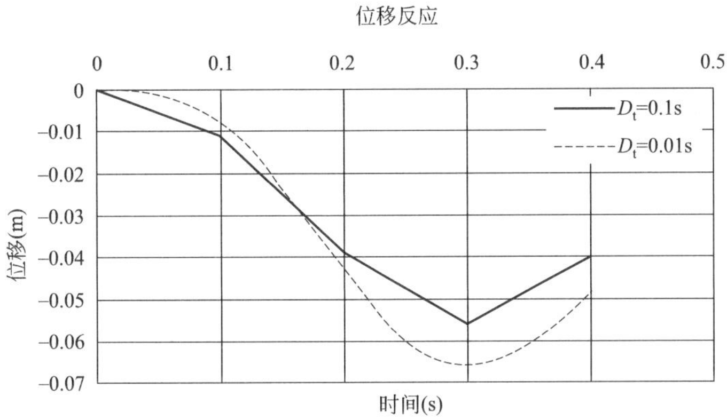

图 3-30　弹塑性单自由度体系在地面脉冲激励下两个不同计算时间间隔内的位移响应

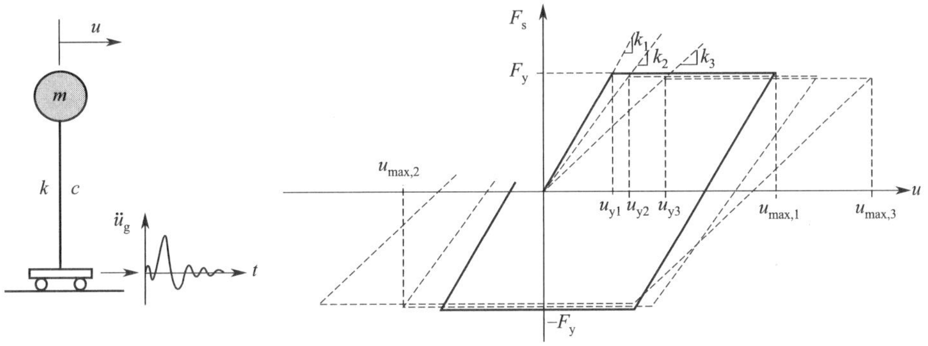

图 3-31　强地面循环激励下具有相同强度 F_y 和不同初始刚度 k_i 的三个单自由度体系

将 $\mu_i=u_{max,i}/u_{y,i}$ 与 T_i 绘制成谱线上的一个点，称为延性谱值。对不同的 F_y 重复上述过程，可获得等强度值 F_y 下的延性谱。在这些延性谱中，强度值通常用 F_y 与 mg 的比值表示（强度比）。图 3-32 给出了 1999 年 Düzce 地震动作用下的延性谱。

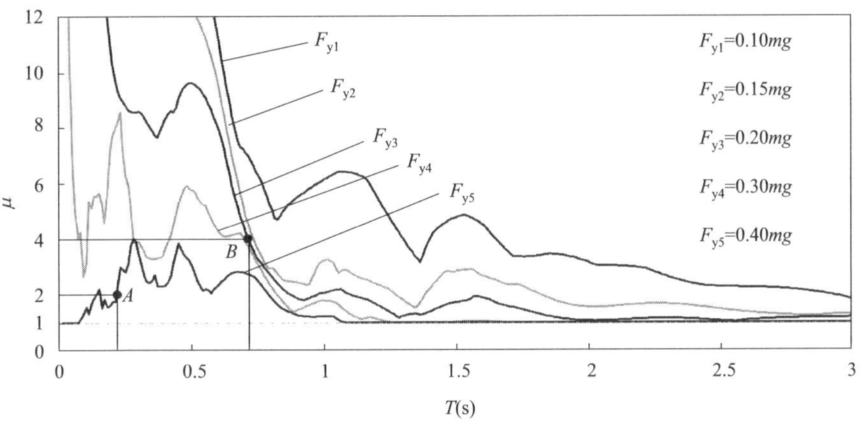

图 3-32　1999 年 Düzce 地震 NS 分量对应不同等强度比的延性谱

接下来，可采用图形插值的方式将 μ-T（延性）谱转换为 F_y-T（强度）谱，如在图

3-32 中，给定一个延性值并引出一条与 x 轴平行的线，与每条等 F_y 谱曲线相交于不同的 T 值，可获得一组等延性比 μ 下的 F_y-T 值，称这组具有相同延性的 F_y-T 值为强度谱。对不同的延性值重复此过程，可得到一组等延性强度谱。图 3-33 给出了 1999 年 Düzce 地震动作用下的等延性强度谱，也称为等延性 μ 的非弹性加速度谱（$S_{a,i}$-T）。

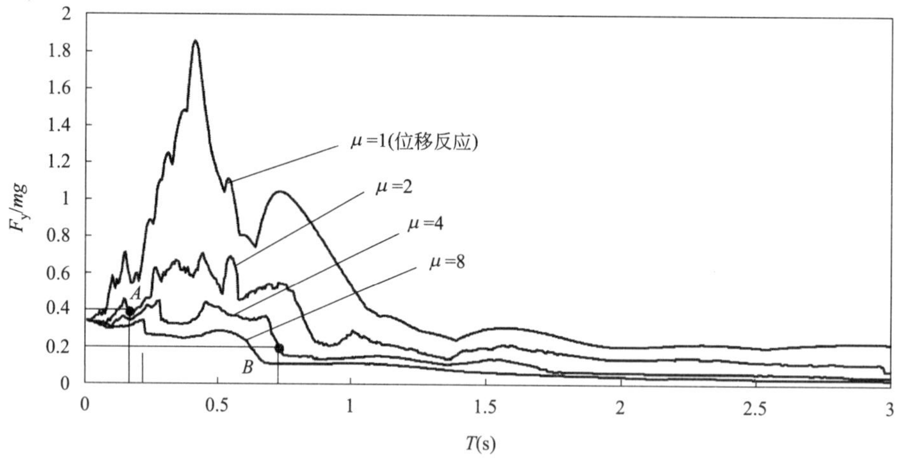

图 3-33　1999 年 Düzce 地震动 NS 分量的对应不同等延性比的强度谱（或非弹性加速度谱）

图 3-32 中的延性谱与图 3-33 中的强度谱对应关系可用一个简单的例子进行解释。图 3-32 中的点 A 位于 $T=0.21$s、$\mu=2$ 的 $F_y=0.4mg$ 的曲线上。同样，当 $T=0.71$s、$\mu=4$ 时，点 B 位于 $F_y=0.2mg$ 的曲线上。而在图 3-33 中，这两点被标记在 $\mu=2$ 和 $\mu=4$ 的等延性曲线对应的 $T=0.21$s 和 $T=0.71$s 位置，它们各自对应的 F_y 值仍然为 $F_y=0.4mg$ 和 $F_y=0.2mg$。

基于这些非弹性加速度谱，如果已知单自由度体系的周期 T 和强度 F_y，可以直接计算地震动的延性需求。另一方面，如果对体系有一个给定的或估计的延性能力 μ，也可确定某一地震动作用下不超过该延性能力所需的（最小）强度，这非常适合于基于力的抗震设计。

3.6.6　延性折减系数

相同地震动 $\ddot{u}_g$ 作用下具有相同初始刚度 k 的非线性单自由度体系，延性折减系数 R_μ 定义为弹性力需求 F_e 与屈服力 F_y 之比（式 3-65），如图 3-34 所示。

$$R_\mu=\frac{F_e}{F_y} \tag{3-65}$$

对于具有初始刚度 $k=F_y/u_y$ 和初始周期 $T=\frac{1}{2\pi}\sqrt{m/k}$ 的非线性体系，延性需求为 $\mu=u_{max}/u_y$。如图 3-32 所示，对具有不同 F_y 和 T 值的非线性体系重复上述过程，可获得一组 R_μ-μ-T 曲线，并绘制成为一个谱。图 3-35 给出了 1999 年 Düzce 和 1940 年 El Centro 地震动作用下的 R_μ-μ-T 谱。

当 $T>T_c$ 时，R_μ 通常围绕 μ 振荡。其中，T_c 为地震动的角周期。当 $T>T_c$ 时，

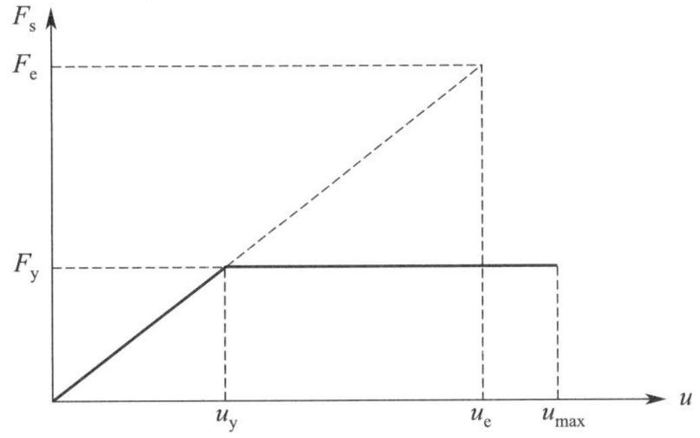

图 3-34 地震动 $\ddot{u}_g$ 作用下，线弹性和非线性单自由度体系的力—位移响应

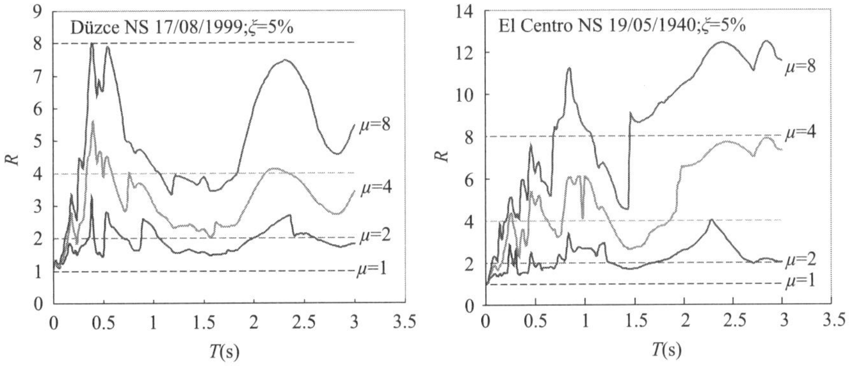

图 3-35 1999 年 Düzce 地震动和 1940 年 El Centro 地震动 NS 分量对应不同等延性比的 R_μ-μ-T 谱

$R_\mu \rightarrow \mu$（趋近）。这一假设对利用许多地震动分析获得的 R_μ-μ-T 均值谱是有效的。然而，对于某一具体地震动的 R_μ-μ-T 关系则较为粗略和近似。

图 3-36 用一种简单的形式给出了 R_μ-μ-T 的均值谱。

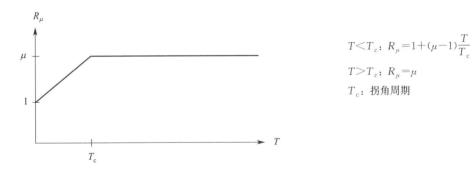

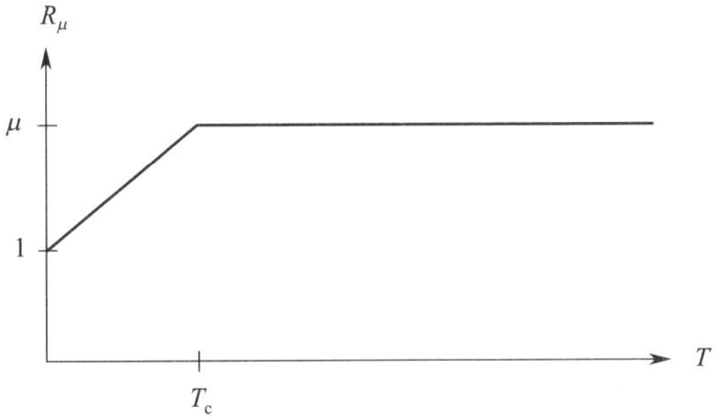

$T<T_c$：$R_\mu=1+(\mu-1)\dfrac{T}{T_c}$

$T>T_c$：$R_\mu=\mu$

T_c：拐角周期

图 3-36 R_μ-μ-T 谱的理想化表示

根据精确的 R_μ-μ-T 谱或理想化的 R_μ-μ-T 谱，可利用下面恒等式，基于线弹性加速度谱 S_{ae} 和位移谱 S_{de} 获得对应的非弹性加速度谱 S_{ai} 和非弹性位移谱 S_{di}：

$$R_\mu=\frac{F_e}{F_y}=\frac{F_e/m}{F_y/m}=\frac{S_{ae}}{S_{ai}} \text{和} R_\mu=\frac{F_e}{F_y}=\frac{ku_e}{ku_y}=\frac{S_{de}}{S_{di}/\mu} \tag{3-66a}$$

式中：

$$S_{ai}=\frac{S_{ae}}{R_{\mu}} \tag{3-66b}$$

$$S_{di}=\frac{\mu}{R_{\mu}}\cdot S_{ae} \tag{3-66c}$$

显然，一旦选择 R_{μ}，根据式(3-66b) 可直接基于线弹性加速度谱 S_{ae} 获得非弹性加速度反应谱 S_{ai}，这对于抗震设计是非常有用的。在抗震设计规范中，已经给出了不同类型结构体系的 R_{μ} 取值。同样，利用式(3-66c)，可基于线性弹性位移反应谱 S_{de} 获得非弹性位移反应谱 S_{di}。图 3-37 给出了不同 R_{μ} 系数下 1999 年 Düzce 地震动的非弹性加速度（屈服加速度）谱和非弹性位移谱。

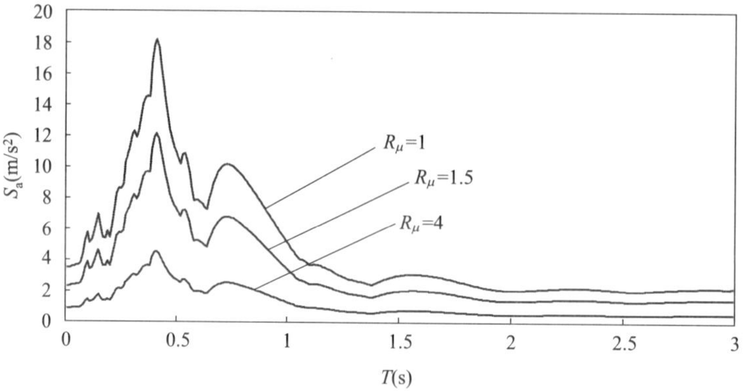

(a)

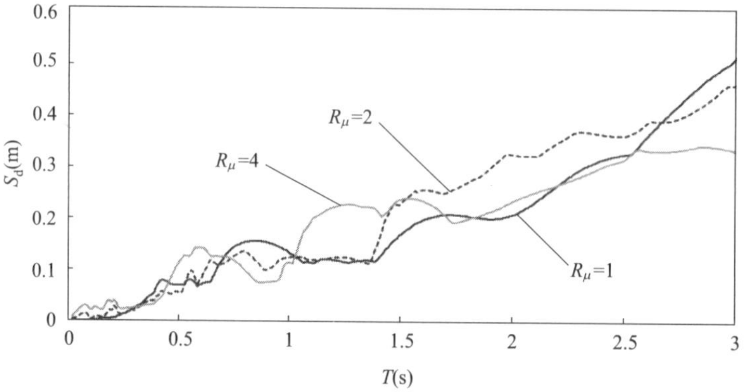

(b)

图 3-37 1999 年 Düzce-NS 地震动分量对应不同 R_{μ} 系数的弹塑性加速度（屈服加速度）和位移反应谱

值得注意的是，可以对比图 3-33 中的强度谱与图 3-37(a) 中的屈服加速度谱。对于弹塑性体系，强度与屈服加速度可通过 $F_y=mS_{ay}$ 相关联，但非弹性谱的曲线在短周期内略有不同。如果图 3-33 中每条曲线的 R_{μ} 并非常数，而是图 3-37(a) 中周期的函数，那么这两个谱是相同的。

另外，图 3-37(b) 表明：线弹性和非弹性单自由度体系的响应位移是非常接近的，这一特征将在下节进一步讨论。

3.6.7 等位移原则

对于中等周期和长周期的单自由度系统（$T>0.5s$），$R_\mu=\mu$ 意味着满足等位移原则。根据图 3-38 和式(3-61)、式(3-65)，可推得式(3-67)：

$$k=\frac{F_e}{u_e}=\frac{F_y}{u_y}\Rightarrow\frac{F_e}{F_y}=\frac{u_e}{u_y}\equiv\frac{u_{max}}{u_y}\Rightarrow R_\mu=\mu \tag{3-67}$$

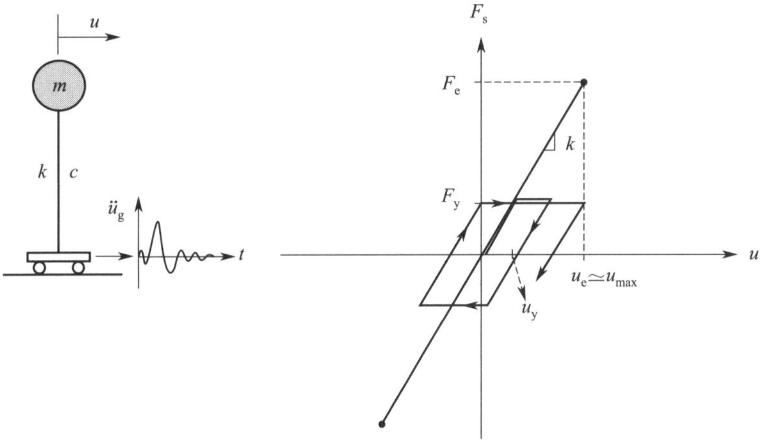

图 3-38 地震作用下线弹性和非线性单自由度体系的力—位移关系（$u_e \approx u_{max}$ 为等位移原则）

等位移原则可通过绘制非弹性位移比 u_{max}/u_e 与 T 的变化曲线来进行简单的验证，如图 3-39 所示，其中作用的地震动为如图 3-34 中所示地震动。由图可见，当 $T>0.1s$ 时，u_{max}/u_e 的均值大致趋于 1，这一结果验证了较长周期范围内的等位移原则。

在基于位移的抗震性能评估与设计中，等位移原则是一个非常实用的方法。这是因为如果假定一般的地震动均适用等位移原则，则某个非线性体系的最大非线性位移可近似地由其对应的线性体系的线弹性位移反应谱获得。

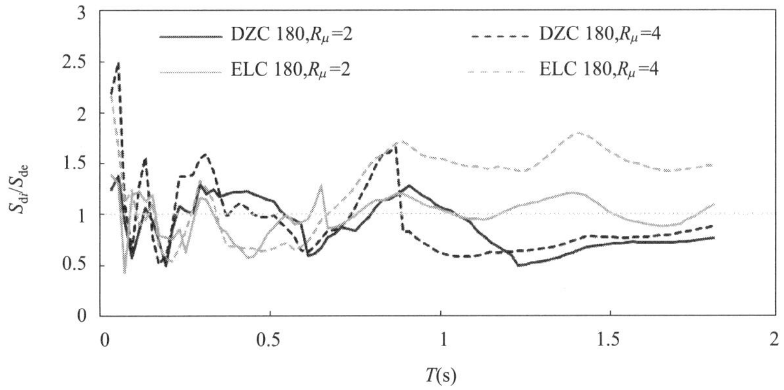

图 3-39 非弹性—弹性最大位移比随周期的变化

习题

1. 若相邻两个强加速度传感器，一个位于硬土上，一个位于软土上。在一次地震中，这两个传感器记录的加速度有什么区别？试从概念上进行描述。

2. 问题 1 中描述的两个地震动记录对应的加速度谱有什么区别？

3. 考虑下面的刚性杆组件，其中：m、c、k、L 和 u_0 已知。

（1）确定组件的自由振动运动方程；

（2）确定无阻尼自由振动频率 ω_n 和周期 T_n；

（3）若集中质量的初始位移为 u_0，由静止状态释放，假设 $c=0$，求解运动方程。

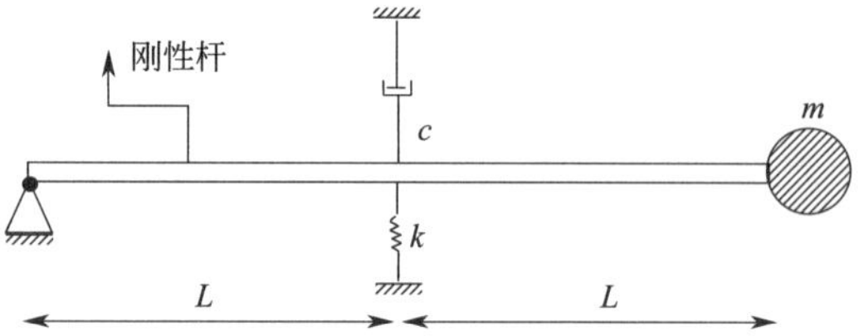

答案：

（1）$2m\ddot{u}+\frac{c}{2}\dot{u}+\frac{k}{2}u=0$（$2m$、$\frac{c}{2}$和$\frac{k}{2}$分别为有效质量、阻尼和刚度）

（2）$\omega_n=\frac{1}{2}\sqrt{\frac{k}{m}}$

（3）$u(t)=u_0\cos\omega_n t$

4. 确定下列体系的运动方程，忽略构件的阻尼和质量。

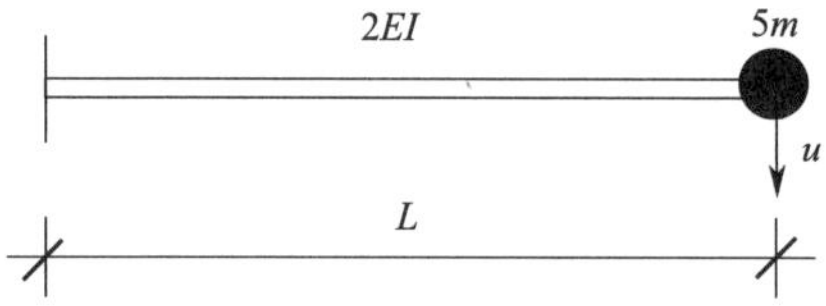

(a)

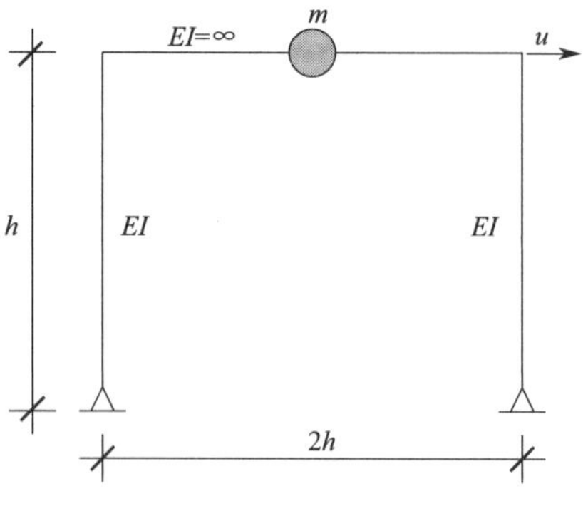

(b)

答案：

(a) $5m\ddot{u}+\frac{6EI}{L^3}u=0$

(b) $m\ddot{u}+\frac{6EI}{h^3}u=0$

5. 确定下列体系的运动方程，忽略构件的阻尼和质量。

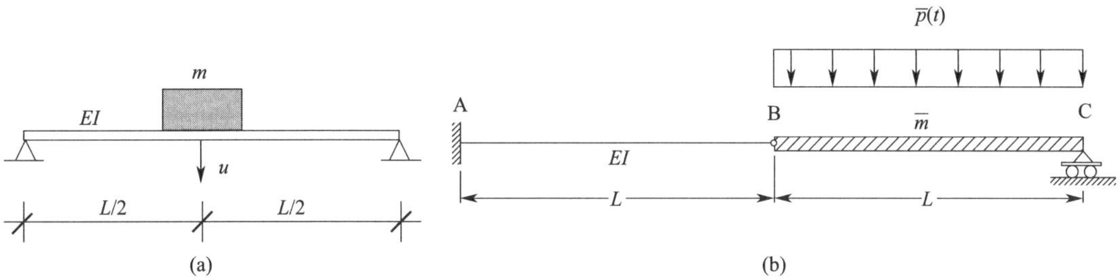

答案：

(a) $m\ddot{u}+\frac{48EI}{L^3}u=0$

(b) $\frac{\bar{m}L^2}{3}m\ddot{u}+\frac{3EI}{L^3}u=\frac{\bar{p}L^2}{2}$，其中 u 为 B 的竖向位移

6. 对于质量为 m、刚度为 k 的无阻尼单自由度体系，如果自由振动的初始速度 $\dot{u}(0)=v_0$ 且 $u(0)=0$，其中 u 是位移响应，试确定体系的伪加速度谱和位移反应谱，并给出 PS_a 和 S_d 与 T 的关系。

答案：

$$S_d=\frac{v_o}{2\pi}T, PS_a=2\pi v_0\frac{1}{T}$$

7. 一根钢筋混凝土桥墩的上部质量为 100t。与桥面板的上部质量相比，桥墩自身质量可忽略不计。桥墩为实心方形截面，尺寸为 1m×1m，试确定地面运动下桥面板的最大变形和桥墩的最大剪力和弯矩。地面运动的加速度谱如下图所示。($E_c=20\times10^6$kN/m^2)

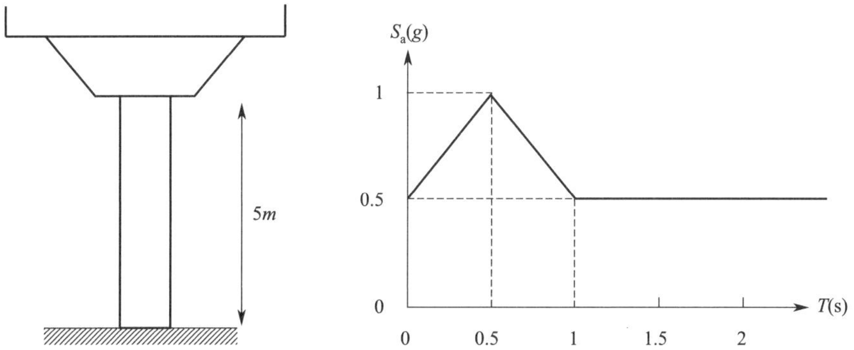

答案：

$u_{max}=0.02$m

$V_{max}=798.7$kN

$M_{max}=3993.5$kN·m

8. 若单自由度系统的线弹性加速度谱和非弹性加速度谱，如下图所示。

(1) 试计算最大的线弹性力和线弹性位移；

(2) 如果单自由度系统在 T_n 处有 $R_\mu=\mu$，试计算非弹性（弹塑性）系统的最大承载力以及屈服位移和最大非弹性位移。

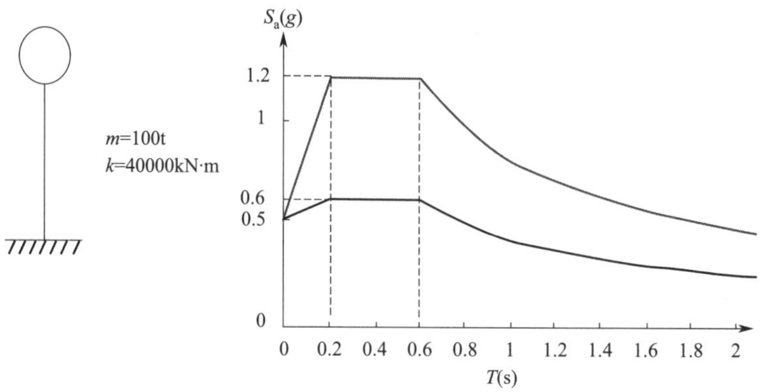

答案：

$F_e=1177.2\text{kN}$

$u_e=0.0294\text{m}$

$F_y=588.6\text{kN}$

$u_y=0.0147\text{m}$

$u_{max}=0.0294\text{m}$

9. 在给定谐波形式基底加速度作用下，试计算线弹性无阻尼单自由度体系总加速度反应谱，其中，仅考虑受迫振动解。反应谱的纵轴为总的加速度（相对加速度 $\ddot{u}$ 和基底加速度的和），以 a_0 表示；横轴为振动周期 T_n。在绘制反应谱图形时，$T_n\leqslant 2\text{s}$。数值计算中，$\Delta T_n=0.1\text{s}$。

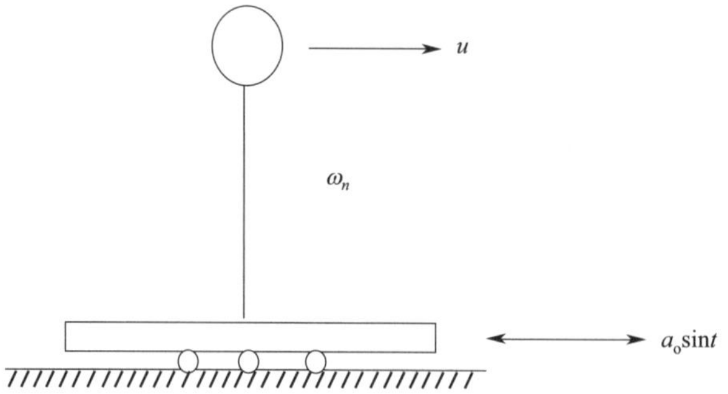

答案：

$$S_a=\frac{a_0}{1-\left(\dfrac{T}{2}\right)^2}$$

10. 如下所示为一个线弹性无阻尼体系的加速度反应谱和一个弹塑性单自由度体系的 R_μ-μ-T 谱。

(1) 计算线弹性位移谱 S_d；

(2) 计算 $\mu=4$ 时的非弹性加速度谱；

（3）计算 $\mu=4$ 时的非弹性位移谱。

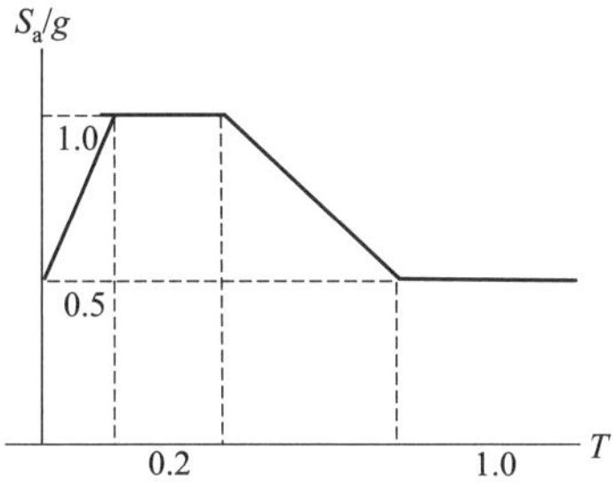

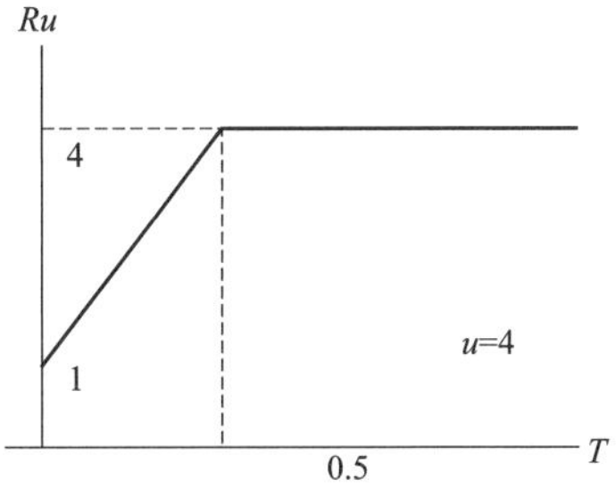

答案：

（1）$S_d=S_a\cdot T^2/39.48$

（2）$S_{ai}=(4.905+24.525T)/(1+6T)$，$T<0.2$；$9.81/(1+6T)$，$0.2<T<0.5$；

$3.68-2.45T$，$0.5<T<1$；1.226，$T>1$

（3）$S_{di}=S_{ai}\cdot T^2/9.87$

11. 试计算地震加速度脉冲作用下无阻尼体系的加速度反应谱 $S_a(T)$。其中，$0\leqslant T\leqslant 2\mathrm{s}$。

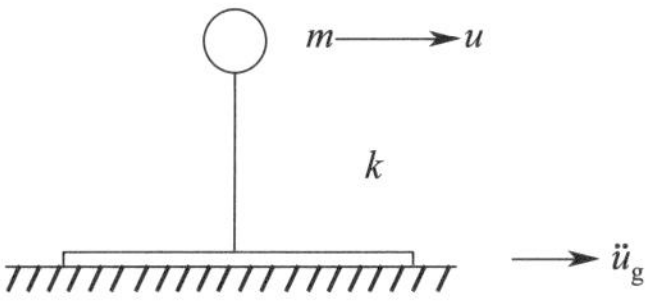

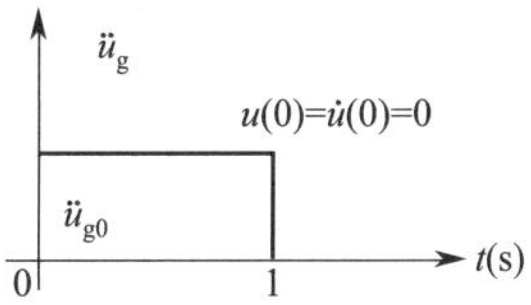

提示：

（1）采用 $u_p=G$ 计算特解，其中 G 是任意常数。

（2）当 $T_n\leqslant 2\mathrm{s}$ 时，最大响应发生在振动阶段。

答案：

$$S_a(0)=2\ddot{u}_{g0}；\quad S_a(2)=2\ddot{u}_{g0}；\quad S_a(4)=\ddot{u}_{g0}$$

第 4 章
抗震设计谱

摘要：本章介绍了抗震设计规范中确定设计地震作用的主要概念。全章主要针对两本国际主流规范：欧洲规范和美国规范，讨论了欧洲规范 Eurocode 8（CEN2004）和美国规范 NEHRP（美国国家灾害减轻计划）以及美国标准 ASCE 7（美国土木工程师协会）中确定最小设计地震作用的方法。本章的第一部分，讨论了弹性设计谱的计算方法。本章的其余部分中，介绍了按照规范设计的结构在给定延性水准条件下，如何对弹性设计谱进行折减以获得非弹性设计谱的方法。全章中每个主要问题后面都附有算例，可加强读者对这些概念的理解。

4.1 简介

在结构设计中，具有强大破坏力的大地震要比其他自然灾害，如：风、暴雪或洪水发生的概率更低。然而，地震灾害对建筑环境的影响不容小觑。这也使得工程人员在设计实践中对地震作用更加关注。与结构设计中考虑的其他自然灾害类型不同，要使结构构件在地震作用下仍然保持弹性状态既不实用也不经济（第 3 章）。因此，抗震设计中通常允许这些结构构件发生超过弹性极限的可控变形，以确保不威胁人员的生命安全。同时，结构的抗侧力体系在构造上必须具有一定的鲁棒性，以提供抵抗侧向变形的稳定响应，防止结构发生倒塌。

抗震设计规范建议在结构设计和确定设计地震作用时，应考虑结构体系的功能性。对于典型结构（住宅建筑），要求其按大震作用下具有最小的倒塌风险进行设计；对于其他结构，如：医院、消防局和急救中心，要求其按震后能够立即、持续满足社会需求的能力进行设计。对于容纳较大数量人口的结构，如：学校、剧院和体育馆等，则要求其具有比其他结构更大的抵抗地震作用的安全裕度。此外，抗震规范还应考虑非结构构件，如：机械系统、电气和管道系统，以及建筑附属物的抗震设计，以避免震后结构丧失使用功能。为了实现上述目标，现代建筑规范提供了相应的手段，确保能够实现下列抗震性能目标：①保护人员生命（避免严重的人员伤亡）；②关键（或重要）基础设施功能完整；③控制结构和非结构构件严重损伤，实现成本可控。因此，建筑抗震设计规范规定了结构的最小设计地震作用及其构造细节要求，使得建筑结构能够满足上述性能要求。

本章介绍了抗震规范中最小设计地震作用的基本概念。围绕美国规范 NEHRP（自然地震灾害减少计划）、美国标准 ASCE 7（美国土木工程师协会：建筑和其他结构的最小设计荷载）和欧洲规范 Eurocode 8（CEN 2004），解释了计算设计地震作用的主要内容。

第 3 章的讨论表明：弹性设计谱是确定地震作用的主要信息源，设计地震作用的幅值与设计场地的地震活动性直接相关，可通过第 2 章中讨论的地震危险性分析方法确定。因此，本章首先采用第 2 章和第 3 章中介绍的基本概念来描述弹性设计谱，然后介绍了非弹性设计谱，以允许结构在设计地震作用下发生可控非弹性变形。

4.2 弹性设计谱

美国 NEHRP 建议的抗震规范最早出版于 1985 年。其后，该版本结合美国地震工程的研究进展不断更新。目前，美国规范 NEHRP 主要用于评估美国的设计标准，同时将新的知识融入美国标准 ASCE 7 和美国的材料设计标准中。欧洲规范项目则开始于 1975 年，最早由欧洲委员会建立。在 20 世纪 80 年代后期，CEN（标准化协会）发布了第一代欧洲规范。欧洲规范为传统和新型结构及构件的日常设计提供了通用的设计标准。为达到这一目的，欧洲规范（CEN 2004）为抗震设计设定了最低标准。同时，设计地震动的定义是这本规范的一个重要组成部分。

在欧洲 Eurocode 8、美国 NEHRP 和 ASCE 规范中，弹性设计谱的定义各不相同。这些规范的主要区别在于基准（目标）重现期和设计谱计算中的谱加速度坐标的不同。下面章节将给出这些规范应用的基本概念，同时对弹性设计谱进行介绍。

4.2.1 基于欧洲规范 Eurocode 8 的弹性设计谱

欧洲规范 Eurocode 8 将设计地震作用定义为 50 年内超越概率为 10%。根据结构的重要性分组，这一荷载可通过重要性系数 I 进行修正。基准设计地震作用由 50 年内超越概率为 10%的基准地震动峰值加速度（PGA）（年平均发生概率 $\gamma \approx 0.0021$ 或 475 年重现期）来计算。重要性系数 I 由基准超越概率（$P_{LR}=10\%$）或基准重现期（$T_{LR}=475$ 年）来计算。式（4-1）给出了欧洲规范 Eurocode 8 中重要性系数 I 的表达式（这一概念将在后续章节中进行讨论）。式中，P_L 和 T_L 分别表示重要性系数计算对应的目标超越概率和重现期。指数项 k 与地震活动性相关。在欧洲规范中，k 假设等于 3。由上述可知，对于 475 年重现期的基准设计地震作用，其重要性系数为 1.0，而在设计地震作用下，抗震设计结构不应发生任何局部或整体倒塌。这一设计目标在欧洲规范 Eurocode 8 中被称为“结构不倒要求”。

$$I=\left(\frac{P_L}{P_{LR}}\right)^{-1/k} \text{ 或 } I=\left(\frac{T_{LR}}{T_L}\right)^{-1/k} \tag{4-1}$$

式（4-2）给出了欧洲规范 Eurocode 8 中阻尼比为 5%的水平地震动弹性设计谱 $S_a(T)$，该表达式可用于生成欧洲高地震危险区（Ⅰ类）和低地震危险区（Ⅱ 类）的设计地震动。欧洲规范 Eurocode 8 建议，当通过概率地震危险性分析发现目标区域主导地震的面波震级（M_s）大于 5.5 级时，采用Ⅰ类谱来描述设计地震作用；当地震危险性的贡献大多来自 $M_s \leqslant 5.5$ 级的地震时，采用Ⅱ类谱来描述设计地震作用。

$$
\begin{aligned}
&S_a(T)=a_g\cdot S\cdot\left[1+\frac{T}{T_B}(\eta\cdot 2.5-1)\right], && 0\leqslant T\leqslant T_B\\
&S_a(T)=a_g\cdot S\cdot\eta\cdot 2.5, && T_B\leqslant T\leqslant T_C\\
&S_a(T)=a_g\cdot S\cdot\eta\cdot 2.5\cdot\left(\frac{T_C}{T}\right), && T_C\leqslant T\leqslant T_D\\
&S_a(T)=a_g\cdot S\cdot\eta\cdot 2.5\cdot\left(\frac{T_C\cdot T_D}{T^2}\right), && T_D\leqslant T\leqslant 4.0\text{s}
\end{aligned}
\tag{4-2}
$$

欧洲规范 Eurocode 8 中场地放大系数和拐角周期随场地类别和地震活动性的变化　表 4-1

场地类别	V_{s30}(m/s)[a]	S		T_B(s)		T_C(s)		T_D(s)	
		Ⅰ类谱	Ⅱ类谱	Ⅰ类谱	Ⅱ类谱	Ⅰ类谱	Ⅱ类谱	Ⅰ类谱	Ⅱ类谱
A	＞800	1.00	1.00	0.15	0.05	0.40	0.25	2.00	1.20
B	360～800	1.20	1.35	0.15	0.05	0.50	0.25	2.00	1.20
C	180～360	1.15	1.50	0.20	0.10	0.60	0.25	2.00	1.20
D	＜180	1.35	1.80	0.20	0.10	0.80	0.30	2.00	1.20
E[b]		1.40	1.60	0.15	0.05	0.50	0.25	2.00	1.20

注：a. V_{s30} 是 30m 土层处的平均剪切波速。表中给出的 V_{s30} 区间表示每类场地的下限和上限。

b. 土层剖面由基岩下方软弱或非常软的冲积层组成，厚度为 5～20m。

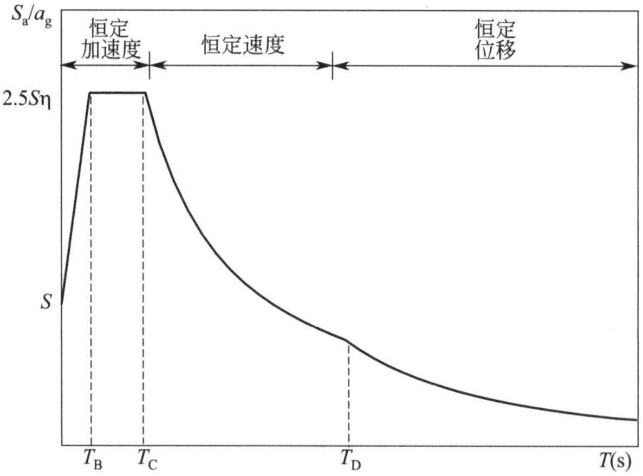

图 4-1　欧洲规范 Eurocode 8 中的设计谱包络线

式（4-2）中，a_g 为 A 类场地（基岩）的设计地震加速度峰值。在欧洲规范 Eurocode 8 中，a_g 根据结构类型进行分类，同时考虑了重要性系数 I 的影响。拐角周期 T_B、T_C、T_D 分别标记了加速度敏感区、速度敏感区和位移敏感区。场地系数 S 对非基岩场地的弹性设计谱进行了修正。与此类似，η 为阻尼调整系数，用于对非 5%阻尼比的谱坐标进行修正。当阻尼比为 5%时，$\eta=1$。在第 4.2.3 节中，将进一步讨论阻尼比对弹性设计谱的影响。欧洲规范 Eurocode 8 提出的拐角周期与场地系数取决于研究区域的场地条件和地震活动性（Ⅰ类谱与Ⅱ类谱）。表 4-1 列出了欧洲规范 Eurocode 8 中对应不同场地条件和地震活动性的参数取值。图 4-1 给出了欧洲规范 Eurocode 8 的设计谱包络线。

表 4-1 中的场地系数表明：随着 V_{s30} 的减小（土层刚度降低），欧洲规范 Eurocode 8

放大了基岩（A 类场地）的谱坐标。对于较小的设计地震动，这一放大幅度更大（对比表 4-1 中Ⅰ类谱与Ⅱ类谱可知）。在整个设计谱区间，不考虑土层的非线性（滞回）响应与地震动强度之间的周期相关性，场地系数为常数。此外，表 4-1 建议Ⅱ类谱不考虑场地类别影响，其拐角周期更小。上述结果表明：欧洲规范 Eurocode 8 考虑了震级对地震动频谱特性的影响。随着震级的增大，长周期地震动分量变得更为丰富，从而使得Ⅰ类谱具有更大的拐角周期。然而，上述震级对地震动频谱特性的影响仅局限于面波震级边界为 5.5 的情况。

欧洲规范 Eurocode 8 中用于建立竖向设计谱的竖向与水平 *PGA* 比值（参考 Eurocode 8 中表 3.4）

表 4-2

设计谱	a_{vg}/a_g	T_B(s)	T_C(s)	T_D(s)
Ⅰ类谱	0.90	0.05	0.15	1.00
Ⅱ类谱	0.45	0.05	0.15	1.00

欧洲规范 Eurocode 8 中的弹性设计谱将 S_a 与 *PGA* 相关联（即 $T = 0$s 时的谱坐标），这导致弹性设计谱与第 2 章中的一致危险谱并不匹配。因为通过 *PGA* 调幅获得的设计谱坐标与原始 *PGA* 对应的设计谱坐标具有不同的年超越概率。这一缺陷将使得设计地震作用描述含混不清，因为欧洲规范 Eurocode 8 中针对抗震设计所设定的目标超越概率与建立设计谱后获得的目标超越概率完全不同。

式（4-3）给出了欧洲规范 Eurocode 8 提出的竖向设计谱表达式，这些表达式与式（4-2）形式上相类似。竖向设计谱通过对竖向 *PGA*（a_{vg}）调幅获得，竖向 *PGA*（a_{vg}）的幅值事实上与水平 *PGA*（a_g）成比例。竖向与水平 *PGA* 的比值为地震活动性（Ⅰ类谱与Ⅱ类谱）的函数，如表 4-2 所示。值得注意的是，竖向设计谱的拐角周期比水平设计谱的拐角周期短。Ⅰ类谱和Ⅱ类谱的竖向设计谱拐角周期相同。

$$
\begin{aligned}
S_{va}(T) &= a_{vg} \cdot \left[1+\frac{T}{T_B}(\eta \cdot 3.0-1)\right], && 0 \leqslant T \leqslant T_B \\
S_{va}(T) &= a_{vg} \cdot \eta \cdot 3.0, && T_B \leqslant T \leqslant T_C \\
S_{va}(T) &= a_{vg} \cdot \eta \cdot 3.0 \cdot \left(\frac{T_C}{T}\right), && T_C \leqslant T \leqslant T_D \\
S_{va}(T) &= a_{vg} \cdot \eta \cdot 3.0 \cdot \left(\frac{T_C \cdot T_D}{T^2}\right), && T_D \leqslant T \leqslant 4.0\text{s}
\end{aligned} \tag{4-3}
$$

例 4-1 结构工程师准备在意大利设计一栋办公楼。基岩 *PGA* 为 0.275g，重现期为 475 年，设计场地为地震易发区，见图 4-2。现场测试表明，建设场地的 V_{s30} 值为 300 m/s。根据欧洲规范 Eurocode 8，结构的重要性系数 $I=1$。试计算 5%阻尼比的水平和竖向设计谱，以确定弹性设计地震作用。若建筑场地具有较低的地震活动性，*PGA*=0.1g，其设计谱如何变化?

解： 对于意大利大多数的地震易发区，工程师可假设为Ⅰ类谱。根据欧洲规范 Eurocode 8，题中的 V_{s30} 值表明工程场地的岩土类型为 C 类场地（见表 4-1）。对于 C 类场地，Ⅰ类谱的拐角周期分别为：$T_A=0.2$s、$T_B=0.6$s、$T_D=2$s（同见表 4-1）。因此，在计算 5%阻尼比的设计谱时，场地系数 $S=1.15$，阻尼调整系数 $\eta=1$。

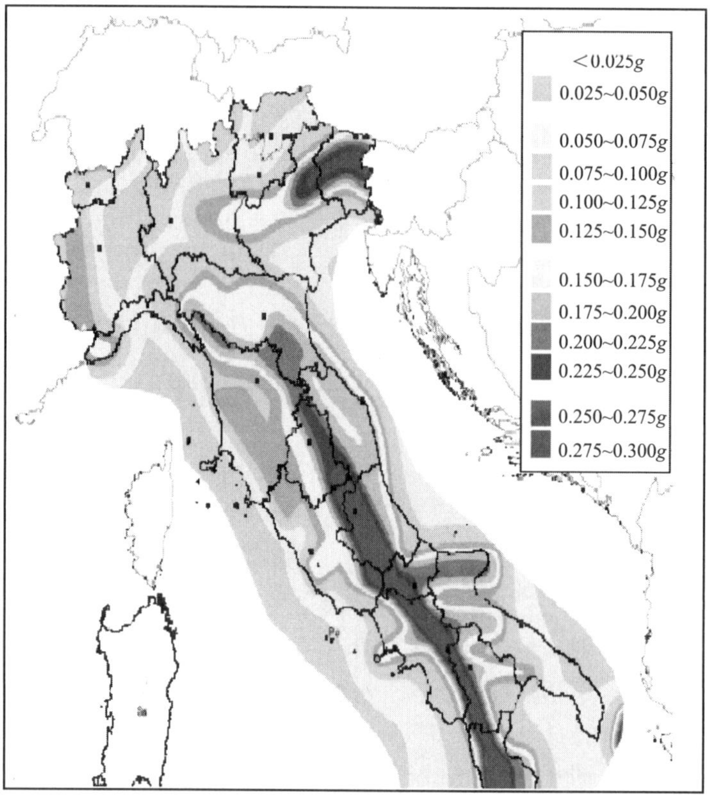

图 4-2 T_R= 475 年的意大利 *PGA* 区划图（国家地球物理与火山研究所）

当建筑场地由强震区变为低烈度区时，采用欧洲规范 Eurocode 8 中的Ⅱ类谱计算。此时，$PGA=0.1g$，场地系数 $S=1.5$。对于 C 类场地，设计谱的拐角周期为：$T_A=0.1\text{s}$，$T_B=0.25\text{s}$ 和 $T_D=1.2\text{s}$。对于Ⅱ类谱，阻尼调整系数 η 与前面 5%阻尼比的计算一致，仍然为 1。

图 4-3 给出了本题的水平和竖向设计谱。在竖向设计谱的计算中，对于Ⅰ类谱和Ⅱ类

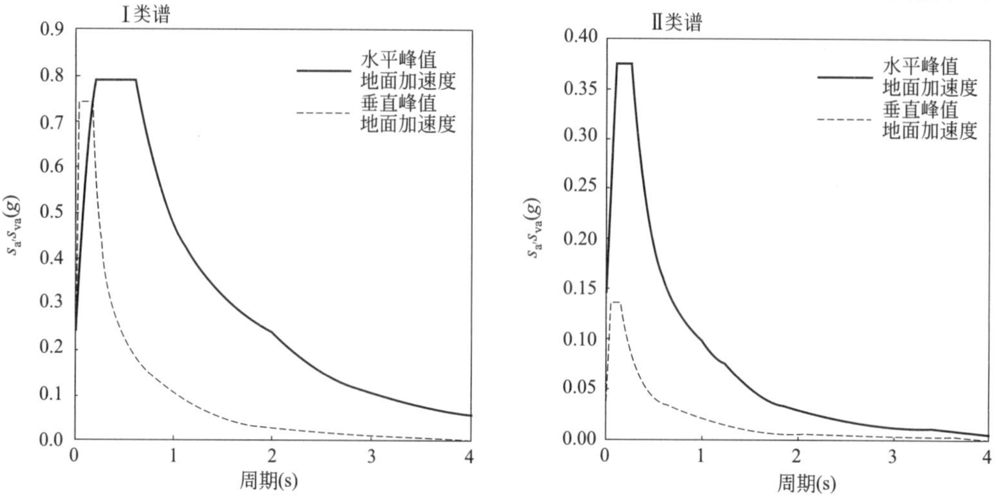

图 4-3 例 4-1 的Ⅰ类谱（左图）和Ⅱ类谱（右图）欧洲规范 Eurocode 8 设计谱

谱，竖向和水平地震动加速度峰值比分别为0.9和0.45（见表4-2）。表4-2给出了各自对应的拐角周期。

例4-2 对于学校建筑，欧洲规范Eurocode 8建议重要性系数I=1.2。试问：设计地震作用对应的重现期和50年内超越概率是多少？

解：式（4-1）的第一个表达式给出了I = 1.2时的超越概率，第二个表达式可用于计算相应的重现期。假设k=3，计算步骤如下：

$$1.2=\left(\frac{P_L}{10}\right)^{-1/3}\Rightarrow P_{\mathrm{L}}=5.787\%\approx5.8\%$$

$$1.2=\left(\frac{475}{T_L}\right)^{-1/3}\Rightarrow T_{\mathrm{L}}=870.8\text{年}\approx871\text{年}$$

4.2.2 基于美国规范NEHRP和标准ASCE 7的弹性设计谱

1997年以前，美国规范NEHRP一直采用重现期为475年的PGA分布图（50年超越概率10%）来获得阻尼比为5%的设计谱。设计的基本目标是确保设计地震作用下的生命安全。1997年以后，设计的目标变为避免最大考虑地震（MCE）造成结构发生倒塌（BSSC 1997、2000、2003）。MCE地震动从概率的角度定义为50年内超越概率2%（即重现期2475年）。MCE谱采用T=0.2s和T =1.0s对应的谱加速度来描述，由美国地质勘探局（USGS）国家地震危险性区划图项目确定。该项目将美国划分成许多网格或多边形区域，并为每一个网格或多边形区域的位置提供了地震危险性曲线，以获得一组预先定义的谱加速度坐标。根据对应的地震危险性曲线，可获得T=0.2s和T =1.0s对应的50年超越概率为2%的谱加速度。如第2章所述，上述过程的年平均超越概率为$\gamma\approx$ 0.0004，相当于目标重现期T_{R}=2475年的倒数。根据这种方法确定的T=0.2s和T= 1.0s所对应的具有2475年重现期的谱加速度代表的是规范NEHRP中的B类基岩场地（表4-3的NEHRP场地分类定义）。美国地质勘探局同时也开展了确定性地震危险性分析，这是因为美国规范NEHRP（如：BSSC 1997、2000、2003）和美国标准ASCE 7（ASCE1998、2002、2005）在确定MCE地震动时，取的是确定性和概率性地震危险性分析结果的较小值。在上述规范NEHRP和标准ASCE 7的相关版本中，确定性MCE地震动采用谱加速度中位值的150%来确定。在规范NEHRP（BSSC 2009）的2009版本和标准ASCE 7 2010中（即：ASCE 7-10和ASCE 2010），假设谱加速度服从对数正态分布，根据谱加速度的中值 + 标准差（84%的分位值）来计算MCE谱加速度强度。这两本抗震规范对弹性设计谱的定义还引入了其他修改，本节稍后将对此进行讨论。图4-4给出了一个计算MCE谱的USGS图例。

在计算MCE谱加速度时，分别采用T=0.2s和T=1.0s对应的谱加速度坐标具有多重优势。土层响应在短周期和长周期处的谱加速坐标处并不相同。相比基岩运动，较软的土壤沉积物会放大小幅值地震动在长周期的谱坐标。相反，随着地震动幅值的增加，由于土层的非线性行为，软土沉积物会降低短周期的谱坐标。土层的这一独特性质，可通过分别生成短周期（T=0.2s）和长周期（T=1.0s）谱加速度坐标所对应的MCE谱加速度来进行描述。表4-3给出了规范NEHRP提供的场地影响系数（F_{a}和F_{v}），用于计算

$T=0.2s$ 和 $T=1.0s$ 对应的谱加速度坐标。这些场地影响系数随场地类别和 NEHRP 的 B类基岩场地谱加速度幅值变化而改变。值得注意的是，短周期和长周期谱坐标的距离衰减率是不同的。一般来说，随着距离的增加，短周期谱坐标的衰减要快于长周期谱坐标的衰减。因此，采用 $T=0.2s$ 和 $T=1.0s$ 的谱加速度会将这种效应部分映射给所计算的 MCE 谱加速度。

除了 $T=0.2s$ 和 $T=1.0s$，规范 NEHRP2003 以及标准 ASCE 7（2005）均又提出了第3个周期作为 MCE 谱中位移平台段的起始点。该周期（TL）与地震震级相关。在上述规范中，采用 USGS 单独给出的 TL 取值分布图来确定 TL 的大小。图 4-5 给出了加利福尼亚州附近地区的 TL 取值分布图。考虑到震级的分布，TL 在美国不同地震危险性区域取值是不同的。

规范 NEHRP 2003 和标准 ASCE 7（2005）建议的弹性设计谱（S_a）为：

$$S_{DS}=\frac{2}{3}S_{MS},S_{MS}=F_aS_S$$

$$S_{D1}=\frac{2}{3}S_{M1},S_{M1}=F_vS_1$$

$$S_a=0.6\frac{S_{DS}}{T_0}T+0.4S_{DS},T_0=0.2\frac{S_{D1}}{S_{DS}},0\leqslant T\leqslant T_0$$

$$S_a=S_{D1},T_S=\frac{S_{D1}}{S_{DS}},T_0<T\leqslant T_S$$

$$S_a=\frac{S_{D1}}{T},T_S<T\leqslant T_L$$

$$S_a=\frac{S_{D1}T_L}{T^2},T>T_L \tag{4-4}$$

式中，S_S为 NEHRP B类场地 $T=0.2s$ 处的 MCE 谱加速度，由 USGS 谱加速度分布图确定；S_1 为 NEHRP B类场地 $T=1.0s$ 处的 MCE 谱加速度，由 USGS 谱加速度分布图确定；S_{MS} 为 NEHRP 某一特定场地类别下 $T=0.2s$ 处的 MCE 谱加速度；S_{M1} 为 NEHRP 某一特定场地类别下 $T=1.0s$ 处的 MCE 谱加速度；S_{DS} 为 $T=0.2s$ 处的设计谱加速度；S_{D1} 为 $T=1.0s$ 处的设计谱加速度。

NEHRP 场地类别定义和用于计算 $V_{s30}=760m/s$ 时
$T=0.2s$（S_S）和 $T=1.0s$（S_1）处谱加速度的场地影响系数建议值 **表 4-3**

场地类别	场地影响系数 F_a[a]				
	$T=0.2s$ 处根据美国 USGS 的 B类场地获得的 MCE 谱加速度				
	$S_S\leqslant0.25g$	$S_S=0.50g$	$S_S=0.75g$	$S_S=1.0g$	$S_S\geqslant1.25g$
A($V_{S30}>1500m/s$)	0.8	0.8	0.8	0.8	0.8
B($760m/s<V_{S30}\leqslant1500m/s$)	1.0	1.0	1.0	1.0	1.0
C($360m/s<V_{S30}\leqslant760m/s$)	1.2	1.2	1.1	1.0	1.0
D($180m/s<V_{S30}\leqslant360m/s$)	1.6	1.4	1.2	1.1	1.0
E($V_{S30}<180m/s$)	2.5	1.7	1.2	0.9	0.9

续表

场地类别	场地影响系数 F_v[a]				
	$T=1.0$s 处根据美国 USGS 的 B 类场地获得的 MCE 谱加速度				
	$S_1 \leqslant 0.10g$	$S_1=0.20g$	$S_1=0.30g$	$S_1=0.40g$	$S_1 \geqslant 0.50g$
A($V_{S30}>1500$m/s)	0.8	0.8	0.8	0.8	0.8
B(760m/s$<V_{S30}\leqslant$1500m/s)	1.0	1.0	1.0	1.0	1.0
C(360m/s$<V_{S30}\leqslant$760m/s)	1.7	1.6	1.5	1.4	1.3
D(180m/s$<V_{S30}\leqslant$360m/s)	2.4	2.0	1.8	1.6	1.5
E($V_{S30}<180$m/s)	3.5	3.2	2.8	2.4	2.4

注：a. 计算 F_a 和 F_v 时中间的 S_S 和 S_1 值采用线性插值。

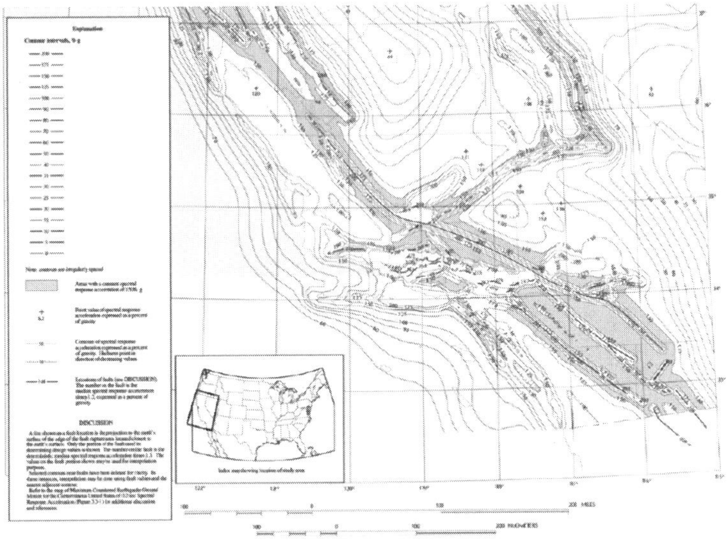

图 4-4 美国 NEHRP（BSSC 2003）和 ASCE 7-05（ASCE 2005）MCE 谱计算中 $T=0.2$s 所对应的一张 USGS 谱加速度等值线图。等值线以%g 表示（参考规范 NEHRP 2003）

根据式（4-4），图 4-6 给出了计算得到的弹性设计谱形状。其中，T_s 和 T_L 分别描述了加速度敏感区、速度敏感区和位移敏感区的边界。需要注意的是，设计谱强度为 MCE 谱加速度的 2/3。2/3 这一系数代表了结构的倒塌安全裕度。这一假定的背后隐含的意思是：按规范要求设计的建筑，其倒塌安全系数为 3/2。换言之，设计良好的建筑能够抵抗比设计地震动大 1.5 倍的地震作用。因此，尽管设计地震作用由 MCE 谱加速度折减 2/3 获得，但结构在 MCE 地震作用下仍然不会发生倒塌。

在美国 2009 年版规范 NEHRP（BSSC 2009）和标准 ASCE 7-10（ASCE 2010）中，采用 MCE 地震动来定义设计地震的做法已被以风险为导向的最大可能地震作用（MCE_R）方法取代。以风险为导向的 MCE_R 考虑了地面运动（地震危险性）的概率分布和结构失效的概率。根据这些规范，结构采用 50 年内一致倒塌概率为 1%的谱加速度设计。这一概念与规范以往版本中采用的一致危险谱（UHS）方法完全不同。以风险为导向的设计谱考虑了结构响应和地震作用的概率特性，而 UHS 仅考虑了地震作用的变异性。这些标准在设计中还采用了地震动的最大方向，因为最大方向的谱加速坐标在设计中更有意义。

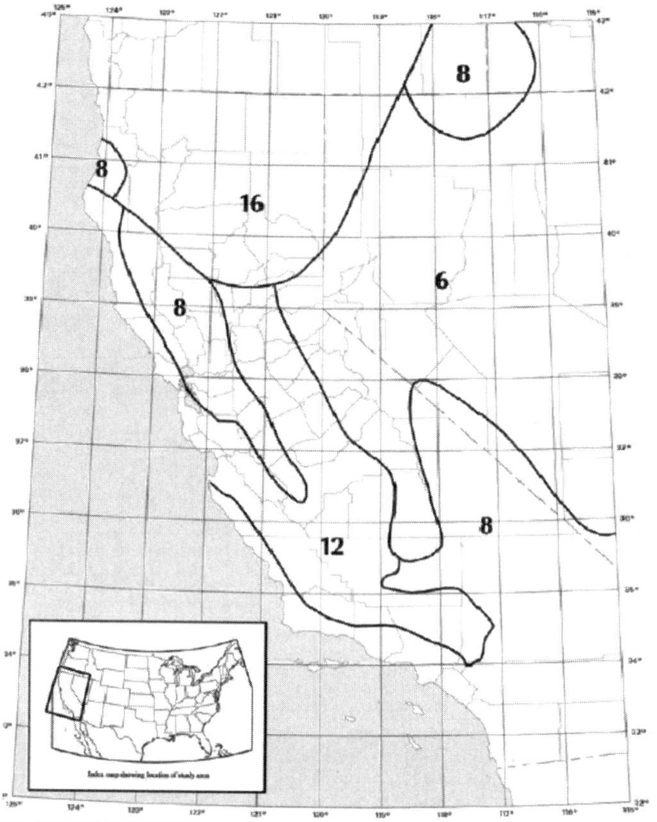

图 4-5 USGS 提供的相邻州 T_L 分布（参考规范 NEHRP 2003）

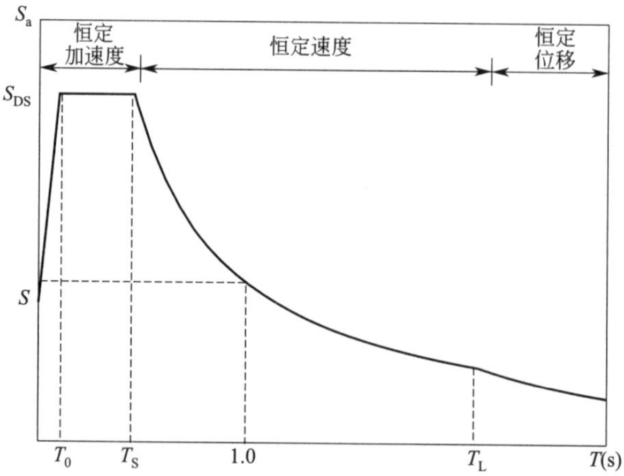

图 4-6 规范 NEHRP 和标准 ASCE7 中使用的弹性设计谱形状

在设计中，采用最大方向地震动可降低结构在较强地面运动分量上的失效概率。美国 2009 年版规范 NEHRP 和标准 ASCE 7-10 的另一项新进展，是在建立设计谱时更加清晰地考虑了概率性和确定性地震危险性区划图。具体来说，USGS 分别提供了概率地震危险性区划图和确定性地震危险性区划图，用于计算 $T=0.2$s 和 $T=1.0$s 处的谱加速度坐标，工程人员可按照下面章节描述的步骤来计算设计谱坐标。

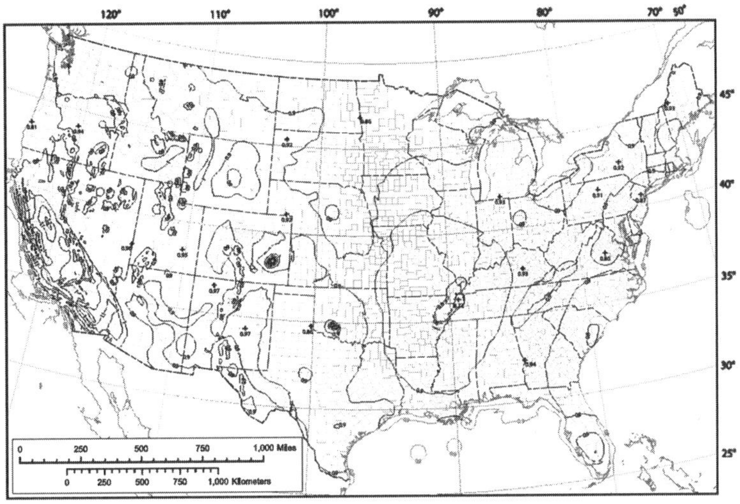

图 4-7 2009 年版规范 NEHRP 中美国本土 C_{RS} 等值线图，该图也用于 ASCE 7-10（ASCE 2010）

在美国 2009 版规范 NEHRP 和标准 ASCE 7-10 中，确定 MCE_R 和相应的设计谱加速度坐标有三个步骤。第一步，考虑美国 USGS 的概率地震危险图，确定结构倒塌目标风险，其表达式如下：

$$S_S = C_{RS} S_{SUH}, S_1 = C_{R1} S_{1UH} \tag{4-5}$$

式中，S_{SUH}为规范 NEHRP 中 B 类场地 $T=0.2s$ 处 5%阻尼比的一致危险谱加速度，其在 50 年内超越概率为 2%；S_{1UH} 为规范 NEHRP 中 B 类场地 $T=1.0s$ 处 5%阻尼比的一致危险谱加速度，其在 50 年内超越概率为 2%；C_{RS} 为 $T=0.2s$ 处的风险系数；C_{R1} 为 $T=1.0s$ 处的风险系数；S_S 为规范 NEHRP 中 B 类场地 $T=0.2s$ 处调整的谱加速度，以获得 50 年内倒塌概率为 1%的风险目标设计谱；S_1 为规范 NEHRP 中 B 类场地 $T=1.0s$ 处调整的谱加速度，以获得 50 年内倒塌概率为 1%的风险目标设计谱。

值得注意的是，式（4-5）给定的 S_S 和 S_1 值分别代表 $T=0.2s$ 和 $T=1.0s$ 处的一致风险谱加速度。这也是新版本美国规范 NEHRP 和标准 ASCE 7 相比于前一版本的主要修改的地方。这两个新参数 S_S 和 S_1 与前一版本美国规范 NEHRP 和标准 ASCE 7 的 *MCR* 值相对应。它们通过引入风险系数 C_{RS} 和 C_{R1} 来对一致危险谱加速度坐标进行调整，以考虑结构的失效概率。图 4-7 给出了美国相邻州的 C_{RS} 值。还应注意的是，由 USGS 地震危险性区划图获得的谱加速度 S_{SUH} 和 S_{1UH} 已对最大方向进行了修正。

第二步，采用 USGS 提供的确定性地震危险性区划图获得 $T=0.2s$（S_{SD}）和 $T=1.0s$（S_{1D}）处的确定性谱加速度。这些确定性谱加速度考虑了地震动的最大方向，对应地震动估计中位值的 180%（简言之，中位值+标准差，谱加速度的 84%分位值）。与前一版本的美国规范 NEHRP 和标准 ASCE 7 一样，确定性和概率性的谱加速度最小值将用来计算一致风险设计谱。基于确定性和概率性的地震危险性曲线，选择谱加速度最小值的目的是为了避免活动断层附近出现过大的不合理地震动。图 4-8 给出了 USGS 在计算 S_{SD} 时的一个确定性等值线图例。

第三步，针对特定场地条件，调整短周期（$T=0.2s$）和 $T=1.0s$ 处的谱加速度。

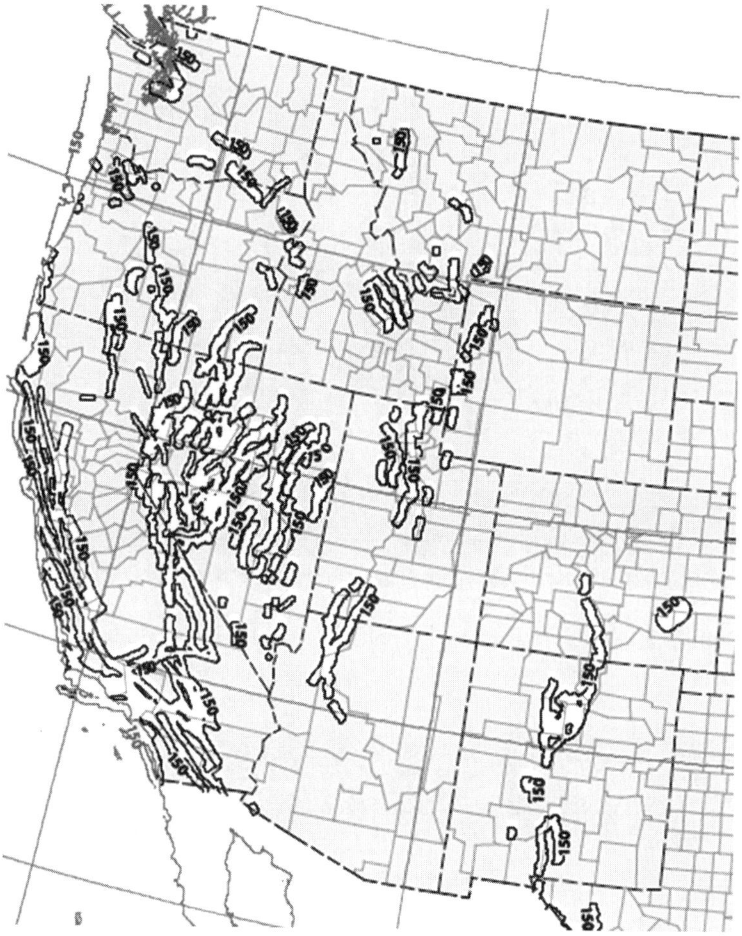

图 4-8 针对短周期（T=0.2s）的USGS确定性谱加速度等值线图，2009规范NEHRP和标准ASCE7-10分别给出了该图。等值线单位为%g（参考2009年版规范NEHRP）

表4-3给出了不同加速度水平和场地类别的场地系数 F_a 和 F_v，可用来修正第二步通过概率与确定性方法对比获得的最终 S_S 和 S_1 值。式（4-6）给出了调整所用的计算表达式。其中，S_{MS} 和 S_{M1} 分别为短周期和长周期的场地调整和风险为导向的 MCE_R 谱坐标。这一步骤与规范NEHRP的2003年版（BSSC 2003）以及标准ASCE 7-05（ASCE 2005）中的相关步骤相同。不同之处在于，该步骤获得的谱加速度代表 MCE_R。

$$S_{MS}=F_aS_S, S_{M1}=F_vS_1 \tag{4-6}$$

设计地震动是 MCE_R 地震动的2/3。在计算弹性设计谱（S_a）时，采用的表达式与2003年版的规范NEHRP和标准ASCE 7-05类似。为完整起见，式（4-7）给出了这些表达式：

$$S_{DS}=\frac{2}{3}S_{MS}, S_{D1}=\frac{2}{3}S_{M1}$$

$$S_a=0.6\frac{S_{DS}}{T_0}T+0.4S_{DS}, T_0=0.2\frac{S_{D1}}{S_{DS}}, 0\leqslant T\leqslant T_0$$

$$S_a=S_{D1}, T_S=\frac{S_{D1}}{S_{DS}}, T_0<T\leqslant T_S$$

$$S_a=\frac{S_{D1}}{T}, T_S<T\leqslant T_L$$

$$S_a=\frac{S_{D1}T_L}{T^2}, T>T_L \tag{4-7}$$

参数 S_{DS} 和 S_{D1} 分别为 $T=0.2s$ 和 $T=1.0s$ 处的一致风险谱加速度。拐角周期 T_S 和 T_L 可区分加速度敏感区、速度敏感区和位移敏感区的谱坐标。如 2003 规范 NEHRP 和标准 ASCE 7-05 中的设计谱计算所述，长周期的转化周期 T_L 可由 USGS 地震动区划图确定。

标准 ASCE 7-05（ASCE 2005）和规范 NEHRP 的先前版本采用一个与周期无关的水平设计谱比例系数描述竖向地震作用效应。例如，ASCE 7-05 将竖向地震作用效应定义为短周期设计加速度 S_{DS} 的 20%。这一做法与欧洲规范 Eurocode 8 中的做法类似。美国 2009 年版规范 NEHRP 和标准 ASCE 7-10（ASCE2010）抛弃了这种做法，定义了一个单独的、与水平设计谱类似的竖向设计谱。在上述规范中，竖向设计谱采用与周期相关的放大函数确定，该函数取决于 S_{DS} 和系数 C_v，代表竖向与水平谱比例。系数 C_v 是场地类别和短周期谱加速度 S_S 的函数，表征其与地震震级和距离相关。

2009 年版规范 NEHRP 和标准 ASCE 7-10（ASCE 2010）竖向设计谱的竖向与水平谱系数

表 4-4

$T=0.2s$ 处的 MCE_R 谱坐标(S_S)[a]	A、B 类场地	C 类场地	D、E 类场地
$S_S\geqslant 2.0g$	0.9	1.3	1.5
$S_S=1.0g$	0.9	1.1	1.3
$S_S=0.6g$	0.9	1.0	1.1
$S_S=0.3g$	0.8	0.8	0.9
$S_S\leqslant 0.2g$	0.7	0.7	0.7

注：a. 采用线性插值方法确定 S_S 的中间值。

在 2009 年版规范 NEHRP 和标准 ASCE 7-10 中，竖向设计谱 S_{va} 可按 4 个周期段计算，其表达式如式（4-8）所示：

$$S_{va}=0.3C_vS_{DS}, T\leqslant 0.025s$$

$$S_{va}=20C_vS_{DS}(T-0.025)+0.3C_vS_{DS}, 0.025s<T\leqslant 0.05s$$

$$S_{va}=0.8C_vS_{DS}, 0.05s<T\leqslant 0.15s$$

$$S_{va}=0.8C_vS_{DS}\left(\frac{0.15}{T}\right)^{0.75}, 0.15s<T\leqslant 2.0s \tag{4-8}$$

表 4-4 中的 C_v 与 S_S（$T=0.2s$ 处的短周期 MCE_R）和场地类别（场地类别描述见表 4-3）相关。计算获得的竖向设计谱坐标应不小于对应水平设计谱坐标的 1/2。若 $T>2.0s$，竖向设计谱坐标需要根据美国 2009 年版规范 NEHRP 和标准 ASCE 7-10 进行专门研究，但 $T>2.0s$ 的竖向设计谱坐标应不小于对应水平谱坐标的 1/2。

例 4-3 根据美国 2003 年版规范 NEHRP 和标准 ASCE 7-05 采用的 USGS 等值线图，对于某一给定场地，若短周期（$T=0.2s$）和 $T=1.0s$ 处的 MCE 谱加速度值分别为 $S_S=1.32g$ 和 $S_1=0.46g$；根据现场实测，获得 $V_{S30}=420$ m/s，即场地类别为规范

NEHRP中规定的C类场地；根据USGS等值线图，该场地的长周期段的转换周期 $T_L=6s$，试根据规范中的步骤，计算该场地的水平设计谱。

解： 给定的 S_S 和 S_1 值代表NEHRP中的B类场地，需要将其调整为NEHRP中的C类，可根据表4-3中给定的 F_a 和 F_v 值实现。对于NEHRP的C类场地，S_S 值大于 $1.25g$，因此表4-3建议 $F_a=1$。S_1 位于 $0.4\sim0.5g$ 之间，对于 $S_1=0.46g$，需要采用线性插值计算 F_v 值，结果如下：

$$F_v=1.4+\frac{(1.3-1.4)}{(0.5-0.4)}\times(0.46-0.4)=1.34$$

计算获得 F_a 和 F_v 以后，对于美国2003年版规范NEHRP或标准ASCE 7-05，采用式（4-4）计算弹性设计谱。图4-9给出了目标场地的MCE和设计谱。

$$S_{MS}=1.00\times1.32=1.32g, S_{M1}=1.34\times0.46=0.616g$$

$$S_{DS}=\frac{2}{3}\times1.32=0.88g, S_{D1}=\frac{2}{3}\times0.616=0.411g$$

$$T_S=\frac{0.411}{0.88}=0.467s, T_S=0.2\times\frac{0.411}{0.88}=0.09s$$

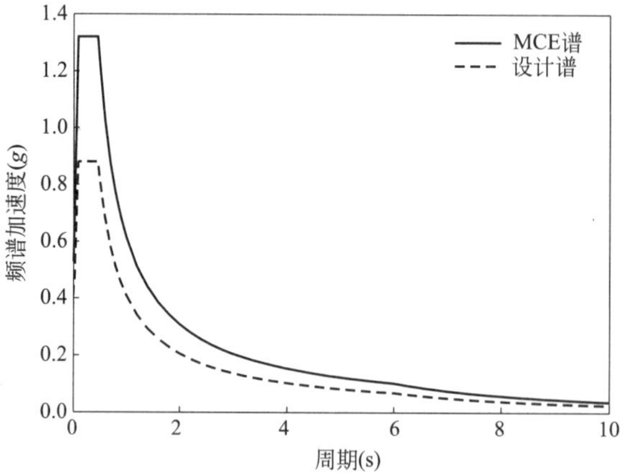

图4-9 例4-3中目标场地的MCE和弹性设计谱

例4-4 采用例4-3中相同场地，其短周期（$T=0.2s$）和长周期（$T=1.0s$）对应的谱加速度坐标为：$S_{SUH}=1.31g$、$S_{1UH}=0.55g$、$S_{SD}=1.50g$、$S_{1D}=0.60g$。这些谱加速度由美国2009年版规范NEHRP和标准ASCE 7-10中所采用的最新USGS地震危险性区划图来确定。

对应的短周期（$T=0.2s$）和长周期（$T=1.0s$）风险系数分别为：$C_{RS}=0.99$ 和 $C_{R1}=0.96$。设计谱在长周期段的转换周期不变，仍为 $T_L=6s$。试采用美国2009年版规范NEHRP和标准ASCE7-10中介绍的方法确定水平 MCE_R 和设计谱。

解： 根据式（4-5），对比概率性和确定性谱坐标，获得 S_S 和 S_1 值如下，以建立50年内倒塌概率为1%的目标风险谱。

$$S_S=0.99\times1.31=1.30g<1.5g\Rightarrow S_S=1.30g$$

$$S_1=0.96\times0.55=0.53g<0.6g\Rightarrow S_1=0.53g$$

对于NEHRP的C类场地，根据表4-3确定 F_a 和 F_v 值，对上述谱加速度坐标进行调整。由于 $S_S > 1.25g$，对于 NEHRP 的 C 类场地，$F_a = 1.0$。此外，S_1 大于 $0.5g$，$F_v = 1.3$。根据式（4-6），得：

$$S_{MS} = 1.00 \times 1.30 = 1.30g, S_{M1} = 1.30 \times 0.53 = 0.689g$$

上述结果是根据场地类别调整后 $T=0.2s$（S_{MS}）和 $T=1.0s$（S_{M1}）处 50 年内倒塌概率为 1%的目标风险谱加速度得到的。根据式（4-7），弹性设计谱对应的谱坐标和拐角周期如下：

$$S_{DS} = \frac{2}{3} \times 1.30 = 0.867g, S_{D1} = \frac{2}{3} \times 0.689 = 0.459g$$

$$T_S = \frac{0.459}{0.867} = 0.529s, T_S = 0.2 \times \frac{0.459}{0.867} = 0.106s$$

根据美国 2009 年版规范 NEHRP 和标准 ASCE 7-10，将上述结果代入式（4-7）中，计算获得弹性设计谱坐标。图 4-10 给出了目标场地的 MCE_R 谱和设计谱。

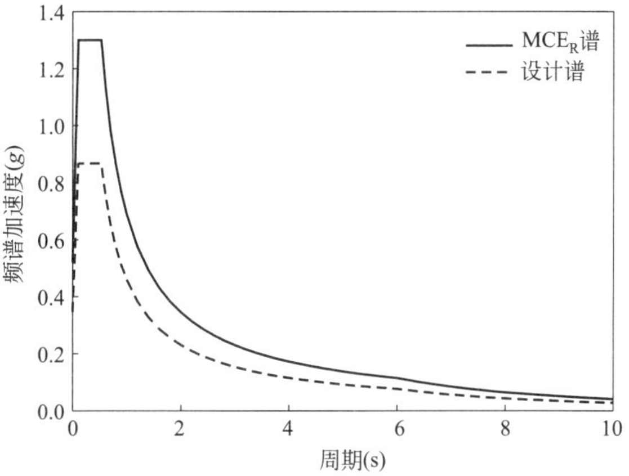

图 4-10 例 4-4 的水平 MCE_R 谱和设计谱

例 4-5 试给出例 4-4 中场地的竖向设计谱。为了与例 4-4 中的水平弹性设计谱相协调，可采用 2009 年版规范 NEHRP 和标准 ASCE 7-10 给出的竖向设计谱公式。

解：例 4-4 中，计算获得 $S_S = 1.3g$。对于 NEHRP 中的 C 类场地，可基于 $S_S = 1.0g$ 和 $S_S \geqslant 2.0g$ 的 C_v 值采用线性插值计算，获得对应的竖向与水平谱比例系数 $C_v = 1.16$。计算过程如下：

$$C_v = 1.1 + \frac{(1.3-1.1)}{(2.0-1.0)} \times (1.3-1.0) = 1.16$$

将计算获得的 C_v 值和 S_{DS}（$0.867g$，在例 4-4 中给出）代入式（4-8）中，获得例 4-4 中目标场地的竖向设计谱。若周期大于 2.0s，采用美国 2009 年版规范 NEHRP 和标准 ASCE 7-10 中设定的竖向设计谱最低要求，取水平设计谱坐标的一半。获得的竖向抗震设计谱，如图 4-11 所示。为进行对比，该图同时给出了项目场地的水平设计谱。

4.2.3 阻尼对弹性设计谱的影响

上述章节的讨论表明：抗震规范中的弹性设计谱通常定义为标准黏滞阻尼比 5%。该

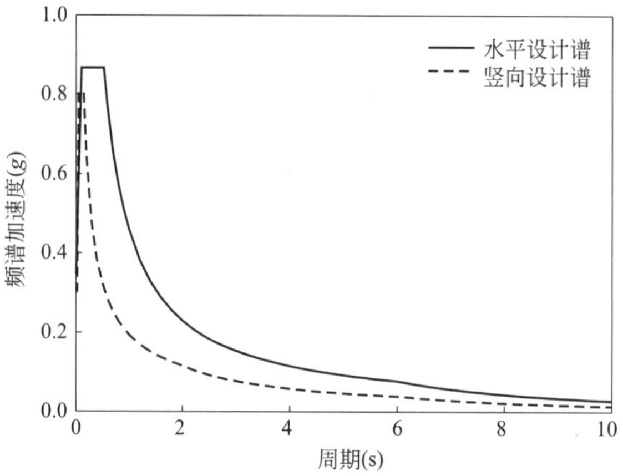

图 4-11 例 4-4 中项目场地的竖向设计谱及对应的水平设计谱

系数代表重力荷载作用下有开裂截面的钢筋混凝土体系的黏滞阻尼。然而，其他体系，如：钢结构、预应力混凝土和砌体具有不同的黏滞阻尼比（表 3-1）。另外，对于基础隔震建筑和具有附加阻尼的结构抗震设计，确定不同黏滞阻尼比下的谱加速度也十分重要。考虑上述这些其他结构的阻尼比影响，欧洲规范 Eurocode 8 采用式（4-9）和式（4-10）把其他阻尼值修正为 5%阻尼比下的弹性设计谱坐标。在这些表达式中，η 是修正为 5%阻尼比下谱加速度坐标（S_a（$\xi=5\%$））的阻尼调整系数，ξ 为目标阻尼（以百分比为单位），S_a（ξ）为目标阻尼 ξ 下的谱加速度坐标。

$$S_a(\xi)=\frac{1}{\eta}S_a(\xi=5\%) \tag{4-9}$$

$$\eta=\sqrt{\frac{5+\xi\times100}{10}} \tag{4-10}$$

2009 年版规范 NEHRP 和标准 ASCE 7（ASCE 2005、2009）对于具有附加阻尼和基础隔震的建筑还给出了其他的阻尼调整系数，如表 4-5 所示。表 4-5 中建议的阻尼调整系数的倒数应乘以 5%阻尼比下弹性谱加速度坐标，获得目标阻尼 ξ 下对应的谱加速度，这一计算过程已在式（4-9）中给出。对于更大的阻尼，上述美国规范建议的阻尼调整系数相比欧洲规范 Eurocode 8 还存在些许不同。

2009 年版规范 NEHRP 和标准 ASCE 7 的阻尼调整系数 **表 4-5**

阻尼比，ξ（%）	基础隔震结构	附加阻尼结构
2	0.8	0.8
5	1.0	1.0
10	1.2	1.2
20	1.5	1.5
30	1.7	1.8
40	1.9	2.1
50	2.0	2.4

4.2.4 结构重要性系数

欧洲规范 Eurocode 8 中，式（4-1）采用的参数 I 称之为重要性系数。根据结构体系的不同，通常取值介于1和1.5之间。结构重要性系数 I 间接考虑了设计中的风险等级。对于那些设计地震作用下期望具有更好性能表现的结构，I 值大于1。更具体地来说，如果地震作用下结构的损伤控制更严，设计地震作用可随着 I 的增加而增加。欧洲规范Eurocode 8规定，以普通建筑结构 $I=1$ 为基准，对于应急设施（医院、消防局、警察局、急救中心等），取 $I=1.4$；对于学校、体育馆、剧院、会议厅、水电站等，取 $I=1.2$。相应地，这些设计的结构具有较高的侧向刚度，在设计地震作用下，将具有较小的损伤。在标准ASCE 7中，以普通建筑为参考，对于应急设施，其重要性系数为 $I=1.5$；对于容纳较多人口的建筑，其重要性系数为 $I=1.25$。对于应急设施，美国标准ASCE 7和欧洲规范Eurocode均设定了较大的重要性系数（$I=1.4\sim1.5$），要求这些结构在遭受设计地震后，仍能正常使用。

重要性系数同时反映了结构的可靠性，即：在给定重现期的设计地震作用下，结构的预期目标性能。例如，在欧洲规范Eurocode 8中，普通建筑物（$I=1$）在具有475年重现期（$T_R=475$ 年）的设计地震作用下的目标性能为"不倒塌"，而对于应急设施，如医院（$I=1.5$），其目标性能为"有限损伤"，或在具有 $T_R=475$ 年的设计地震作用下"可继续使用"。事实上，这一目标性能近似对应具有2475年重现期（$T_R=2475$ 年）的设计地震作用下结构"不倒塌"。换句话说，$T_R=475$ 年的弹性设计谱与欧洲规范Eurocode 8中 $T_R=2475$ 年的弹性设计谱对应，后者除以了 $I=1.5$。这一概念建立了重要性系数和重现期或超越概率的近似关系，被明确地包括在了欧洲规范Eurocode 8中。式（4-1）已给出上述表达式。

4.3　弹性力的折减：非弹性设计谱

如第3章所述，若允许结构发生非弹性响应，可对弹性加速度谱或弹性地震作用需求进行折减。折减的非弹性加速度反应谱 $S_{ai}(T)$ 可直接由弹性加速度反应谱 $S_a(T)$ 通过调用式（3-66a）获得：

$$S_{ai}(T)=\frac{S_a(T)}{R_\mu(T)} \tag{4-11}$$

式中，R_μ 为延性折减系数，如3.6.4节所述，为一个周期和延性系数的函数（图3-35、图3-36）。

第3章中介绍过的单自由度体系强度折减的概念同样适用于多自由度体系。多自由度体系可简化成为一个等效单自由度体系。如图4-12所示，侧向荷载不断增加，作用在一个具有非线性变形能力的框架结构上（拟静力弹塑性分析，见第5.5节）。

每一个侧向力分布 $\boldsymbol{f}_i$ 都对应一个位移分布 $\boldsymbol{u}_i$，这一位移分布可由非线性静力分析获得。$\boldsymbol{f}_i$ 的分布可采用类似于式（5-50）的形式给出，按 $n=1$ 时的等效静态一阶振型力分布进行分配，并以较小的荷载步逐级施加，侧向力之和为基底剪力 V_{bi}。其中，$V_{bi}=\mathbf{1}^T\cdot\boldsymbol{f}_i$。在第 i 个荷载步，结构顶点位移为 $u_{roof,i}$。

当荷载增量逐步施加到非弹性结构上时，结构关键截面的弯矩将最终达到其屈服能力，如图4-13中的黑点所示。这些截面将进入非线性响应区域。当侧向力增量进一步施

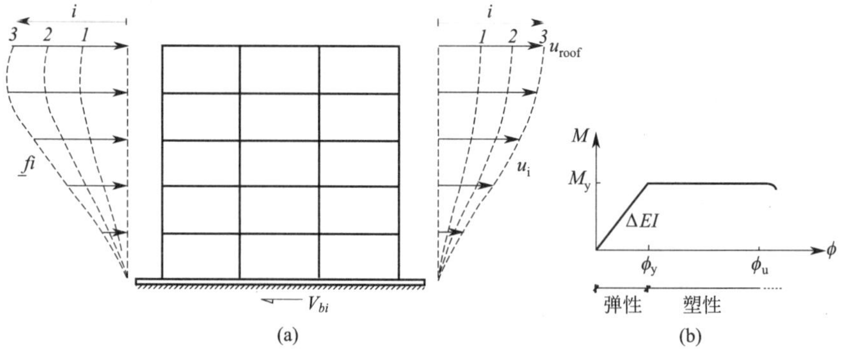

图 4-12 不断增加的静态侧向荷载作用下非弹性框架（拟静力分析）

（a）侧向力增量和对应的侧向位移增量；（b）屈服构件端部理想化的非弹性力-变形（弯矩-曲率）关系

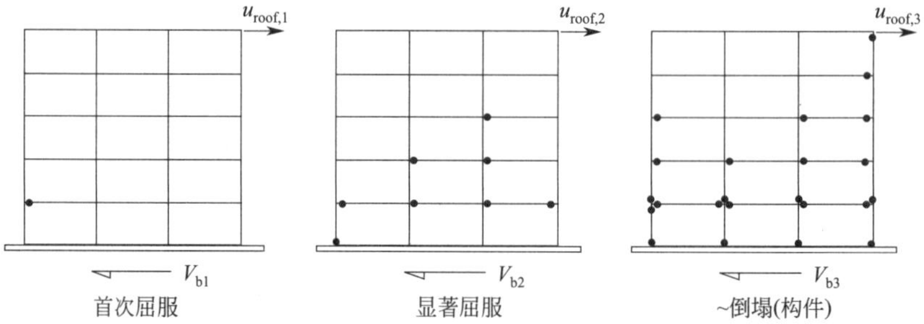

图 4-13 不断增加的侧向静荷载作用下（拟静力分析）非弹性框架三个不同损伤状态的塑性铰分布

加，这些截面将不能产生额外的抗力，而将通过内力重分布把这些额外内力转移给其他截面，并发生塑性变形。因此，随着侧向力的增加，塑性端部区域（塑性铰）的数量增加，系统的整体侧向刚度随之减小。图 4-13 描绘了三个不同侧向荷载状态下的塑性铰分布情况。

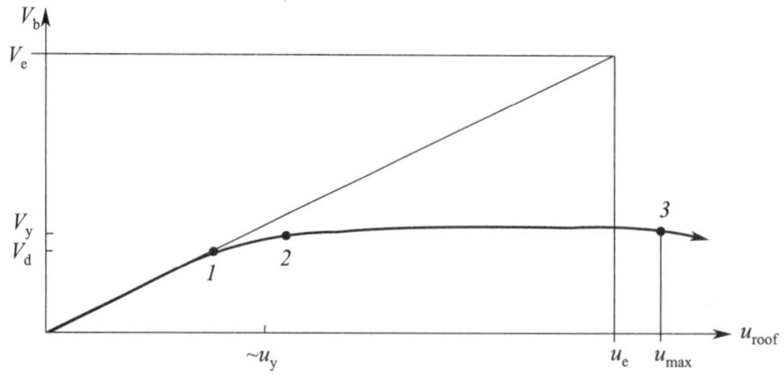

图 4-14 静力弹塑性分析得到的非弹性框架承载力曲线

如果绘制 V_b 与 u_{roof} 的关系，可以获得一条能力曲线，类似于等效单自由度非弹性体系的力—位移关系。图 4-13 中框架结构的能力曲线如图 4-14 所示。图 4-8 中标记的侧向荷载状态同样标注在了能力曲线上。

图 4-14 在能力曲线上标记了不同的强度水平。V_e 是弹性结构在地震作用下的基底剪

力，可通过弹性反应谱获得。V_y 为屈服基底剪力或基底剪力承载力。V_d 为框架结构假定的设计基底剪力。

对这些结构强度水平引入两个比例系数：

$$\frac{V_e}{V_y}=R_\mu\text{（延性折减系数）} \tag{4-12}$$

$$\frac{V_y}{V_d}=R_{ov}\text{（超强折减系数）} \tag{4-13}$$

式（4-12）中的延性折减系数 R_μ 是针对非线性多自由度体系进行定义的，与式（4-11）中引入的延性折减系数相一致，其在第 3 章中有过介绍。此外，图 4-14 的非线性多自由度体系与图 3-34 的理想非线性（弹塑性）单自由度体系具有明显的相似性。

由于设计中存在“超强”，按照设计基底剪力 V_d 设计的系统，其真实屈服基底剪力（屈服强度）V_y 通常高于 V_d（即 $V_y>V_d$）。超强折减系数 R_{ov} 描述了这种偏离目标强度的情况。超强的影响因素众多，包括：

（1）材料强度折减系数（混凝土：$f_{cd}=\frac{f_{ck}}{\gamma_c}$等）；

（2）最小尺寸；

（3）钢筋混凝土构件中的最小配筋率；

（4）材料的最低强度；

（5）构造要求；

（6）冗余度水平（超静定系统中内力从屈服到非屈服构件的重分配）。

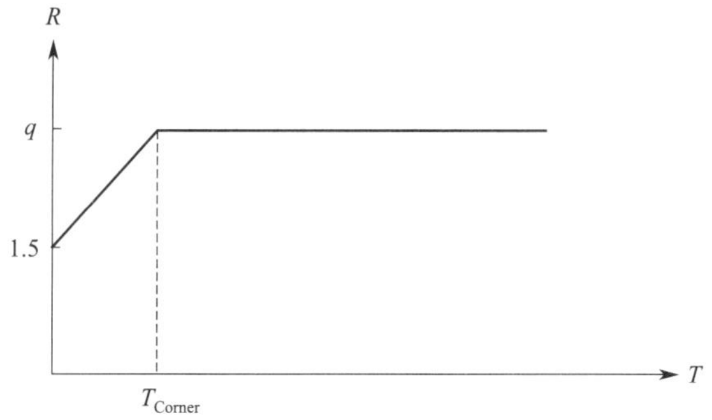

图 4-15 欧洲规范中采用的地震作用折减系数

将式（4-12）和式（4-13）中的 R_μ 和 R_{ov} 进行合并，可得到一个简化折减系数：

$$R_\mu\cdot R_{ov}=\frac{V_e}{V_y}\cdot\frac{V_y}{V_d}=\frac{V_e}{V_d}=R \tag{4-14}$$

$R(T)$ 被称为地震响应折减系数。在欧洲规范 Eurocode 8 中，$R(T)$ 采用符号 q 表示，称为“行为系数（behavior factor）”，可用双线性谱表示，如图 4-15 所示。

与式（4-11）相类似，折减后的（非弹性）设计谱 S_{aR} 可定义为：

$$S_{aR}(T)=\frac{S_{ae}(T)}{R(T)} \tag{4-15}$$

对比图 4-15 与图 3-36 可见，R 代表一个等效非线性单自由度体系的延性能力，

T_{Corner} 是等位移原则开始生效的拐角周期。欧洲规范 Eurocode 8 中的系数 q 和规范 ASCE 7 中的系数 R 均包括了延性和超强的概念，如式（4-14）所示。

在所有的抗震设计规范中，结构响应折减系数通常被用于近似表征弹性荷载与设计强度的比值，它考虑了结构类型和竖向不规则的影响。在不同国家或地区的抗震规范中，根据当地设计和施工水平以及地震响应特性的不同，结构响应折减系数的取值也不相同。

欧洲规范 Eurocode 8 和标准 ASCE 7 描述的系数 R（或 q），面向不同的结构体系并考虑了两种延性水准：一种是普通延性（欧洲规范 Eurocode 8 的中间延性和标准 ASCE 7 的中等延性），一种是增强延性（欧洲规范 Eurocode 8 的高延性和标准 ASCE 7 的特殊延性）。在这两本规范中，上述延性水准是按能力设计要求确定的，后续章节将对此进行讨论。对于类似结构系统，表 4-6 对比了美国标准 ASCE7 中系数 R 和欧洲规范 Eurocode 8 中系数 q 的取值。这些系数的取值多基于专家判断和工程经验及试验和分析验证。Eurocode 8 中的系数 q 和 ASCE 7 中的系数 R 的区别源于区域地震危险性分析结果的差异。美国抗震设计中的地震烈度水平（PGA 或 S_a）高于欧洲。因此，为使得结构设计具有相似的经济性，通常美国抗震设计规范中采用了更大的结构响应折减系数。而欧洲的地震危险性水平较低，因此其抗震设计中允许采用较小的结构响应折减系数，以保证设计的经济性。相应地，对于按相似规范设计的结构，欧洲结构的地震损伤风险要低于美国结构。

ASCE 的 R 系数和 Eurocode 8 的 q 系数在相似结构体系上的对比　　　表 4-6

结构系统	Eurocode 8		ASCE 7	
	DCM	DCH	中等	特殊
钢筋混凝土框架	4	6	5	8
钢筋混凝土双重抗侧力体系	4	6	5.5	7
钢筋混凝土双肢剪力墙	3.6	5.4	—	—
钢框架	4	6.5	4.5	8
带斜撑的钢框架	4	4	—	7
带偏心支撑的钢框架	4	6	—	8

图 4-16 给出了 Eurocode 8 当 $q = 4$（钢筋混凝土框架，中等延性）和 $q = 6$（钢筋混凝土框架，高延性）时的折减设计谱与弹性设计谱。

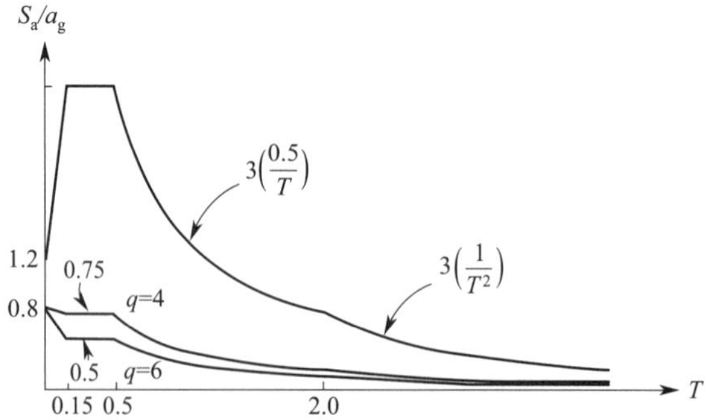

图 4-16　Eurocode 8（2004）中对线性（$q = 1$）、中等延性（$q = 4$）和高延性（$q = 6$）钢筋混凝土框架折减后的抗震设计谱

4.3.1 最小基底剪力

对于长周期结构和结构响应折减系数较大的情况，抗震设计规范通常给定一个最小基底剪力。设定这一最小基底剪力背后的基本思想是，为结构的抗震安全提供一个最小侧向承载力。对于具有较高延性的柔性结构，设计基底剪力实际上可折减至非常低的水平。例如，一栋欧洲设计的位于硬土场地的建筑，其基本周期为 2s，要求具有较高延性（$q=6$），计算获得设计谱加速度为 0.125 a_g。但是，Eurocode 8 中对最小谱加速度的建议值为 0.2 a_g。因此，该设计中的谱加速度与相应的设计基底剪力需要相应增加（译者注：满足最小基底剪力要求）。

在美国标准 ASCE 7 中，最小设计基底剪力可简化定义为建筑总重量的 1%（0.01W）（第 6.7 节）。若抗震设计中进行了更严格的结构分析，这一最小设计基底剪力可减少 85%（第 6.6 节）。

习题

1. 讨论 Eurocode 8 和规范 NEHRP 在建立水平和竖向设计谱时的主要差异。

2. 若在地震多发区设计一栋居民楼，采用 USGS 提供的概率和确定性地震危险性区划图获得短周期（$T=0.2$s）和长周期（$T=1.0$s）处的谱加速度为：$S_{SUH}=0.86g$、$S_{1UH}=0.34g$、$S_{SD}=0.78g$、$S_{1D}=0.43g$。对于建设场地，短周期和 $T=1.0$s 的风险系数分别为 $C_{RS}=0.93$ 和 $C_{R1}=0.83$。长周期的转换周期 $T_L=4$s。

（1）根据美国 2009 年版规范 NEHRP 和标准 ASCE 7-10 中的步骤，计算 5%阻尼比的水平和竖向设计谱。

（2）采用（1）中获得的水平设计谱的 PGA，根据 Eurocode 8 确定同一场地的水平和竖向设计谱（提示：假定（1）中的 PGA 值对应 475 年重现期）。

（3）对比（1）和（2）在谱周期 $T\leqslant 5.0$s 时的设计谱。

3. 若针对图中的弹性设计谱设计一个等效单自由度体系，其有效质量为 100t，有效抗侧力刚度为 20000kN/m，采用的结构响应折减系数为 $R=4$，重要性系数为 $I=1$。设计之后，系统真实的侧向强度为 400 kN，试计算 R_μ 和 R_{ov}。

答案：$R_\mu=2.45$，$R_{ov}=1.63$。

4. 若在基岩场地设计了一栋普通的弯曲型钢筋混凝土框架结构建筑，针对以下情况，确定各自的设计加速度谱：

（1）该建筑物位于那不勒斯市中心（Eurocode 8 的类型 1，延性等级为“高”）。

（2）该建筑物位于旧金山市中心（ASCE 7，延性等级为“特殊”）。

第 5 章
框架结构地震反应

摘要：本章介绍了多自由度框架结构，特别是平面框架结构的地震反应分析方法。首先，建立了平面框架结构在外力和地震作用下的运动方程。为减少结构的总自由度数量，采用静力凝聚法定义了结构的动力自由度。通过自由振动分析，获得了结构的固有振型和频率。为了获得结构在基底地震激励下的动力反应，通过振型分解反应谱法对结构的振型特性进行了分析。振型分解反应谱法是根据振型叠加原则对各振型力作用下结构进行等效静力反应谱分析。最后，本章总结了两类特殊应用：非线性静力（pushover）分析和基础隔震结构分析。

5.1 前言

平面框架结构是一个多自由度体系，需要采用多个位移坐标确定体系在运动中的位置。

自由度数是指能够准确描述结构体系在运动任意时刻 t 变形形状所需的最小位移坐标数。自由度是随时间变化的独立坐标（位移 $u(t)$ 和转角 $\theta(t)$ 等）。

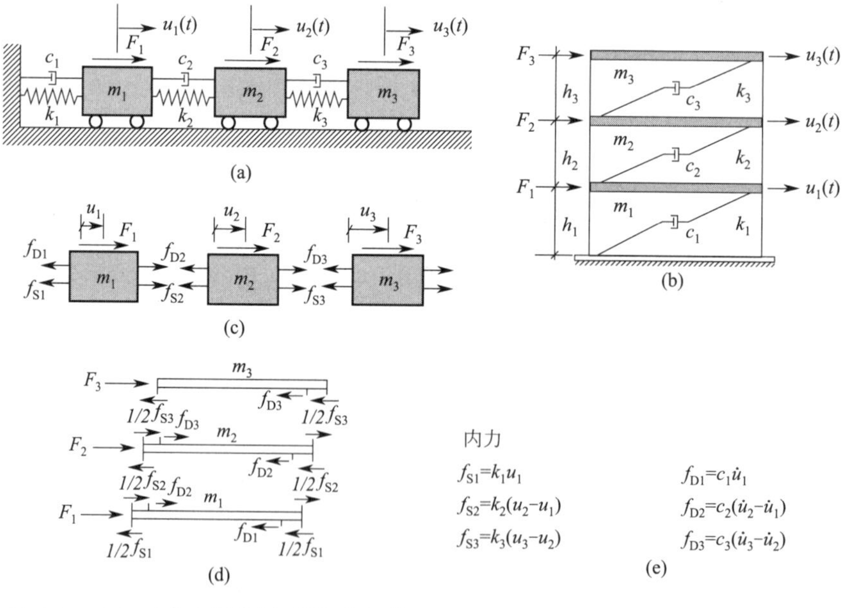

图 5-1 （a）三自由度质量-弹簧-阻尼体系；（b）三自由度（3 层）剪切框架结构；（c）质量块受力平衡图；（d）刚性梁受力平衡图；（e）内部弹性力和阻尼力表达式

最简单的多自由度体系理想化模型一种是质量—弹簧—阻尼串联系统，一种是剪切框架结构。其中，质量—弹簧—阻尼系统由 N 个受约束的刚性质量块组成。这些刚性质量块仅能沿水平方向移动，质量块之间通过中间弹簧和阻尼器连接。剪切框架结构则是一个单跨 N 层框架，框架每层由柔性柱和阻尼器以及完全刚性的梁组成。其中，楼层的质量将分配给这些梁。由于这些梁是刚性的，因此节点不会发生转动，且梁两端的横向位移相同。这样，对于每一楼层 i，即质量赋为 m_i 的梁，只需要用一个自由度 u_i 就足以描述其变形特征。结构在每层 i 都有一个总的侧向刚度 k_i，等于该层柱的剪切刚度之和，即：$k_i=\sum 12EI/h_i^3$。

图 5-1 给出了采用上述两种理想化模型建立的三自由度体系。可见，这两种多自由度的简化方式实际上是一致的，这将在后续章节予以证明。同时，我们将建立这两种三自由度体系的运动方程。

5.2 外力作用下的运动方程

简单起见，我们假设上述三自由度体系的各自由度在时刻 t 对应的位移分别为 u_1、u_2 和 u_3，且满足 $u_1<u_2<u_3$。由于 u_i 与时间相关，因此在时刻 t 的 u_i 也与 $\dot{u}_i$ 和 $\ddot{u}_i$ 相关。此外，图 5-1（a）中质量—弹簧—阻尼系统的弹簧刚度 k_i 或图 5-1（b）中剪切框架结构的柔性柱均可产生弹性内力 $f_{\mathrm{S}i}$，且与位移 $\ddot{u}_i$ 和 $\ddot{u}_{i-1}$ 的差相关。同样，阻尼器 c_i 可产生内部阻尼力 $f_{\mathrm{D}i}$，且与速度 $\dot{u}_i$ 和 $\dot{u}_{i-1}$ 的差相关。根据牛顿第一定律，上述内力以大小相同、方向相反的作用力和反作用力作用于图 5-1（a）和（b）中与弹簧 k_i 和阻尼器 c_i 连接的集中质量 m_i 上。图 5-1（c）和（d）分别给出了质量—弹簧—阻尼系统和剪切框架结构的受力平衡图。图 5-1（e）给出了与相对位移和相对速度相关的内力。根据牛顿第二定律 $\sum F_x=m\dot{u}_x$ 和图 5-1（e）中的力-位移/速度关系，对每一个集中质量 m_i 应用力的平衡原理，沿水平方向可建立运动方程：

$$
\begin{aligned}
m_1:&\quad F_1-k_1u_1+k_2(u_2-u_1)-c_1\dot{u}_1+c_2(\dot{u}_2-\dot{u}_1)=m_1\ddot{u}_1\\
m_2:&\quad F_2-k_2(u_2-u_1)+k_3(u_3-u_2)-c_2(\dot{u}_2-\dot{u}_1)+c_3(\dot{u}_3-\dot{u}_2)=m_2\ddot{u}_2\\
m_3:&\quad F_3-k_3(u_3-u_2)-c_3(\dot{u}_3-\dot{u}_2)=m_3\ddot{u}_3
\end{aligned}
\tag{5-1}
$$

式（5-1）可采用矩阵形式重新表示为：

$$
\begin{bmatrix} m_1 & 0 & 0\\ 0 & m_2 & 0\\ 0 & 0 & m_3\end{bmatrix}\begin{Bmatrix}\ddot{u}_1\\ \ddot{u}_2\\ \ddot{u}_3\end{Bmatrix}+\begin{bmatrix} c_1+c_2 & -c_2 & 0\\ -c_2 & c_2+c_3 & -c_3\\ 0 & -c_3 & c_3\end{bmatrix}\begin{Bmatrix}\dot{u}_1\\ \dot{u}_2\\ \dot{u}_3\end{Bmatrix}
+\begin{bmatrix} k_1+k_2 & -k_2 & 0\\ -k_2 & k_2+k_3 & -k_3\\ 0 & -k_3 & k_3\end{bmatrix}\begin{Bmatrix}u_1\\ u_2\\ u_3\end{Bmatrix}=\begin{Bmatrix}F_1\\ F_2\\ F_3\end{Bmatrix}
\tag{5-2}
$$

或

$$\boldsymbol{m}\ddot{\boldsymbol{u}}+\boldsymbol{c}\dot{\boldsymbol{u}}+\boldsymbol{k}\boldsymbol{u}=\boldsymbol{F}(t) \tag{5-3}$$

需要注意的是，式（5-2）中的质量矩阵为一个集中质量的斜三角矩阵，表明楼层间的质量不耦合，每层的全部质量均分配给该层的水平自由度。此外，式（5-2）中的刚度矩阵是一个三对角矩阵，楼层的侧向刚度仅与下、上楼层的侧向刚度耦合（紧密耦合）。这是图 5-1 中理想化多自由度体系的固有特性。

5.3 基底地震激励下的运动方程

采用 N 层剪切框架结构建立多自由度体系在基底地震激励作用下的运动方程，如图 5-2 所示。基底地震激励作用下，多自由度体系的运动方程与式（3-5）中描述单自由度体系的运动方程形式相同。其中，单自由度体系标量形式的位移变量 u、$\dot{u}$ 和 $\ddot{u}$ 被式（5-2）和式（5-3）中多自由度体系向量形式的位移变量 $\boldsymbol{u}$、$\dot{\boldsymbol{u}}$ 和 $\ddot{\boldsymbol{u}}$ 代替。同样，单自由度体系标量形式的质量、刚度和阻尼被式（5-2）中多自由度体系的相关矩阵代替。因此，将式（3-5）中标量替换为式（5-2）中向量/矩阵，可得：

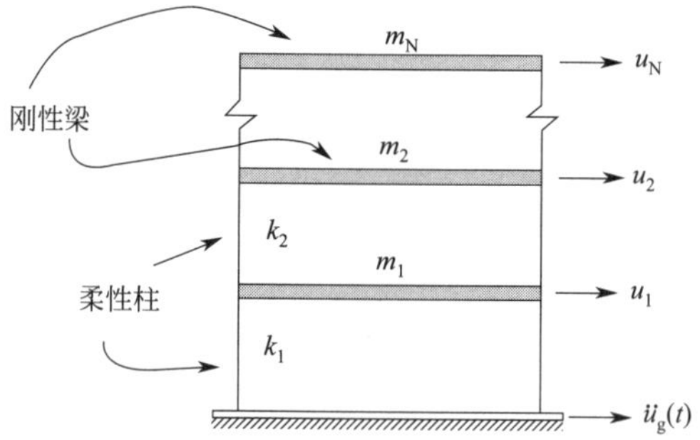

图 5-2 地震激励 $\ddot{u}_g$（t）作用下的 N 层剪切框架结构

$$\boldsymbol{m}\ddot{\boldsymbol{u}}^{\text{total}}+\boldsymbol{c}\dot{\boldsymbol{u}}+\boldsymbol{k}\boldsymbol{u}=\boldsymbol{0} \tag{5-4}$$

式中

$$\ddot{\boldsymbol{u}}^{\text{total}}=\ddot{\boldsymbol{u}}+\ddot{\boldsymbol{u}}_g\cdot\boldsymbol{l}\ \text{且}\ \boldsymbol{l}=\begin{Bmatrix}1\\1\\\vdots\\1\end{Bmatrix} \tag{5-5}$$

式中，向量 $\boldsymbol{l}$ 将地面位移 u_g 作为刚体位移传递给上一层的自由度，称为影响向量。对于剪切框架结构，由于地面的单位位移等效地传递给上部楼层的所有自由度，因此 $\boldsymbol{l}$ 为单位向量。

将式（5-5）中的 $\ddot{\boldsymbol{u}}^{\text{total}}$ 和 $\boldsymbol{l}$ 代入式（5-4），可得：

$$\boldsymbol{m}\ddot{\boldsymbol{u}}+\boldsymbol{c}\dot{\boldsymbol{u}}+\boldsymbol{k}\boldsymbol{u}=-\boldsymbol{m}\boldsymbol{l}\ddot{u}_g \tag{5-6}$$

式中

$$\boldsymbol{m}=\begin{bmatrix} m_1 & 0 & & 0 \\ 0 & m_2 & \cdots & 0 \\ \vdots & & \ddots & \vdots \\ 0 & 0 & \cdots & m_N \end{bmatrix} \tag{5-7}$$

而且

$$\boldsymbol{k}=\begin{bmatrix} (k_1+k_2) & -k_2 & & & \\ -k_2 & (k_2+k_3) & -k_3 & & \\ & & \ddots & & \\ & & -k_{N-1} & (k_{N-1}+k_N) & -k_N \\ & & & -k_N & k_N \end{bmatrix} \tag{5-8}$$

式中，$\boldsymbol{m}$ 和 $\boldsymbol{k}$ 分别为 N 层剪切框架结构的质量矩阵和刚度矩阵。式（5-8）中的刚度系数 k_i 代表柱剪切刚度组成的第 i 层侧向刚度，即：

$$k_i=\sum 12\left(\frac{EI}{h^3}\right)_i \tag{5-9}$$

位移向量 $\boldsymbol{u}(t)$ 由 N 个侧向层位移（自由度）组成，有：

$$\boldsymbol{u}(t)=\begin{Bmatrix} u_1(t) \\ u_2(t) \\ \vdots \\ u_N(t) \end{Bmatrix} \tag{5-10}$$

目前尚没有解析方法能够依据结构构件的阻尼获得式（5-6）中的阻尼矩阵 $\boldsymbol{c}$。在结构动力学中，有一种描述多自由度体系阻尼矩阵的经验方法，称为瑞利阻尼法。然而，线性体系不需要构建阻尼矩阵，如下节所述。

5.4 静力凝聚

在地震反应分析中，运动方程仅考虑具有惯性力的自由度。这些自由度具有分配质量，因此称为动力自由度。通常，动力自由度可定义建筑系统中楼板质量侧向运动的平动自由度。剩下的静力自由度，可用于计算重力荷载下的内力，如节点的转动和柱的轴向收缩。然而，可采用静力凝聚方法将这些静力自由度从动力方程中消除，从而使系统的自由度数目相比于原始系统大大减少。

动力分析通过静力凝聚方法消除静力自由度。用 $\boldsymbol{u}_{\mathrm{d}}$ 表示动力自由度的位移，$\boldsymbol{u}_{\mathrm{s}}$ 表示静力自由度的位移。图 5-3 给出了一个带轴向刚性梁的单层多跨框架结构的动、静力自由度。其中，作用在动力自由度上的惯性力向量为 $\boldsymbol{f}_{\mathrm{d}}$。然而，由于没有动力作用在静力自由度上，因此 $\boldsymbol{f}_{\mathrm{s}}=0$。动力激励作用下，这时表示力和位移之间关系的刚度方程变为：

$$\begin{Bmatrix} \boldsymbol{f}_{\mathrm{d}} \\ \boldsymbol{f}_{\mathrm{s}}=\boldsymbol{0} \end{Bmatrix}=\begin{bmatrix} \boldsymbol{k}_{\mathrm{dd}} & \boldsymbol{k}_{\mathrm{ds}} \\ \boldsymbol{k}_{\mathrm{sd}} & \boldsymbol{k}_{\mathrm{ss}} \end{bmatrix}\begin{Bmatrix} \boldsymbol{u}_{\mathrm{d}} \\ \boldsymbol{u}_{\mathrm{s}} \end{Bmatrix} \tag{5-11}$$

式（5-11）的第二行可以展开为

$$\boldsymbol{k}_{\mathrm{sd}}\boldsymbol{u}_{\mathrm{d}}+\boldsymbol{k}_{\mathrm{ss}}\boldsymbol{u}_{\mathrm{s}}=\boldsymbol{0} \tag{5-12}$$

式中

$$\boldsymbol{u}_{\mathrm{s}}=-\boldsymbol{k}_{\mathrm{ss}}^{-1}\boldsymbol{k}_{\mathrm{sd}}\boldsymbol{u}_{\mathrm{d}} \tag{5-13}$$

将式（5-13）中的 $\boldsymbol{u}_{\mathrm{s}}$ 代入式（5-11）的第一行，得到

$$\boldsymbol{f}_{\mathrm{d}}=(\boldsymbol{k}_{\mathrm{dd}}-\boldsymbol{k}_{\mathrm{ds}}\cdot\boldsymbol{k}_{\mathrm{ss}}^{-1}\cdot\boldsymbol{k}_{\mathrm{sd}})\boldsymbol{u}_{\mathrm{d}}\equiv\boldsymbol{k}_{\mathrm{d}}\boldsymbol{u}_{\mathrm{d}} \tag{5-14}$$

式（5-14）中的括号项称之为凝聚刚度矩阵 $\boldsymbol{k}_{\mathrm{d}}$，矩阵的维度等于动力自由度的数量。静力凝聚法可极大地降低运动方程矩阵的维数。在图 5-3 中，二维框架结构总共有 9 个自由度，但在静力凝聚后，简化成为一个单自由度系统。

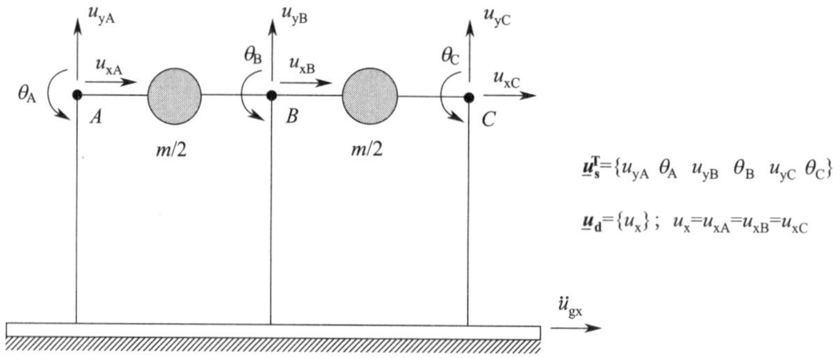

图 5-3　单层多跨框架的动力自由度和静力自由度

例 5-1　框架 ABC 由长度为 h 的柱 AB 和长度为 $h/2$ 的梁 BC 组成。柱 AB 和梁 BC 无质量，C 点的质量为 $3m$。此外，AB 和 BC 沿轴向完全刚性，弯曲刚度分别为 EI 和 $2EI$。试确定该体系的运动方程。

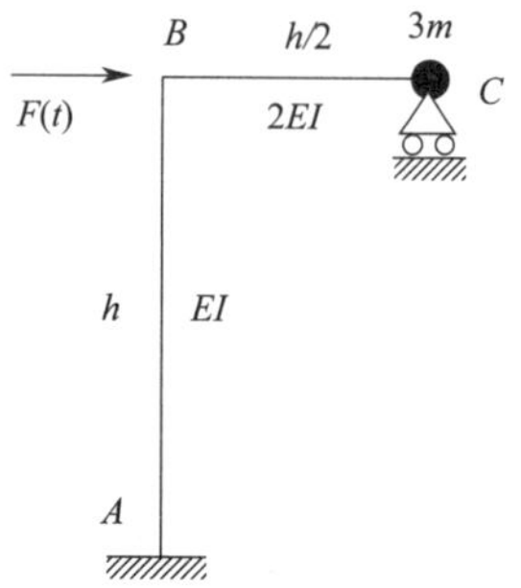

解： 该框架是一个三自由度体系，包含旋转自由度 θ_{B}、θ_{C} 和沿 BC 的平移自由度 u。在整体自由度坐标下，AB 和 BC 的单元刚度矩阵可分别表示为：

$$\boldsymbol{k}_{\mathrm{AB}}=\frac{EI}{h^3}\begin{bmatrix}12 & 6h\\ 6h & 4h^2\end{bmatrix};\boldsymbol{u}_{\mathrm{AB}}=\begin{Bmatrix}u\\ \theta_{\mathrm{B}}\end{Bmatrix};\boldsymbol{k}_{\mathrm{BC}}=\frac{4EI}{h}\begin{bmatrix}4 & 2\\ 2 & 4\end{bmatrix};\boldsymbol{u}_{\mathrm{BC}}=\begin{Bmatrix}\theta_{\mathrm{B}}\\ \theta_{\mathrm{C}}\end{Bmatrix}$$

将 $\boldsymbol{k}_{\mathrm{AB}}$ 和 $\boldsymbol{k}_{\mathrm{BC}}$ 组合获得结构的整体刚度矩阵 $\boldsymbol{k}$：

$$\boldsymbol{k}=\frac{EI}{h}\begin{bmatrix}12/h^2 & 6/h & 0\\ 6/h & 20 & 8\\ 0 & 8 & 16\end{bmatrix},\boldsymbol{u}=\begin{Bmatrix}u\\ \theta_{\mathrm{B}}\\ \theta_{\mathrm{C}}\end{Bmatrix}$$

因此，运动方程变为：

$$\begin{bmatrix} 3m & 0 & 0 \\ 0 & 0 & 0 \\ 0 & 0 & 0 \end{bmatrix} \begin{Bmatrix} \ddot{u} \\ \ddot{\theta}_{\mathrm{B}} \\ \ddot{\theta}_{\mathrm{C}} \end{Bmatrix} + \begin{bmatrix} 12/h^2 & 6/h & 0 \\ 6/h & 20 & 8 \\ 0 & 8 & 16 \end{bmatrix} \begin{Bmatrix} u \\ \theta_{\mathrm{B}} \\ \theta_{\mathrm{C}} \end{Bmatrix} = \begin{Bmatrix} F \\ 0 \\ 0 \end{Bmatrix}$$

式中，u 是唯一的动力自由度。θ_{B} 和 θ_{C} 是两个旋转自由度，因没有定义质量和外力，故为静力自由度。根据式（5-14），可采用静力凝聚方法，最终获得一个单自由度体系的运动方程，为：

$$3m\ddot{u} + \frac{39EI}{4h^3}u = F$$

5.5 无阻尼自由振动：特征值分析

若式（5-3）或式（5-6）右侧项为零，忽略阻尼，可得到无阻尼体系的自由振动方程：

$$\boldsymbol{m}\ddot{\boldsymbol{u}} + \boldsymbol{k}\boldsymbol{u} = \boldsymbol{0} \tag{5-15}$$

体系的自由振动与 $t=0$ 时的初始条件相关，包括：

$$\boldsymbol{u}(0) = \boldsymbol{u}_0, \dot{\boldsymbol{u}}(0) = \boldsymbol{v}_0 \tag{5-16}$$

如果施加一个“特殊”的初始变形 $\boldsymbol{u}_0$，可沿高度方向观察到一个具有固定变形形状的简谐自由振动（简单的简谐运动）。这个固定变形形状代表楼层间位移的固定比例。具有固定位移形状的结构振动与 3.1.2 节中讨论的理想单自由度体系的反应一致，如图 5-4（b）和（c）所示。这些特殊的位移形状称为结构体系的固有振型，对应的谐振频率为结构体系的固有频率。对于一个 N 自由度体系，存在 N 个这样的振型。图 5-4（b）和（c）给出了一个三层剪切框架结构振型的典型位移形状。若以一个一般化的初始位移形状开始结构的自由振

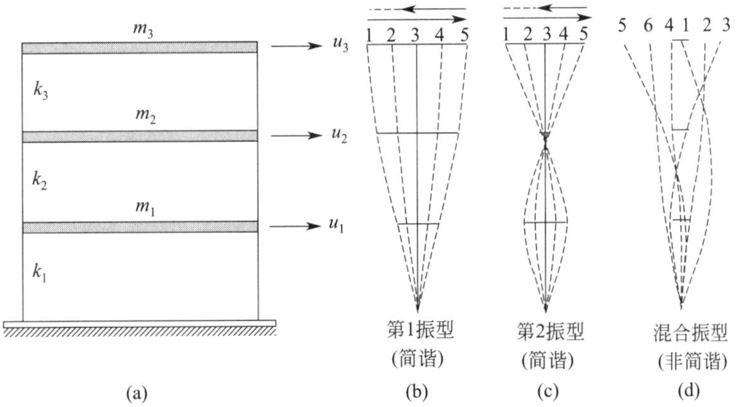

图 5-4 某三层剪切框架的自由振动

（a）剪切框架参数；（b）和（c）具有特殊初始形状的简谐自由振动；（d）当初始形状退化时的非简谐自由振动。框架顶部的数字表示变形出现的先后顺序

动，该初始位移形状在自由振动过程中将发生变化，其振型与图5-4中所示不同。为确定结构体系的固有振型和自振频率，我们必须进行特征值分析。

5.5.1 振型和频率

给定振型下的位移向量随时间发生谐变，其位移形状保持“固定”。因此，可以将振型位移向量表示为一个时间谐波函数和一个形状函数的乘积：

$$\boldsymbol{u}_n(t)=q_n(t)\cdot\boldsymbol{\Phi}_n \tag{5-17}$$

式中，$\boldsymbol{\Phi}_n$ 描述了沿高度方向的位移形状或振型；$q_n(t)$是位移形状随时间变化的幅值。式（5-17）的乘积描述了自由振动过程中任意时刻 t 第 n 阶振型的位移形状。这一假设类似于偏微分方程求解中的“变量分离”方法。

由于振型的自由振动是简谐运动，因此可假定为谐波函数 $q_n(t)$的形式：

$$q_n(t)=A_n\cos\omega_n t+B_n\sin\omega_n t \tag{5-18}$$

将式（5-18）中的 $q_n(t)$代入式（5-17），对式（5-17）中的位移向量进行两次关于时间的微分，可得加速度向量的表达式为：

$$\ddot{\boldsymbol{u}}_n(t)=\ddot{q}_n(t)\cdot\boldsymbol{\Phi}_n=-\omega_n^2 q_n(t)\cdot\boldsymbol{\Phi}_n\equiv-\omega_n^2\boldsymbol{u}_n(t) \tag{5-19}$$

式中，ω_n^2 和 $\boldsymbol{\Phi}_n$ 分别表征第 n 阶振型的特征值和特征向量，需通过逆求解过程进行计算。在结构动力学中，ω_n 称为振动频率；$\boldsymbol{\Phi}_n$ 称为振型向量。

将式（5-17）中的 $\boldsymbol{u}$ 和式（5-19）中的 $\ddot{\boldsymbol{u}}$ 代入式（5-15）的自由振动方程中，可得：

$$(-\omega_n^2\boldsymbol{m}\boldsymbol{\Phi}_n+\boldsymbol{k}\boldsymbol{\Phi}_n)q_n(t)=0 \tag{5-20}$$

式中，$q_n=0$ 表示没有振动（平凡解），不是式（5-20）的可接受解。因此：

$$-\omega_n^2\boldsymbol{m}\boldsymbol{\Phi}_n+k\boldsymbol{\Phi}_n=0 \tag{5-21a}$$

或

$$(\boldsymbol{k}-\omega_n^2\boldsymbol{m})\cdot\boldsymbol{\Phi}_n=0 \tag{5-21b}$$

这是一组 N 阶齐次代数方程组，$\boldsymbol{\Phi}_n=\boldsymbol{0}$ 为式（5-21a、b）的平凡解（无变形）。只有当$(\boldsymbol{k}-\omega_n^2\boldsymbol{m})$的行列式为零时，才能得到非平凡解（克拉默法则）：

$$|\boldsymbol{k}-\omega_n^2\boldsymbol{m}|=0 \tag{5-22}$$

式（5-22）等价于具有 N 个根的 N 阶代数方程。ω_n^2 是根或特征值（n=1，2，…N）。对于第 n 阶振型，如果已知 ω_n^2，可根据等式（5-21a、b）确定相应的形状向量 $\boldsymbol{\Phi}_n$。

5.5.1.1 小结

一个 N 自由度体系存在 N 个特征值和特征向量（ω_n^2，$\boldsymbol{\Phi}_n$）（n=1，2，…，N），它们的取值与系统质量和刚度有关。每一振型下，体系可按位移形状 $\boldsymbol{\Phi}_n$ 和其对应的角频率 ω_n 独立进行简谐振动。

例 5-2 图5-5（a）和（b）给出了两个不同的二自由度体系，两个系统的动力学特征一致，试确定体系的特征值和特征向量。

解： 根据式（5-15），自由振动的运动方程可表示为：

$$\begin{bmatrix} m_1 & 0 \\ 0 & m_2 \end{bmatrix}\begin{Bmatrix} \ddot{u}_1 \\ \ddot{u}_2 \end{Bmatrix}+\begin{bmatrix} k_1+k_2 & -k_2 \\ -k_2 & k_2 \end{bmatrix}\begin{Bmatrix} u_1 \\ u_2 \end{Bmatrix}=\begin{Bmatrix} 0 \\ 0 \end{Bmatrix} \tag{E5-2-1}$$

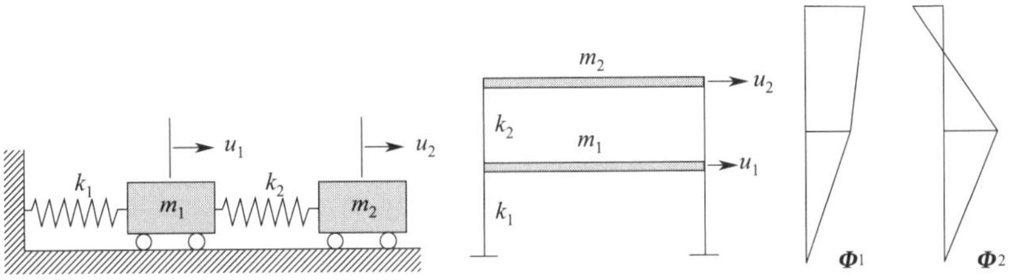

图 5-5 具有一致动力学特征的两个不同二自由度体系

应用式（5-22），可得：

$$\det(\boldsymbol{k}-\omega_n^2\boldsymbol{m})=\begin{vmatrix}(k_1+k_2-\omega_n^2 m_1) & -k_2\\ -k_2 & k_2-\omega_n^2 m_2\end{vmatrix}=0 \tag{E5-2-2}$$

式（E5-2-2）无法直接获得封闭的解析解，但如果简化参数，则可能获得解析解。假设 $k_1=k_2=k_3$ 和 $m_1=m_2=m$，由式（E5-2-2）可推得式（E5-2-3），称其为特征方程：

$$\omega_n^4-3\frac{k}{m}\omega_n^2+\left[\frac{k}{m}\right]^2=0 \tag{E5-2-3}$$

式（E5-2-3）是 ω_n^2 的二次代数方程。其中，$n=1$，2。二次方程的根分别为 ω_1^2 和 ω_2^2，即为特征值（注意：方程的根非 ω_1 和 ω_2）。求解式（E5-2-3），可得方程的根如下：

$$\omega_1^2=\frac{3-\sqrt{5}}{2}\frac{k}{m} \quad \rightarrow \quad \omega_1=0.618\sqrt{\frac{k}{m}} \tag{E5-2-4}$$

$$\omega_2^2=\frac{3+\sqrt{5}}{2}\frac{k}{m} \quad \rightarrow \quad \omega_2=1.618\sqrt{\frac{k}{m}} \tag{E5-2-5}$$

特征向量可根据式（5-21b）确定。对于本问题，有：

$$\begin{bmatrix}(2k-\omega_n^2 m) & -k\\ -k & k-\omega_n^2 m\end{bmatrix}\begin{Bmatrix}\phi_{n1}\\ \phi_{n2}\end{Bmatrix}=\begin{Bmatrix}0\\ 0\end{Bmatrix},n=1,2 \tag{E5-2-6}$$

$$\text{第一行：}(2k-\omega_n^2 m)\phi_{n1}-k\phi_{n2}=0 \tag{E5-2-7}$$

$$\text{第二行：}-k\phi_{n1}+(k-\omega_n^2 m)\phi_{n2}=0 \tag{E5-2-8}$$

式（E5-2-7）和式（E5-2-8）是齐次方程，因此，无法获得 ϕ_{n1} 和 ϕ_{n2} 的唯一解。在 $n=1$ 和 $n=2$ 的情况下，可采用 ϕ_{n1} 表示 ϕ_{n2}，则有：

$$\phi_{n2}=\frac{2k-\omega_n^2 m}{k}\phi_{n1} \tag{E5-2-9}$$

当 $n=1$ 时，令式（E5-2-9）中 $\phi_{11}=1$，然后将 ω_1^2 代入式（E5-2-9）并求解获得 $\phi_{12}=1.618$。接下来，令 $\phi_{21}=1$，然后将 ω_2^2 代入式（E5-2-9），求解获得 $\phi_{22}=-0.618$。因此，这两个振型向量或特征向量为：

$$\boldsymbol{\Phi}_1=\begin{Bmatrix}1.0\\ 1.618\end{Bmatrix},\boldsymbol{\Phi}_2=\begin{Bmatrix}1.0\\ -0.618\end{Bmatrix} \tag{E5-2-10}$$

图 5-5（b）中二自由度系统的振型，如图 5-5（c）所示。

例 5-3 识别图 5-6（a）中体系的自由度数目，并确定其特征值和特征向量。

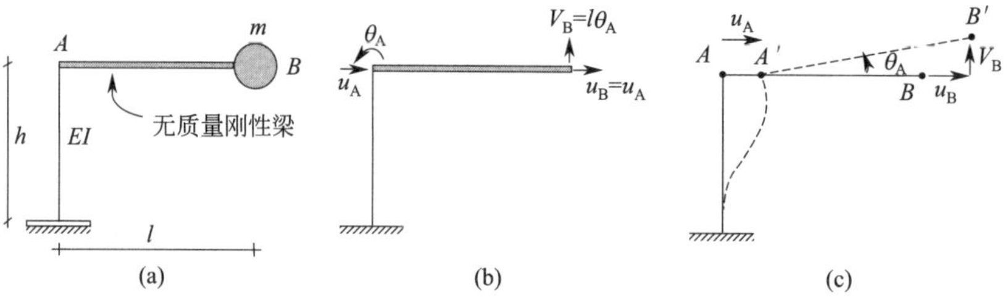

图 5-6　二自由度体系

解： 该框架结构有两个自由度，定义于悬臂柱的顶端 A 点，如图 5-6（b）所示。对于静力分析，将自由度定义于 A 点是正确的。对于动力分析，由于质量集中于刚性梁的 B 端，故必须将这些自由度转换到 B 点。这样，原始自由度（u_A，θ_A）变成了（新）自由度（u_B，ν_B），如图 5-6（b）所示。需要注意的是，因为 $u_B=u_A$（AB 刚体平移）和 $V_B=l\theta_A$（AB 刚体旋转），这两组自由度是相互关联的。（u_B，v_B）和（u_A，θ_A）的运动关系如图 5-6（c）所示。

因此，第一和第二组自由度的刚度方程可表示为：

$$\begin{bmatrix} F_{hA} \\ M_A \end{bmatrix}=\frac{EI}{h}\begin{bmatrix} \frac{12}{h^2} & \frac{6}{h} \\ \frac{6}{h} & 4 \end{bmatrix}\begin{bmatrix} u_A \\ \theta_A \end{bmatrix} \text{ 和 } \begin{bmatrix} F_{hB} \\ F_{vB} \end{bmatrix}=\frac{EI}{h}\begin{bmatrix} \frac{12}{h^2} & \frac{6}{hl} \\ \frac{6}{hl} & \frac{4}{l^2} \end{bmatrix}\begin{bmatrix} u_B \\ V_B \end{bmatrix} \quad \text{(E5-3-1a、b)}$$

第二组自由度的质量和刚度矩阵为：

$$\boldsymbol{m}=\begin{bmatrix} m & 0 \\ 0 & m \end{bmatrix} \quad \boldsymbol{k}=\frac{EI}{h}\begin{bmatrix} \frac{12}{h^2} & \frac{6}{hl} \\ \frac{6}{hl} & \frac{4}{l^2} \end{bmatrix} \quad \text{(E5-3-2a、b)}$$

为简单起见，假设 $l=h$，由 $\det(\boldsymbol{k}-\omega_n^2\boldsymbol{m})=0$，可得：

$$m^2\lambda_n^2-\frac{16EI}{h^3}m\lambda_n+\frac{12(EI)^2}{h^6} \quad \text{(E5-3-3)}$$

式（E5-3-3）中，$\lambda_n=\omega_n^2$。求解二次方程式（E5-3-3）的两个根，可得：

$$\lambda_1\equiv\omega_1=0.789\left(\frac{EI}{mh^3}\right) \text{ 且 } \lambda_2\equiv\omega_2=15.211\left(\frac{EI}{mh^3}\right)$$

将 ω_1^2 和 ω_2^2 代入式（5-21a、b）并求解齐次线性方程组，可得特征向量分别为：

$$n=1: \phi_{11}=1, \phi_{12}=-1.869$$

$$n=2: \phi_{21}=1, \phi_{22}=0.535$$

各阶振型如下图所示。

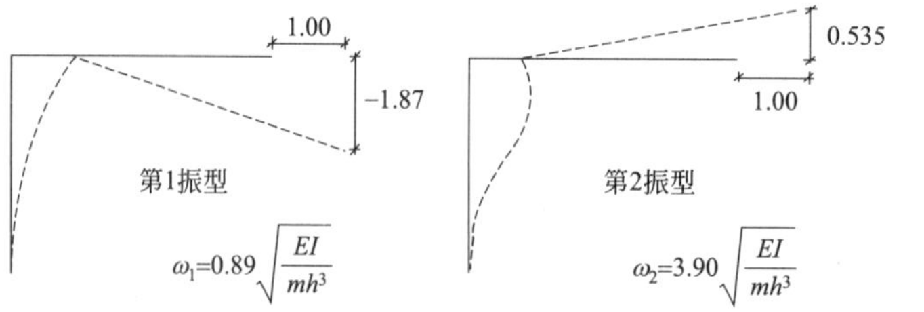

5.5.2 振型向量归一化

令$\boldsymbol{\Phi}_n^{\mathrm{T}}\boldsymbol{m}\,\boldsymbol{\Phi}_n=M_n$。其中，$M_n$ 为第 n 阶振型质量。将等式两边除以 M_n，得：

$$\frac{1}{\sqrt{M_n}}\boldsymbol{\Phi}_n^{\mathrm{T}}\boldsymbol{m}\,\frac{1}{\sqrt{\boldsymbol{M}_n}}\boldsymbol{\Phi}_n=1 \tag{5-23}$$

依据振型质量 M_n 可获得归一化的振型向量（$\boldsymbol{\phi}_n/\sqrt{M_n}$），这将大大减少计算量，因此在数值计算中比较实用。在地震工程中，大多数的计算软件都是直接计算质量归一化的振型向量。

例 5-4 根据例 5-2，计算质量归一化的振型向量：

解：

$$M_1=\{1.0 \quad 1.618\}\begin{bmatrix} m & 0 \\ 0 & m \end{bmatrix}\begin{Bmatrix} 1.0 \\ 1.618 \end{Bmatrix}=3.618m$$

$$M_2=\{1.0 \quad -0.618\}\begin{bmatrix} m & 0 \\ 0 & m \end{bmatrix}\begin{Bmatrix} 1.0 \\ -0.618 \end{Bmatrix}=1.382m$$

由于 m 取值的任意性，两个 M_n 项中的质量 m 均可忽略。因此：

$$\boldsymbol{\Phi}_1=\frac{1}{\sqrt{3.618}}\begin{Bmatrix} 1.0 \\ 1.618 \end{Bmatrix}=\begin{Bmatrix} 0.526 \\ 0.851 \end{Bmatrix} \text{ 和 } \boldsymbol{\Phi}_2=\frac{1}{\sqrt{1.382}}\begin{Bmatrix} 1.0 \\ -0.618 \end{Bmatrix}=\begin{Bmatrix} 0.851 \\ -0.576 \end{Bmatrix}$$

是归一化振型向量。可以证明，归一化振型向量满足：

$$\boldsymbol{\Phi}_1^{\mathrm{T}}\boldsymbol{m}\boldsymbol{\Phi}_1=1 \text{ 和 } \boldsymbol{\Phi}_2^{\mathrm{T}}\boldsymbol{m}\boldsymbol{\Phi}_2=1$$

因此，对于两个质量归一化的振型向量，满足 $M_n=1$。

5.5.3 振型向量的正交性

考虑第 n 阶和第 m 阶振型分别对应(ω_n^2，$\boldsymbol{\Phi}_n$)和(ω_m^2，$\boldsymbol{\Phi}_m$)，由式（5-21a）可得：

$$\boldsymbol{k}\boldsymbol{\Phi}_n=\omega_n^2\boldsymbol{m}\boldsymbol{\Phi}_n \tag{5-24a}$$

$$\boldsymbol{k}\boldsymbol{\Phi}_m=\omega_m^2\boldsymbol{m}\boldsymbol{\Phi}_m \tag{5-24b}$$

将式（5-24a）和式（5-24b）分别与$\boldsymbol{\Phi}_m^{\mathrm{T}}$ 和$\boldsymbol{\Phi}_n^{\mathrm{T}}$ 相乘，可得：

$$\boldsymbol{\Phi}_m^{\mathrm{T}}\boldsymbol{k}\boldsymbol{\Phi}_n=\omega_n^2\boldsymbol{\Phi}_m^{\mathrm{T}}\boldsymbol{m}\boldsymbol{\Phi}_n \tag{5-25a}$$

$$\boldsymbol{\Phi}_n^{\mathrm{T}}\boldsymbol{k}\boldsymbol{\Phi}_m=\omega_m^2\boldsymbol{\Phi}_n^{\mathrm{T}}\boldsymbol{m}\boldsymbol{\Phi}_m \tag{5-25b}$$

对式（5-25b）左右两端进行转置，根据矩阵对称性，考虑 $\boldsymbol{k}^T=\boldsymbol{k}$ 和 $\boldsymbol{m}^T=\boldsymbol{m}$，有：

$$\boldsymbol{\Phi}_m^{\mathrm{T}}\boldsymbol{k}\boldsymbol{\Phi}_n=\omega_m^2\boldsymbol{\Phi}_m^{\mathrm{T}}\boldsymbol{m}\boldsymbol{\Phi}_n \tag{5-26}$$

最后，将式（5-26）与式（5-25a）相减，得：

$$0=(\omega_n^2-\omega_m^2)\boldsymbol{\Phi}_m^{\mathrm{T}}\boldsymbol{m}\boldsymbol{\Phi}_n \tag{5-27}$$

通常 $\omega_n^2\neq\omega_m^2$，故：

$$\boldsymbol{\Phi}_m^{\mathrm{T}}\boldsymbol{m}\boldsymbol{\Phi}_n=0 \tag{5-28}$$

上式为振型向量关于质量矩阵的正交条件。根据式（5-26），可同时获得关于刚度矩阵的正交条件为：

$$\boldsymbol{\Phi}_m^{\mathrm{T}}\boldsymbol{k}\boldsymbol{\Phi}_n=0 \tag{5-29}$$

因此，振型向量是关于 $\boldsymbol{m}$ 和 $\boldsymbol{k}$ 正交的。

例 5-5　根据例 5-2，验证振型向量关于质量矩阵正交。

解：

$$\boldsymbol{\Phi}_1^{\mathrm{T}}\boldsymbol{k}\boldsymbol{\Phi}_2=\{1.0\quad 1.618\}\begin{bmatrix} m & 0\\ 0 & m\end{bmatrix}\begin{Bmatrix}1.0\\ -0.618\end{Bmatrix}=0$$

对例 5-3，也可验证类似的正交条件。

5.5.4　位移的振型分解

任意的位移矢量 $\boldsymbol{u}$（t）都可表示为正交振型向量 $\boldsymbol{\Phi}_n$ 的线性组合：

$$\boldsymbol{u}(t)=q_1(t)\boldsymbol{\Phi}_1+q_2(t)\boldsymbol{\Phi}_2+\cdots+q_N(t)\boldsymbol{\Phi}_N \tag{5-30}$$

该方程表明 $\boldsymbol{\Phi}_n$（$n=1$，2，…，N）构成了一个 N 维的向量空间。其中，任意向量 $\boldsymbol{u}$ 均可表示为 $\boldsymbol{\Phi}_n$ 的线性组合。在式（5-30）中，$q_n(t)$是振型振幅或振型坐标。

对于一组 $\boldsymbol{\Phi}_n$，我们可以利用振型向量的正交性确定 q_n。将式（5-30）中的所有项都乘以$\boldsymbol{\Phi}_n^{\mathrm{T}}\boldsymbol{m}$，可得：

$$\boldsymbol{\Phi}_n^{\mathrm{T}}\boldsymbol{m}\boldsymbol{u}=q_1(\boldsymbol{\Phi}_n^{\mathrm{T}}\boldsymbol{m}\boldsymbol{\Phi}_1)+\cdots+q_n(\boldsymbol{\Phi}_n^{\mathrm{T}}\boldsymbol{m}\boldsymbol{\Phi}_n)+\cdots+q_N(\boldsymbol{\Phi}_n^{\mathrm{T}}\boldsymbol{m}\boldsymbol{\Phi}_N) \tag{5-31}$$

由于振型关于质量正交，因此除（$\boldsymbol{\Phi}_n^{\mathrm{T}}\boldsymbol{m}\,\boldsymbol{\Phi}_n$）项外，括号中的所有项都为零，则：

$$q_n(t)=\frac{\boldsymbol{\Phi}_n^{\mathrm{T}}\boldsymbol{m}\boldsymbol{u}}{\boldsymbol{\Phi}_n^{\mathrm{T}}\boldsymbol{m}\boldsymbol{\Phi}_n} \tag{5-32}$$

如果振型已经质量归一化，则上式的分母等于 1。

例 5-6 根据例 5-4 获得的振型向量，确定位移 $\boldsymbol{u}=\begin{Bmatrix}1\\1\end{Bmatrix}$ 的振型展开式。

解：

$$q_1=\boldsymbol{\Phi}_1^{\mathrm{T}}\boldsymbol{m}\boldsymbol{u}=\{0.526\quad 0.851\}\begin{bmatrix}1 & 0\\ 0 & 1\end{bmatrix}\begin{Bmatrix}1\\1\end{Bmatrix}=1.377$$

$$q_2=\boldsymbol{\Phi}_2^{\mathrm{T}}\boldsymbol{m}\boldsymbol{u}=0.325$$

代入式（5-30），可得：

$$\boldsymbol{u}=1.377\begin{Bmatrix}0.526\\0.851\end{Bmatrix}+0.325\begin{Bmatrix}0.851\\-0.526\end{Bmatrix}\equiv\begin{Bmatrix}1.0\\1.0\end{Bmatrix}$$

5.6　地震激励下的运动方程求解

重新考虑式（5-6）所示的多自由度体系运动方程：

$$\boldsymbol{m}\ddot{\boldsymbol{u}}+\boldsymbol{c}\dot{\boldsymbol{u}}+\boldsymbol{k}\boldsymbol{u}=-\boldsymbol{m}\boldsymbol{l}\,\ddot{u}_{\mathrm{g}} \tag{5-6}$$

基于式（5-30），可将 $\boldsymbol{u}$ 展开为振型向量的组合形式：

$$\boldsymbol{u}(t)=\sum_{r=1}^{N}\boldsymbol{\Phi}_r q_r(t) \tag{5-33}$$

将式（5-33）中的$\boldsymbol{u}(t)$代入式（5-6），并对时间求导，可得：

$$\sum_r \boldsymbol{m}\boldsymbol{\Phi}_r \ddot{q}_r(t)+\sum_r \boldsymbol{c}\boldsymbol{\Phi}_r \dot{q}_r(t)+\sum_r \boldsymbol{k}\boldsymbol{\Phi}_r q_r(t)=-\boldsymbol{m}\boldsymbol{l}\ddot{u}_{\mathrm{g}} \tag{5-34}$$

将式（5-34）中的各项均乘以$\boldsymbol{\Phi}_n^{\mathrm{T}}$，可得

$$\sum_r \boldsymbol{\Phi}_n^{\mathrm{T}}\boldsymbol{m}\boldsymbol{\Phi}_r \ddot{q}_r+\sum_r \boldsymbol{\Phi}_n^{\mathrm{T}}\boldsymbol{c}\boldsymbol{\Phi}_r \dot{q}_r+\sum_r \boldsymbol{\Phi}_n^{\mathrm{T}}\boldsymbol{k}\boldsymbol{\Phi}_r q_r=-\boldsymbol{\Phi}_n^{\mathrm{T}}\boldsymbol{m}\boldsymbol{l}\ddot{u}_{\mathrm{g}} \tag{5-35}$$

由于振型的正交性，只有 $r=n$ 项非零。理论上，虽然振型的正交性只对 $\boldsymbol{m}$ 和 $\boldsymbol{k}$ 成立，但也可假设振型向量对 $\boldsymbol{c}$ 存在正交性，则：

$$(\boldsymbol{\Phi}_n^{\mathrm{T}}\boldsymbol{m}\boldsymbol{\Phi}_n)\ddot{q}_n+(\boldsymbol{\Phi}_n^{\mathrm{T}}\boldsymbol{c}\boldsymbol{\Phi}_n)\dot{q}_n+(\boldsymbol{\Phi}_n^{\mathrm{T}}\boldsymbol{k}\boldsymbol{\Phi}_n)q_n=-\boldsymbol{\Phi}_n^{\mathrm{T}}\boldsymbol{m}\boldsymbol{l}\ddot{u}_{\mathrm{g}} \tag{5-36}$$

该等式左侧的第一、第二和第三个括号项分别为振型质量 M_n、振型阻尼 C_n 和振型刚度 K_n，右侧的$\boldsymbol{\Phi}_n^{\mathrm{T}}\boldsymbol{m}\boldsymbol{l}$ 称为振型激励系数 L_n，表示如下：

$$M_n=\boldsymbol{\Phi}_n^{\mathrm{T}}\boldsymbol{m}\boldsymbol{\Phi}_n \tag{5-37}$$

$$C_n=\boldsymbol{\Phi}_n^{\mathrm{T}}\boldsymbol{c}\boldsymbol{\Phi}_n \tag{5-38}$$

$$K_n=\boldsymbol{\Phi}_n^{\mathrm{T}}\boldsymbol{k}\boldsymbol{\Phi}_n \tag{5-39}$$

$$L_n=\boldsymbol{\Phi}_n^{\mathrm{T}}\boldsymbol{m}\boldsymbol{l} \tag{5-40}$$

当式（5-36）中括号项替换为式（5-37）～式（5-40）时，可得到简化表达式为：

$$M_n\ddot{q}_n+C_n\dot{q}_n+K_n q_n=-L_n\ddot{u}_{\mathrm{g}} \tag{5-41}$$

将所有项除以 M_n，并引入 3.4.1 节中的振型阻尼比和振型振动频率，可得一个标准化表达式：

$$\ddot{q}_n+2\xi_n\omega_n\dot{q}_n+\omega_n^2 q_n=-\frac{L_n}{M_n}\ddot{u}_{\mathrm{g}} \tag{5-42}$$

式（5-42）对所有的振型有效（$n=1$，2，…，N），在振型坐标系中 q_n 相当于一个单自由度体系。

式（5-36）～式（5-42）描述了振型叠加的过程。式（5-6）中具有 N 阶耦合运动方程组的多自由度体系被式（5-42）中具有 N 个不耦合运动方程的等效单自由度体系所替代。这一处理方法的优点显而易见，因为数值积分中处理耦合刚度和质量矩阵要比分别处理非耦合运动方程的积分困难许多。

回顾一下式（3-6）中基底激励 $\ddot{u}_{\mathrm{g}}$ 作用下单自由度体系的运动方程，类似于上述将式（5-41）归一化为式（5-42）的方法，可将式（3-6）进行归一化，得：

$$\ddot{u}+2\xi_n\omega_n\dot{u}+\omega_n^2 u=-\ddot{u}_{\mathrm{g}} \tag{5-43}$$

式（5-42）和式（5-43）的唯一区别是振型运动方程中的地面激励 $\ddot{u}_{\mathrm{g}}$ 具有常数项 L_n/M_n。因此，第 3 章中地震作用下单自由度体系的求解过程也适用于式（5-42）。

5.6.1 总结：振型叠加过程

将式（5-6）振型叠加过程的求解总结如下：

（1）对式（5-15）进行特征值分析，确定振型参数($\boldsymbol{\Phi}_n$，ω_n)($n=1$，2，…，N)，计算M_n和L_n。

（2）为每一振型n构建式（5-41）或式（5-42）。

（3）用第3章中求解单自由度体系动力响应的方法求解式（5-41）（$\ddot{u}_g$放大L_n/M_n倍），确定$q_n(t)$（$n=1,2,\cdots,N$）。

（4）根据式（5-33）将振型坐标转化为物理坐标。

5.6.2 反应谱分析

上述振型叠加过程中的第3步也可采用反应谱分析这种十分简单的方法进行求解。设$S_d(T,\xi)$为$\ddot{u}_g(t)$的位移谱，则：

$$u_{n,\max}=S_{dn}=S_d(T_n,\xi_n) \tag{5-44}$$

$$q_{n,\max}=\frac{L_n}{M_n}S_{dn}\equiv\frac{L_n}{M_n}\frac{S_{an}}{\omega_n^2} \tag{5-45}$$

$$\ddot{q}_{n,\max}=\frac{L_n}{M_n}S_{an} \tag{5-46}$$

式中

$$S_{an}=\omega_n^2 S_{dn} \tag{5-47}$$

因此，

$$\boldsymbol{u}_{n,\max}=\boldsymbol{\Phi}_n q_{n,\max}\equiv\boldsymbol{\Phi}_n\frac{L_n}{M_n}S_{dn}\equiv\boldsymbol{\Phi}_n\frac{L_n}{M_n}\frac{PS_{an}}{\omega_n^2} \tag{5-48}$$

式中，$\boldsymbol{u}_{n,\max}$是第n阶振型位移向量$\boldsymbol{u}_n$的最大值。由于式（5-48）与时间无关，因此无法直接应用式（5-33）来与最大振型位移结合，以获得结构体系的最大位移分布$\boldsymbol{u}_{\max}$。因为$q_{n,\max}$和相应的$\boldsymbol{u}_{n,\max}$并非同时出现，故有：

$$\boldsymbol{u}_{\max}\leqslant\boldsymbol{u}_{1,\max}+\boldsymbol{u}_{2,\max}+\cdots+\boldsymbol{u}_{N,\max}$$

或

$$\begin{Bmatrix}u_1\\u_2\\\vdots\\u_N\end{Bmatrix}_{\max}\leqslant\begin{Bmatrix}u_{11}\\u_{21}\\\vdots\\u_{N1}\end{Bmatrix}_{\max}+\cdots+\begin{Bmatrix}u_{N1}\\u_{N2}\\\vdots\\u_{NN}\end{Bmatrix}_{\max}$$

5.6.3 振型组合规则

由于振型反应相互独立，反应参数r（位移、转角、内力、弯矩等）的最大振型值r_n出现的时刻互不相同且无同步性。因此，进行统计学组合是获得最大反应组合的必要条件。平方和开方（Square Root of the Sum of Squares，SRSS）规则可较好地获得组合位移分量振型极大值的近似解。

$$u_{1,\max}=(u_{11,\max}^2+u_{21,\max}^2+\cdots+u_{N1,\max}^2)^{1/2} \tag{5-49}$$

或

$$u_{j,\max}=(u_{1j,\max}^2+u_{2j,\max}^2+\cdots+u_{Nj,\max}^2)^{1/2} \tag{5-50}$$

SRSS 规则同样适用于采用各阶振型对应的反应最大值组合，用以估计任一基于力的反应参数（弯矩、剪力、应力等）或基于位移的反应参数（曲率、转角、位移、应变等）的最大值。假设 r 为基于力或基于位移的参数，$r_n(n=1,2,\cdots,N)$为第 n 阶振型反应的最大值，则：

$$r_{\max}\approx(r_{1,\max}^2+r_{2,\max}^2+\cdots+r_{N,\max}^2)^{1/2} \tag{5-51}$$

SRSS 规则假设各阶振型对反应量的贡献完全独立且彼此正交。如果各阶振型的频率相差较大，这种方法可获得较好的结果。然而，若结构的振型频率分布较为接近（通常存在于扭转耦合框架中），SRSS 规则将产生较大的误差。事实上，如果：

$$0.9<\frac{T_i}{T_j}<1.1 \tag{5-52}$$

式中，T_i 和 T_j 分别为第 i 阶振型和第 j 阶振型的周期。在这种情况下，不同振型之间的交叉项将对结构反应产生较大的影响，而 SRSS 规则不能考虑交叉项的影响。

另一种改进的统计组合方法是完全二次组合（CQC）规则。这种规则可以减少 SRSS 规则产生的误差。与 SRSS 规则相比，CQC 规则更加精确的原因在于包含了交叉振型的耦合项：

$$r_{\max}\approx\left[\sum_{n=1}^{N}r_n^2+\sum_{i=1}^{N}\sum_{n=1}^{N}\rho_{in}r_ir_n\right]^{1/2} \quad (i\neq n) \tag{5-53a}$$

根据上述定义，CQC 规则中所有项都有一个交叉振型系数 ρ_{in}。该系数是结构振型阻尼比和振动频率的函数。如果所有振型的阻尼比相等，即 $\xi_n=\xi$，有：

$$\rho_{in}=\frac{\xi^2(1+\beta_{in})^2}{(1-\beta_{in})^2+4\xi^2\beta_{in}},\beta_{in}=\frac{\omega_i}{\omega_n} \tag{5-53b}$$

理论上，若各阶振型完全独立，CQC 规则可退化为 SRSS 规则。然而，现实情况并非如此，不同的振型之间彼此存在一定的关联，交叉振型项的重要性随着振型频率间隔的减小逐渐增大。

5.6.4 等效静态（有效）振型力

每个振型 n 均可定义一个等效的"静态"侧向力向量 $\boldsymbol{f}_n$，当这个力作用于多自由度系统时将产生振型谱位移 $\boldsymbol{u}_{n,\max}$。

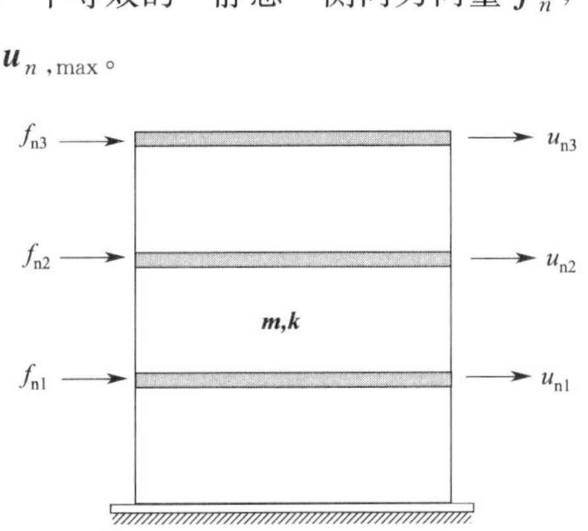

在第 n 阶振型的最大动力反应分析中，根据动力平衡，有：

$$\boldsymbol{f}_n=\boldsymbol{k}\boldsymbol{u}_{n,\max} \tag{5-54}$$

将$\boldsymbol{u}_{n,\max}=\boldsymbol{\Phi}_n q_{n,\max}$ 代入式（5-54），可得

$$\boldsymbol{f}_n=\boldsymbol{k}\boldsymbol{\Phi}_n q_{n,\max}=\boldsymbol{k}\boldsymbol{u}_{n,\max} \tag{5-55}$$

振型 n 对应的等效侧向力 $\boldsymbol{f}_n$ 可用更简单的形式进行表示，首先将自由振动表达式（5-21）写为：

$$\boldsymbol{k}\boldsymbol{\Phi}_n=\omega_n^2\boldsymbol{m}\boldsymbol{\Phi}_n \tag{5-56}$$

将等式两边乘以 $q_{n,\max}$，得：

$$\boldsymbol{k}\boldsymbol{\Phi}_n q_{n,\max}=\omega_n^2\boldsymbol{m}\boldsymbol{\Phi}_n q_{n,\max} \tag{5-57}$$

将式（5-57）的左边项替换为式（5-55）的中间项，可得：

$$\boldsymbol{f}_n=\omega_n^2\boldsymbol{m}\boldsymbol{\Phi}_n q_{n,\max} \tag{5-58}$$

由于对角矩阵 $\boldsymbol{m}$ 比具有非对角项的带状矩阵 $\boldsymbol{k}$ 更易处理，因此式（5-58）更为实用。在此基础上，将式（5-45）的 $q_{n,\max}$ 代入式（5-58），得

$$\boldsymbol{f}_n=\omega_n^2\boldsymbol{m}\boldsymbol{\Phi}_n\left[\frac{L_n}{M_n}\frac{S_{an}}{\omega_n^2}\right] \tag{5-59}$$

整理式（5-59），可得谱表示的振型力向量简化表达式为：

$$\boldsymbol{f}_n=\frac{L_n}{M_n}(\boldsymbol{m}\boldsymbol{\Phi}_n)S_{an} \tag{5-60}$$

框架结构底部的总剪力 V_{bn}（振型基底剪力）等于$\boldsymbol{1}^{\mathrm{T}}\boldsymbol{f}_n$。其中，$\boldsymbol{1}$ 是单位向量。

$$V_{bn}=\boldsymbol{1}^{\mathrm{T}}\boldsymbol{f}_n=\frac{L_n}{M_n}(\boldsymbol{1}^{\mathrm{T}}\boldsymbol{m}\boldsymbol{\Phi}_n)S_{an}\equiv\frac{L_n}{M_n}(\boldsymbol{\Phi}_n^{\mathrm{T}}\boldsymbol{m}\boldsymbol{1})S_{an} \tag{5-61}$$

因此

$$V_{bn}=\frac{L_n^2}{M_n}S_{an}\equiv M_n^*S_{an} \tag{5-62}$$

式中，$M_n^*=L_n^2/M_n$ 为有效振型质量。根据上述定义，地震基底激励作用下各阶振型的加速度谱反应可用等效单自由度体系来表示，如图 5-7 所示。

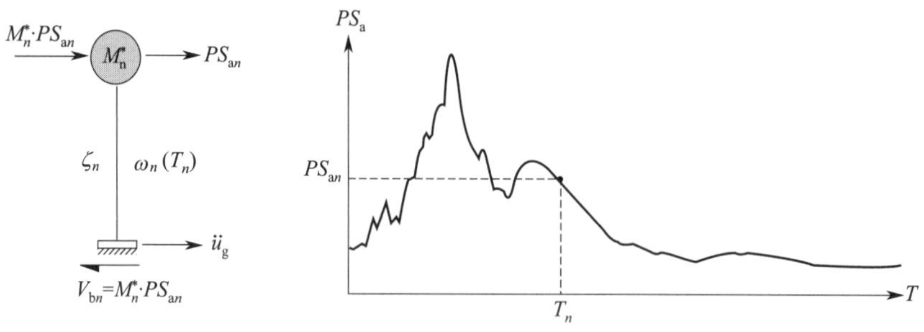

图 5-7 第 n 阶振型对应的单自由度谱反应

有效振型质量一个重要的应用价值是所有振型的有效振型质量之和等于建筑系统的总质量，即：

$$\sum_{n}^{\text{振型总数}} M_n^*=\sum_{i}^{\text{楼层总数}} m_i \tag{5-63}$$

上述表达式对于剪切框架是准确的，对于实际建筑框架也是非常准确的。有效振型质量可以直接由质量矩阵和第 n 阶振型向量计算获得：

$$M_n^* = \frac{(\boldsymbol{\Phi}_n^{\mathrm{T}} \boldsymbol{ml})^2}{\boldsymbol{\Phi}_n^{\mathrm{T}} \boldsymbol{m} \boldsymbol{\Phi}_n} \tag{5-64}$$

例 5-7 考虑图 5-8(a) 所示的 2 层框架。框架构件的刚度矩阵如图 5-8(b) 所示。

(1) 确定体系的刚度矩阵。

(2) 应用静力凝聚法，计算简化的二自由度体系的刚度矩阵。图 5-8(c) 给出了 2×2 矩阵的逆矩阵计算方法。

(3) 计算简化体系的特征值和特征向量（以 EI、L 和 m 表示）。

(4) 若 $\frac{EI}{mL^3}=116\,\frac{r}{s^2}$，在给定反应谱下，以 mgL 为单位计算每个振型的弯矩图。

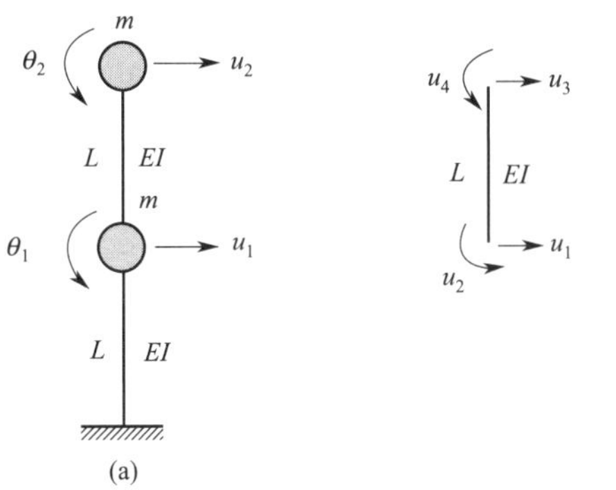

$$\boldsymbol{k} = \frac{EI}{L^3}\begin{bmatrix} 12 & -6L & -12 & -6L \\ -6L & 4L^2 & 6L & 2L^2 \\ -12 & 6L & 12 & 6L \\ -6L & 2L^2 & 6L & 4L^2 \end{bmatrix}$$

(b)

$$\mathbf{A} = \begin{bmatrix} a & b \\ b & c \end{bmatrix}$$

$$\mathbf{A}^{-1} = \frac{1}{(ac-b^2)}\begin{bmatrix} c & -b \\ -b & a \end{bmatrix}$$

(c)

图 5-8 2 层框架

解：

(1) 刚度矩阵

第一层柱的整体刚度：

$$\boldsymbol{k} = \frac{EI}{L^3}\begin{bmatrix} 12 & 6L \\ 6L & 4L^2 \end{bmatrix}, \quad \boldsymbol{u} = \begin{Bmatrix} u_1 \\ \theta_1 \end{Bmatrix}$$

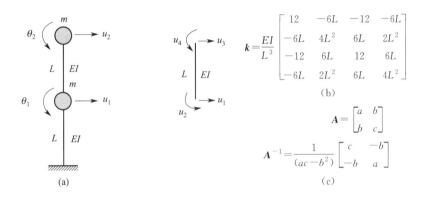

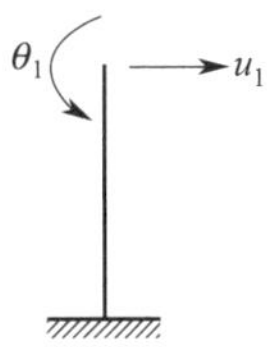

第二层柱的整体刚度：

$$\boldsymbol{k} = \frac{EI}{L^3}\begin{bmatrix} 12 & -6L & -12 & -6L \\ -6L & 4L^2 & 6L & 2L^2 \\ -12 & 6L & 12 & 6L \\ -6L & 2L^2 & 6L & 4L^2 \end{bmatrix}, \quad \boldsymbol{u} = \begin{Bmatrix} u_1 \\ \theta_1 \\ u_2 \\ \theta_2 \end{Bmatrix}$$

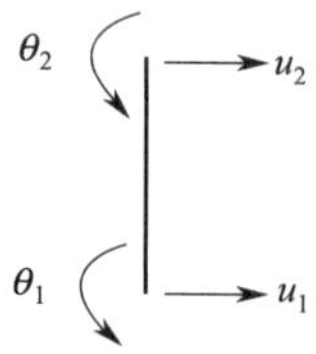

将上面两个矩阵变换为整体自由度，有：

$$\boldsymbol{k}_{\text{sys}}=\frac{EI}{L^3}\begin{bmatrix}24 & 0 & -12 & -6L\\0 & 8L^2 & 6L & 2L^2\\-12 & 6L & 12 & 6L\\-6L & 2L^2 & 6L & 4L^2\end{bmatrix},\ \boldsymbol{u}=\begin{Bmatrix}u_1\\\theta_1\\u_2\\\theta_2\end{Bmatrix}$$

采用静力凝聚方法分离动力自由度（u_1 和 u_2）和静力自由度（θ_1 和 θ_2），因此调整 $\boldsymbol{k}_{\text{sys}}$ 中的第二行和第三行以及第二列和第三列，得到：

$$\boldsymbol{k}_{\text{sys}}=\frac{EI}{L^3}\begin{bmatrix}24 & -12 & 0 & -6L\\-12 & 12 & 6L & 6L\\0 & 6L & 8L^2 & 2L^2\\-6L & 6L & 2L^2 & 4L^2\end{bmatrix},\ \boldsymbol{u}=\begin{Bmatrix}u_1\\u_2\\\theta_1\\\theta_2\end{Bmatrix}$$

（2）静力凝聚

$$\boldsymbol{k}_{\text{sys}}=\begin{bmatrix}\boldsymbol{k}_{\text{dd}} & \boldsymbol{k}_{\text{ds}}\\\boldsymbol{k}_{\text{sd}} & \boldsymbol{k}_{\text{ss}}\end{bmatrix} \text{和}\ \boldsymbol{k}_{\text{d}}=(\boldsymbol{k}_{\text{dd}}-\boldsymbol{k}_{\text{ds}}\boldsymbol{k}_{\text{ss}}^{-1}\boldsymbol{k}_{\text{sd}})$$

式中，$\boldsymbol{k}_{\text{ss}}=\frac{EI}{L^3}\begin{bmatrix}8L^2 & 2L^2\\2L^2 & 4L^2\end{bmatrix}=\frac{2EI}{L}\begin{bmatrix}4 & 1\\1 & 2\end{bmatrix}$

由图 5-8(c) 可知，$(ac-b^2)=8-1=7$，$\boldsymbol{k}_{\text{ss}}^{-1}=\frac{L}{14EI}\begin{bmatrix}2 & -1\\-1 & 4\end{bmatrix}$。由上式可得，凝聚后的刚度矩阵为：

$$\boldsymbol{k}_{\text{d}}=\frac{EI}{L^3}\begin{bmatrix}24 & -12\\-12 & 12\end{bmatrix}-\left(\frac{EI}{L^3}\right)^2\times\frac{L}{14EI}\begin{bmatrix}0 & -6L\\6L & 6L\end{bmatrix}\begin{bmatrix}2 & -1\\-1 & 4\end{bmatrix}\begin{bmatrix}0 & 6L\\-6L & 6L\end{bmatrix}$$

或

$$\boldsymbol{k}_{\text{d}}=\frac{EI}{L^3}\begin{bmatrix}24 & -12\\-12 & 12\end{bmatrix}-\frac{EI}{7L^3}\begin{bmatrix}72 & -54\\-54 & 72\end{bmatrix}=\frac{EI}{7L^3}\begin{bmatrix}96 & -30\\-30 & 12\end{bmatrix}$$

（3）特征值分析

$$(\boldsymbol{k}_{\text{d}}-\omega_n^2\boldsymbol{m})=\boldsymbol{0}\quad \boldsymbol{m}=\boldsymbol{m}\begin{bmatrix}1 & 0\\0 & 1\end{bmatrix}$$

$$\frac{EI}{7L^3}\begin{bmatrix}96 & -30\\-30 & 12\end{bmatrix}-\omega_n^2 m\begin{bmatrix}1 & 0\\0 & 1\end{bmatrix}=\begin{Bmatrix}0\\0\end{Bmatrix}$$

或

$$\begin{bmatrix} \dfrac{96EI}{7L^3}-\omega_n^2 m & \dfrac{-30EI}{7L^3} \\ \dfrac{-30EI}{7L^3} & \dfrac{12EI}{7L^3}-\omega_n^2 m \end{bmatrix} = \begin{Bmatrix} 0 \\ 0 \end{Bmatrix}$$

由上式行列式为 0，可得：

$$\left(\frac{96EI}{7L^3}-\omega_n^2 m\right)\left(\frac{12EI}{7L^3}-\omega_n^2 m\right)-\left(\frac{30EI}{7L^3}\right)^2=0$$

将上式整理，获得：

$$1152\left(\frac{EI}{7L^3}\right)^2-\omega_n^2 m\left(108\,\frac{EI}{7L^3}\right)+\left(\omega_n^2 m\right)^2-900\left(\frac{EI}{7L^3}\right)^2=0$$

设 $\omega_n^2 m=\lambda_n$ 和 $\dfrac{EI}{7L^3}=a$，代入上式并求解二次方程，得：

$$\lambda_{1,2}=\frac{108a\mp\sqrt{10656a^2}}{2}；\ \lambda_1=2.386a=\omega_1^2 m；\ \lambda_2=105.614a=\omega_2^2 m$$

因此

$$\omega_1^2=0.341\,\frac{EI}{mL^3}；\ \omega_2^2=15.088\,\frac{EI}{mL^3}$$

那么

$$\omega_1=0.584\sqrt{\frac{EI}{mL^3}}；\ \omega_2=3.884\sqrt{\frac{EI}{mL^3}}$$

1 阶振型向量：

$$\frac{EI}{7L^3}\begin{bmatrix} 93.614 & -30 \\ -30 & 9.614 \end{bmatrix}\begin{Bmatrix} \phi_{11} \\ \phi_{12} \end{Bmatrix}=\mathbf{0}$$

$$93.614\phi_{11}-30\phi_{12}=0$$

令 $\phi_{11}=1.0$，则 $\phi_{12}=\dfrac{93.614}{30}=3.12$。因此：

$$\boldsymbol{\Phi}_1=\begin{Bmatrix} 1.00 \\ 3.12 \end{Bmatrix}$$

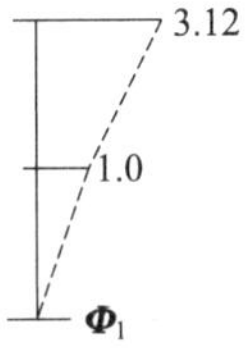

2 阶振型向量：

$$\frac{EI}{7L^3}\begin{bmatrix} -9.614 & -30 \\ -30 & -93.614 \end{bmatrix}\begin{Bmatrix} \phi_{21} \\ \phi_{22} \end{Bmatrix}=\mathbf{0}$$

$$-9.614\phi_{21}-30\phi_{22}=0$$

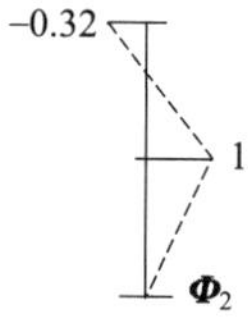

令 $\phi_{21}=1.0$，则 $\phi_{22}=-0.32$。因此：

$$\boldsymbol{\Phi}_2=\begin{Bmatrix}1.00\\-0.32\end{Bmatrix}$$

（4）弯矩图

当 $\frac{EI}{mL^3}=116\frac{r}{s^2}$，$T_1=1.0\text{s}$ 和 $T_2=0.15\text{s}$ 时，两种振型对应的谱加速度可由下面给出的加速度反应谱获得：

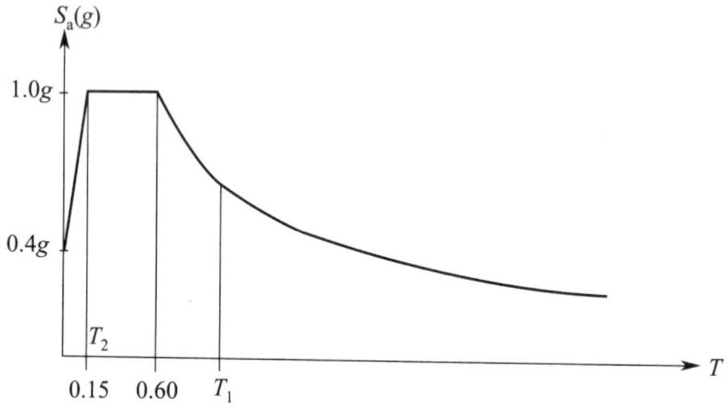

$$S_{a1}=0.665g=6.52\text{m/s}^2,\ S_{a2}=1.0g=9.81\text{m/s}^2$$

振型力向量可表示为：

$$\boldsymbol{f}_n=\frac{L_n}{M_n}(\boldsymbol{m}\boldsymbol{\Phi}_n)S_{an}$$

式中

$$L_1=\boldsymbol{\Phi}_1^{\mathrm{T}}\boldsymbol{ml}=4.12m；L_2=0.68m$$
$$M_1=10.73m,\ M_2=1.102m$$

因此

$$\frac{L_1}{M_1}=0.384,\ \frac{L_2}{M_2}=0.617$$

振型力向量为：

$$\boldsymbol{f}_1=0.384m\begin{Bmatrix}1.00\\3.12\end{Bmatrix}\times0.665g=mg\begin{Bmatrix}0.255\\0.797\end{Bmatrix}$$
$$\boldsymbol{f}_2=0.617m\begin{Bmatrix}1.00\\-0.32\end{Bmatrix}\times1.0g=mg\begin{Bmatrix}0.617\\-0.197\end{Bmatrix}$$

由于结构为静定体系，可直接计算获得弯矩分布为：

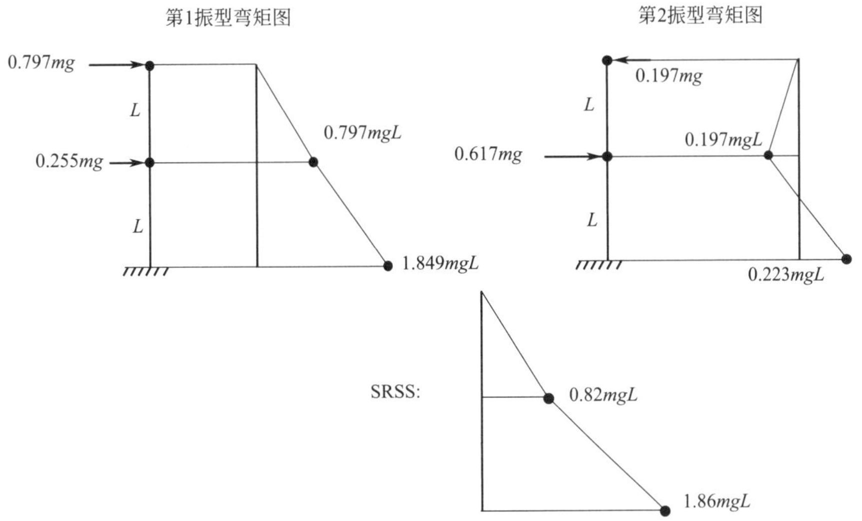

例 5-8　如图 5-9(a) 所示的 3 层剪切框架受图 5-9(b) 所示的加速度反应谱作用，试计算结构的最大位移分布。其特征值分析结果如下：

$k=140000\text{kN/m}$；$m=175000\text{kg}$；k 为两根柱的总侧向刚度。

$$\boldsymbol{\Phi}_1=\begin{Bmatrix}0.314\\0.686\\1.00\end{Bmatrix},\ \boldsymbol{\Phi}_2=\begin{Bmatrix}-0.50\\-0.50\\1.00\end{Bmatrix},\ \boldsymbol{\Phi}_3=\begin{Bmatrix}1.00\\-0.686\\0.313\end{Bmatrix}$$

$$\omega_1=15.84\text{r/s},\ \omega_2=34.64\text{r/s},\ \omega_3=50.50\text{r/s}$$

$$T_1=0.40\text{s},\ T_2=0.18\text{s},\ T_3=0.125\text{s}$$

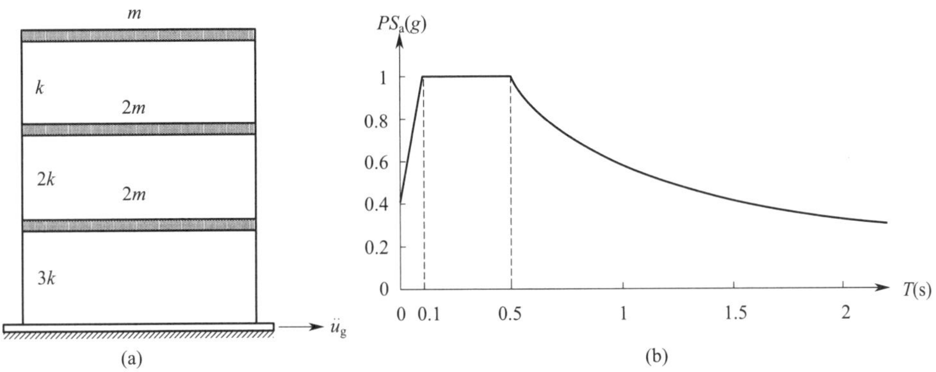

图 5-9　3 层剪切框架结构

解：首先，基于反应谱确定振型对应周期的谱加速度值为：

$$S_{a1}=S_{a2}=S_{a3}=1.0g$$

然后，计算振型质量和振型激励因子：

$$M_1=\boldsymbol{\Phi}_1^{\mathrm{T}}\boldsymbol{m}\boldsymbol{\Phi}_1=374700\mathrm{kg},\ M_2=350000\mathrm{kg},\ M_3=531000\mathrm{kg}$$

$$L_1=\boldsymbol{\Phi}_1^{\mathrm{T}}\boldsymbol{m}\boldsymbol{l}=525350\mathrm{kg},\ L_2=-175000\mathrm{kg},\ L_3=165550\mathrm{kg}$$

$$\frac{L_1}{M_1}=1.40,\ \frac{L_2}{M_2}=-0.50,\ \frac{L_3}{M_3}=0.31$$

设 $q_{n,\max}=q_n$，由式(5-45) 计算 q_n，并由式(5-48) 计算振型的最大位移：

$$q_1=\frac{L_1}{M_1}\frac{S_{a1}}{\omega_1^2}=5.47\mathrm{cm},\ q_2=-0.41\mathrm{cm},\ q_3=0.12\mathrm{cm}$$

$$\boldsymbol{u}_1=\boldsymbol{\Phi}_1q_1=\begin{Bmatrix}1.72\\3.76\\5.47\end{Bmatrix}_{\mathrm{cm}},\ \boldsymbol{u}_2=\begin{Bmatrix}-0.20\\-0.20\\0.41\end{Bmatrix}_{\mathrm{cm}},\ \boldsymbol{u}_3=\begin{Bmatrix}0.12\\-0.10\\0.04\end{Bmatrix}_{\mathrm{cm}}$$

最后，采用 SRSS 规则组合振型谱位移，得到结构的最大层位移分布：

$$\boldsymbol{u}=\begin{Bmatrix}\sqrt{1.72^2+(-0.20)^2+(0.12)^2}=1.74\\\sqrt{3.76^2+(-0.20)^2+(-0.10)^2}=3.77\\\sqrt{5.47^2+0.41^2+0.04^2}=5.50\end{Bmatrix}_{\mathrm{cm}}$$

注意：$\boldsymbol{u}\approx\boldsymbol{u}_1$，即第一阶振型位移控制总的位移分布，特别地：

$$u_{\mathrm{roof}}\approx\sqrt{5.47^2+0.41^2+0.04^2}=5.50\mathrm{cm}$$

例 5-9 图 5-10(a) 给出了一个两层一跨六自由度的框架结构。所有结构构件的长度为 L，惯性矩为 I，弹性模量为 E。框架梁上施加有均布垂直重力荷载 q。计算重力和地震作用下柱 AC 和梁 CD 的设计弯矩和剪力。设计地震动由图 5-10(b) 的简化设计谱定义，同时忽略所有框架构件的轴向变形。

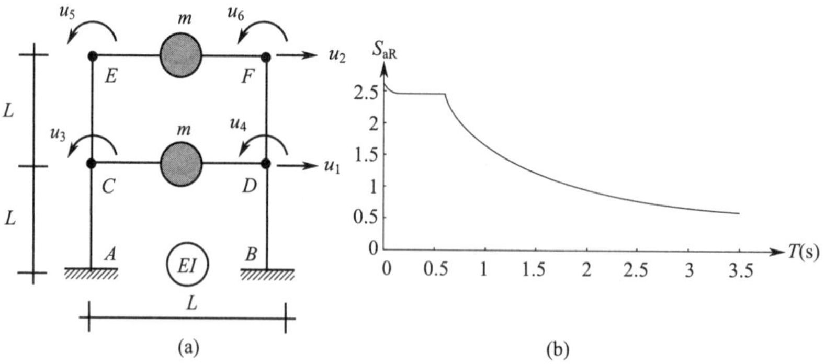

图 5-10 (a) 框架结构；(b) 简化设计谱

解： 将前面总结的过程用于该问题的求解：

(1) 静力凝聚

图 5-10(a) 中的六自由度体系可简化为一个二自由度动力体系，用于特征值分析和振

型叠加分析。未简化的六自由度体系的位移矢量 $\boldsymbol{u}$ 和简化（凝聚）的二自由度体系的位移矢量 $\boldsymbol{u}_{\mathrm{d}}$ 如下所示。其中，凝聚后的体系自由度为沿楼层的侧向自由度。该方向上定义有楼层质量，且具有惯性力。

$$\boldsymbol{u}=\begin{Bmatrix} u_1 \\ u_2 \\ u_3 \\ u_4 \\ u_5 \\ u_6 \end{Bmatrix},\ \boldsymbol{u}_{\mathrm{d}}=\begin{Bmatrix} u_1 \\ u_2 \end{Bmatrix} \tag{E5-9-1}$$

该六自由度体系的刚度矩阵为：

$$\boldsymbol{k}_{\mathrm{sys}}=\frac{EI}{L^3}\begin{bmatrix} 48 & -24 & 0 & 0 & -6L & -6L \\ -24 & 24 & 6L & 6L & 6L & 6L \\ 0 & 6L & 12L^2 & 2L^2 & 2L^2 & 0 \\ 0 & 6L & 2L^2 & 12L^2 & 0 & 2L^2 \\ -6L & -6L & 2L^2 & 0 & 8L^2 & 12L^2 \\ -6L & 6L & 0 & 2L^2 & 2L^2 & 8L^2 \end{bmatrix} \tag{E5-9-2}$$

$\boldsymbol{k}_{\mathrm{sys}}$ 可被分割为：

$$\boldsymbol{k}_{\mathrm{sys}}=\begin{bmatrix} \boldsymbol{k}_{\mathrm{dd}} & \boldsymbol{k}_{\mathrm{ds}} \\ \boldsymbol{k}_{\mathrm{sd}} & \boldsymbol{k}_{\mathrm{ss}} \end{bmatrix}$$

式中，凝聚刚度矩阵 $\boldsymbol{k}_{\mathrm{d}}$ 可表示为：

$$\boldsymbol{k}_{\mathrm{d}}=\boldsymbol{k}_{\mathrm{dd}}-\boldsymbol{k}_{\mathrm{sd}}^{\mathrm{T}}\boldsymbol{k}_{\mathrm{ss}}^{-1}\boldsymbol{k}_{\mathrm{ds}}$$

因此：

$$\boldsymbol{k}_{\mathrm{d}}=\frac{EI}{17L^3}\begin{bmatrix} 690 & -300 \\ -300 & 228 \end{bmatrix}$$

类似地，凝聚后的二自由度体系的质量矩阵为：

$$\boldsymbol{m}=\begin{bmatrix} m & 0 \\ 0 & m \end{bmatrix}$$

（2）特征值分析

为了确定系统的特征值和特征向量，需要求解方程 $\det(\boldsymbol{k}_{\mathrm{d}}-\omega^2\boldsymbol{m})=0$。设定框架结构的几个基本参数为：

$EI=660\mathrm{kN\cdot m^2}$，$L=2\mathrm{m}$，$m=10\mathrm{t}$，则特征值为：

$\omega_1^2=39.00(\mathrm{rad/s})^2$，$\omega_2^2=406.50(\mathrm{rad/s})^2$，$T_1=1.00\mathrm{s}$，$T_2=0.31\mathrm{s}$。

通过求解方程$(\boldsymbol{k}_{\mathrm{d}}-\omega^2\boldsymbol{m})_{\boldsymbol{\phi}_n}=\boldsymbol{0}$，可确定振型为：

$$\boldsymbol{\Phi}_1=\begin{Bmatrix}0.49\\1.00\end{Bmatrix},\ \boldsymbol{\Phi}_2=\begin{Bmatrix}-2.03\\1.00\end{Bmatrix} \tag{E5-9-3}$$

（3）谱加速度

根据图 5-10(b）的简化设计谱，计算各振型周期对应的谱加速度值如下：

1 阶振型：$T_1=1.00\mathrm{s}$，$S_{\mathrm{aR},1}=1.63\mathrm{m/s^2}$

2 阶振型：$T_2=0.31\mathrm{s}$，$S_{\mathrm{aR},2}=2.45\mathrm{m/s^2}$

（4）振型力向量

$$\boldsymbol{f}_n=\frac{L_n}{M_n}(\boldsymbol{m}\boldsymbol{\Phi}_n)S_{\mathrm{aR},n}$$

其中，

$$\boldsymbol{L}_n=\boldsymbol{\Phi}_n^{\mathrm{T}}\boldsymbol{ml};\ M_n=\boldsymbol{\Phi}_n^{\mathrm{T}}\boldsymbol{m}\boldsymbol{\Phi}_n,\ \boldsymbol{l}=\begin{Bmatrix}1\\1\end{Bmatrix}$$

将 $\boldsymbol{\Phi}_n$、$\boldsymbol{m}$ 和 $\boldsymbol{l}$ 代入上述表达式中，可得：

$$L_1=14.92\mathrm{t},\ L_2=-10.32\mathrm{t},\ M_1=12.42\mathrm{t},\ M_2=51.29\mathrm{t},$$

$$\boldsymbol{f}_1=\begin{Bmatrix}9.63\\19.58\end{Bmatrix}\mathrm{kN},\ \boldsymbol{f}_2=\begin{Bmatrix}10.03\\-4.93\end{Bmatrix}\mathrm{kN} \tag{E5-9-4}$$

（5）地震反应分析（振型叠加法）

针对图 5-10(a）中定义的自由度，首先采用未凝聚（原始）的六自由度体系表示凝聚后的二自由度体系的振型力矢量：

$$\boldsymbol{f}_1'=\begin{Bmatrix}9.63\\19.58\\0\\0\\0\\0\end{Bmatrix}\mathrm{kN},\ \boldsymbol{f}_2'=\begin{Bmatrix}10.03\\-4.93\\0\\0\\0\\0\end{Bmatrix}\mathrm{kN} \tag{E5-9-5}$$

求解 $\boldsymbol{f}_n'=\boldsymbol{k}_{\mathrm{sys}}\times\boldsymbol{u}_n$，可获得振型的位移向量。其中，$\boldsymbol{k}_{\mathrm{sys}}$ 是式(E5-9-2）中 6×6 的整体刚度矩阵。对于 $n=1$ 和 $n=2$，得：

$$\boldsymbol{u}_1=\begin{Bmatrix}0.0247\\0.0502\\-0.0099\\-0.0099\\-0.0057\\-0.0057\end{Bmatrix},\ \boldsymbol{u}_2=\begin{Bmatrix}0.0025\\-0.0012\\0.0001\\0.0001\\0.0011\\0.0011\end{Bmatrix}$$

上面的单位为米和弧度。

（6）杆件 AC 中的地震作用

基于杆件的平衡方程，计算杆件力为：

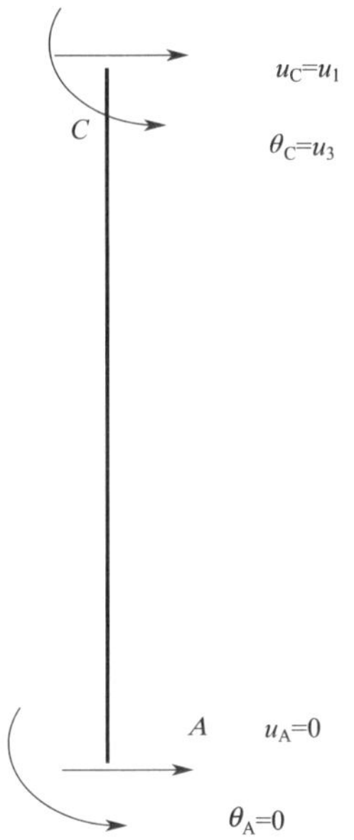

$$\boldsymbol{f}_{AC,n}=\boldsymbol{k}_{AC}\cdot\boldsymbol{u}_{AC,n}$$

$$\boldsymbol{k}_{AC}=\frac{EI}{L^3}\begin{bmatrix}12 & -6L & -12 & -6L\\ -6L & 4L^2 & 6L & 2L^2\\ -12 & 6L & 12 & 6L\\ -6L & 2L^2 & 6L & 4L^2\end{bmatrix},\ \boldsymbol{u}_{AC}=\begin{Bmatrix}u_A\\ \theta_A\\ u_C\\ \theta_C\end{Bmatrix}=\begin{Bmatrix}0\\ 0\\ u_1\\ u_3\end{Bmatrix}$$

振型 1：

$$\boldsymbol{f}_{AC,1}=\begin{Bmatrix}V_A\\ M_A\\ V_C\\ M_C\end{Bmatrix}=\boldsymbol{k}_{AC}\begin{Bmatrix}0\\ 0\\ u_1\\ u_3\end{Bmatrix}=\boldsymbol{k}_{AC}\begin{Bmatrix}0\\ 0\\ 0.0247\\ -0.0099\end{Bmatrix}=\begin{Bmatrix}-14.61\\ 17.89\\ 14.61\\ 11.32\end{Bmatrix}\text{kN，kN}\cdot\text{m}$$

振型 2：

$$\boldsymbol{f}_{AC,2}=\begin{Bmatrix}V_A\\ M_A\\ V_C\\ M_C\end{Bmatrix}=\boldsymbol{k}_{AC}\begin{Bmatrix}0\\ 0\\ u_1\\ u_3\end{Bmatrix}=\boldsymbol{k}_{AC}\begin{Bmatrix}0\\ 0\\ 0.0025\\ 0.0001\end{Bmatrix}=\begin{Bmatrix}-2.55\\ 2.51\\ 2.55\\ 2.58\end{Bmatrix}\text{kN，kN}\cdot\text{m}$$

（7）杆件 AC 的地震弯矩图

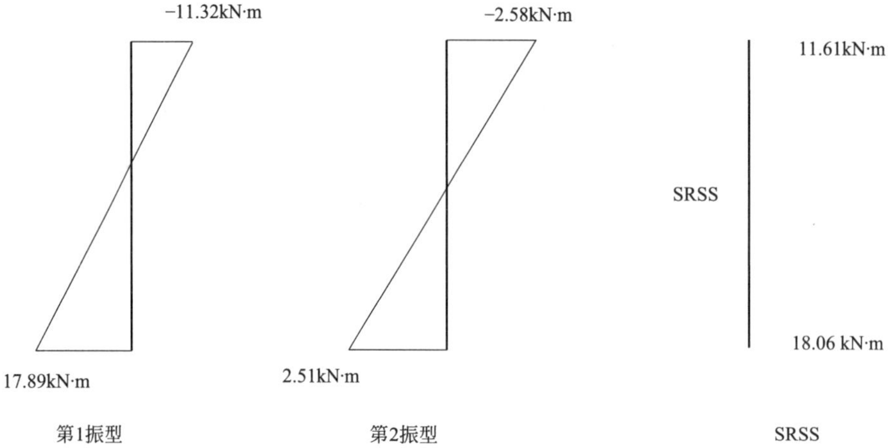

$$M_{\mathrm{AC,bot}}=(17.89^2+2.51^2)^{1/2}=18.06\mathrm{kN\cdot m}$$

$$M_{\mathrm{AC,top}}=(11.32+2.58^2)^{1/2}=11.61\mathrm{kN\cdot m}$$

（8）杆件 CD 的地震作用

基于杆件的平衡方程，计算杆件力为：

$$\boldsymbol{f}_{\mathrm{CD},n}=\boldsymbol{k}_{\mathrm{CD}}\cdot\boldsymbol{u}_{\mathrm{CD},n}$$

$$\boldsymbol{k}_{\mathrm{CD}}=\frac{EI}{L^3}\begin{bmatrix}12 & 6L & -12 & 6L\\ 6L & 4L^2 & -6L & 2L^2\\ -12 & -6L & 12 & -6L\\ 6L & 2L^2 & -6L & 4L^2\end{bmatrix},\quad \boldsymbol{u}_{\mathrm{CD}}=\begin{Bmatrix}u_{\mathrm{C}}\\ \theta_{\mathrm{C}}\\ u_{\mathrm{D}}\\ \theta_{\mathrm{D}}\end{Bmatrix}=\begin{Bmatrix}0\\ u_3\\ 0\\ u_4\end{Bmatrix}$$

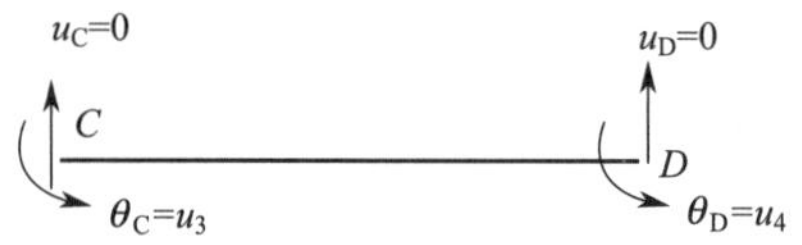

振型 1：

$$\boldsymbol{f}_{\mathrm{CD},1}=\begin{Bmatrix}V_{\mathrm{C}}\\ M_{\mathrm{C}}\\ V_{\mathrm{D}}\\ M_{\mathrm{D}}\end{Bmatrix}=\boldsymbol{k}_{\mathrm{CD}}\begin{Bmatrix}0\\ u_3\\ 0\\ u_4\end{Bmatrix}=\boldsymbol{k}_{\mathrm{CD}}\begin{Bmatrix}0\\ -0.0099\\ 0\\ -0.0099\end{Bmatrix}=\begin{Bmatrix}-19.70\\ -19.70\\ 19.70\\ -19.70\end{Bmatrix}\mathrm{kN,\ kN\cdot m}$$

振型 2：

$$\boldsymbol{f}_{\mathrm{CD},2}=\begin{Bmatrix}V_{\mathrm{A}}\\ M_{\mathrm{A}}\\ V_{\mathrm{C}}\\ M_{\mathrm{C}}\end{Bmatrix}=\boldsymbol{k}_{\mathrm{CD}}\begin{Bmatrix}0\\ 0\\ u_1\\ u_3\end{Bmatrix}=\boldsymbol{k}_{\mathrm{CD}}\begin{Bmatrix}0\\ 0.0001\\ 0\\ 0.0001\end{Bmatrix}=\begin{Bmatrix}0.21\\ 0.21\\ -0.21\\ 0.21\end{Bmatrix}\mathrm{kN,\ kN\cdot m}$$

（9）杆件 CD 的地震弯矩图

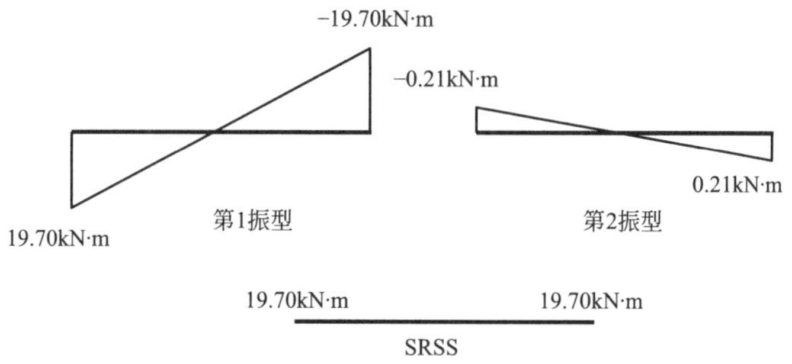

$$M_{CD,l}=(19.70^2+0.21^2)^{1/2}=19.71\text{kN}\cdot\text{m}$$

$$M_{CD,r}=(19.70^2+0.21^2)^{1/2}=19.71\text{kN}\cdot\text{m}$$

（10）重力荷载分析

与楼层质量 10t 一致，设 $q=50\text{kN}\cdot\text{m}$。因此，10t 的重力荷载沿楼层梁在 $L=2\text{m}$ 的长度方向上呈均匀分布。梁固定端的弯矩可根据 $M_{FEM}=ql^2/12=16.67\text{kN}\cdot\text{m}$ 计算。因此，整体自由度坐标下的重力向量为：

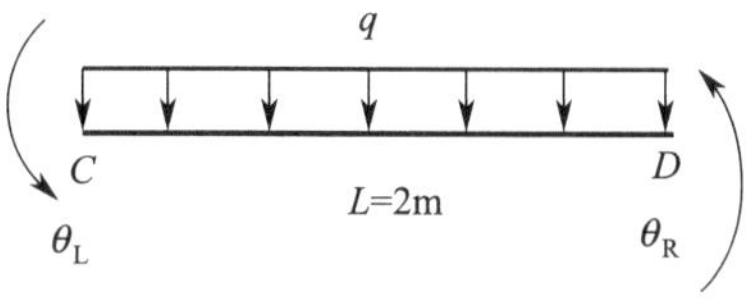

$$\boldsymbol{f}_G=\begin{Bmatrix}0\\0\\-16.67\\16.67\\-16.67\\16.67\end{Bmatrix}\text{kN}\cdot\text{m}$$

求解 $\boldsymbol{f}_G=\boldsymbol{k}_{sys}\cdot\boldsymbol{u}_G$，可获得重力作用下的位移向量。此时，整体位移向量和杆件端部位移为：

$$\boldsymbol{u}_G=\begin{Bmatrix}0\\0\\-0.0036\\0.0036\\-0.0072\\0.0072\end{Bmatrix},\ \boldsymbol{u}_{AC}=\begin{Bmatrix}u_A\\\theta_A\\u_C\\\theta_C\end{Bmatrix}=\begin{Bmatrix}0\\0\\u_1\\u_3\end{Bmatrix}=\begin{Bmatrix}0\\0\\0\\-0.0036\end{Bmatrix}$$

$$\boldsymbol{u}_{CD}=\begin{Bmatrix}u_C\\\theta_C\\u_D\\\theta_D\end{Bmatrix}=\begin{Bmatrix}0\\u_3\\0\\u_4\end{Bmatrix}=\begin{Bmatrix}0\\-0.0036\\0\\0.0036\end{Bmatrix}$$

重力荷载作用下的杆端力，可由下式确定：

$$\boldsymbol{f}_{AC,G}=\boldsymbol{k}_{AC}\cdot\boldsymbol{u}_{AC}+\boldsymbol{F}_{ext}，\boldsymbol{f}_{CD,G}=\boldsymbol{k}_{CD}\cdot\boldsymbol{u}_{CD}+\boldsymbol{F}_{ext}$$

$\boldsymbol{F}_{ext,AC}=\boldsymbol{0}$（跨中无荷载），且

$$\boldsymbol{F}_{ext,CD}=\begin{Bmatrix}0\\16.67\\0\\-16.67\end{Bmatrix}\text{kN}\cdot\text{m}$$

因此，

$$\boldsymbol{f}_{AC,G}=\begin{Bmatrix}3.57\\-2.38\\-3.57\\-4.76\end{Bmatrix}，\boldsymbol{f}_{CD,G}=\begin{Bmatrix}0\\14.30\\0\\-14.30\end{Bmatrix}$$

（11）杆 AC 和 CD 的重力弯矩图

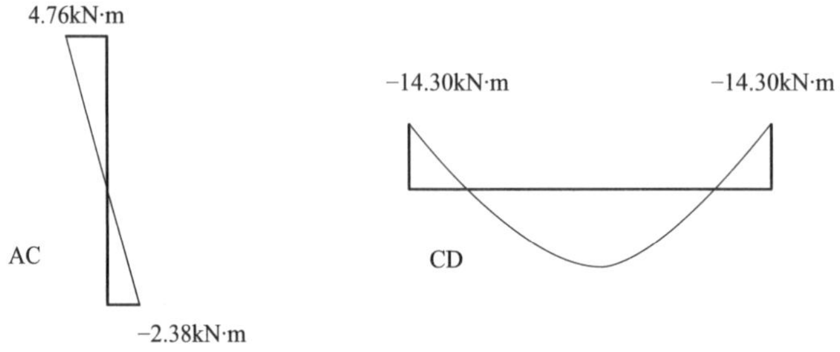

组合内力：$M_G \pm M_{EQ}$

杆 AC：$M_G + M_{EQ}$

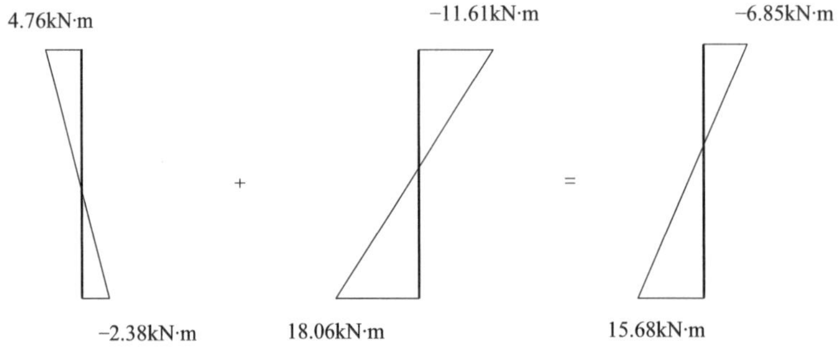

杆 AC：$M_G - M_{EQ}$

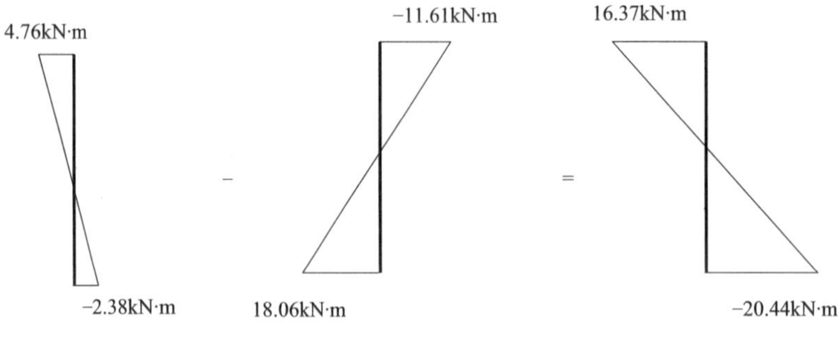

杆 CD：$M_G + M_{EQ}$

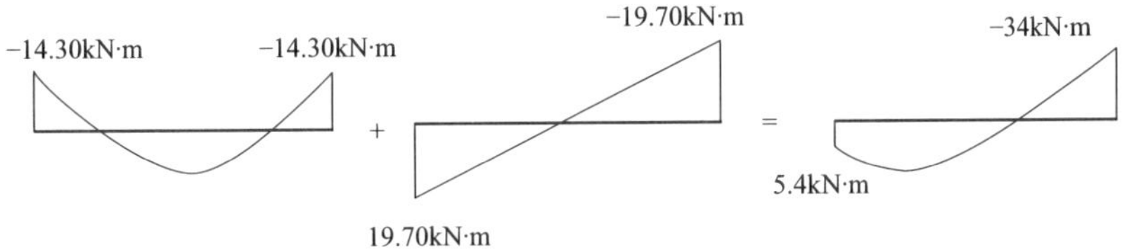

杆 CD：$M_G - M_{EQ}$

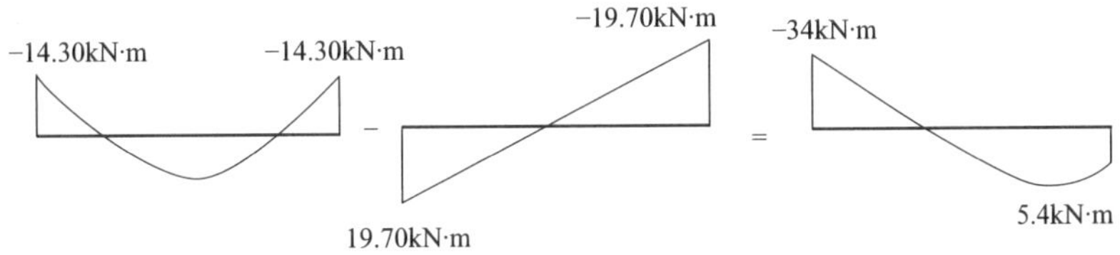

需要注意的是，承载力设计过程中柱的设计弯矩和梁柱的设计剪力具有不同的计算方法。这将在第 7 章中进行详细解释。

例 5-10 计算例 5-8 中框架结构的振型力向量，并计算第一层柱顶端的有效振型质量、振型基底剪力和振型弯矩。采用 SRSS 方法对这些力和弯矩进行组合，计算结构总的基底剪力和第一层的柱顶弯矩。

解：

(1) 振型力

$$\boldsymbol{f}_1 = \frac{L_1}{M_1}(\boldsymbol{m\Phi}_1)S_{a1} = 1.40\begin{bmatrix} 2m & 0 & 0 \\ 0 & 2m & 0 \\ 0 & 0 & m \end{bmatrix}\begin{Bmatrix} 0.314 \\ 0.687 \\ 1.00 \end{Bmatrix}g$$

$$\boldsymbol{f}_1 = \begin{Bmatrix} 1509 \\ 3302 \\ 2408 \end{Bmatrix}_{\mathrm{kN}}, \quad \boldsymbol{f}_2 = \begin{Bmatrix} -858 \\ -858 \\ 858 \end{Bmatrix}_{\mathrm{kN}}, \quad \boldsymbol{f}_3 = \begin{Bmatrix} 1064 \\ -728 \\ 167 \end{Bmatrix}_{\mathrm{kN}}$$

(2) 有效振型质量

根据式(5-64)，有：

$$M_1^* = 736550\mathrm{kg}(84.2\%M),\ M_2^* = 87500\mathrm{kg}(10\%M),$$

$$M_3^* = 51275\mathrm{kg}(5.8\%M)$$

$$M_1^* + M_2^* + M_3^* \approx 875000\mathrm{kg}(100\%M)$$

式中，M 是总质量，有：

$$M = 5m = 5\times175000\mathrm{kg} = 875000\mathrm{kg}$$

因此，有效振型质量的和与总质量相等（误差是振型向量截断造成的）。

(3) 振型基底剪力

$$V_{bn} = M_n^* S_{an}$$

$$V_{b1} = 736550\mathrm{kg}\times9.81\mathrm{m/s^2} = 7226\mathrm{kN},\ V_{b2} = -858\mathrm{kN},\ V_{b3} = 503\mathrm{kN}$$

需要注意的是，对于所有的 $n=1\sim3$

$$V_{bn}=\sum_{j=1}^{3}f_{nj}$$

$$V_b\approx\sqrt{V_{b1}^2+V_{b2}^2+V_{b3}^2}=7294\text{kN}$$

（4）不同振型对应的柱弯矩

$$M^{top}=\frac{1}{2}Vh$$

式中，V 是柱内剪力，h 是层间高度。在第一层柱中，$V=V_b/2$。因此，第一层柱顶的振型弯矩为：

$$M_1^{top}=\frac{1}{2}\times\left(\frac{1}{2}\times7226\right)h=1806h\text{，}M_2^{top}=214.5h\text{，}M_3^{top}=126h$$

$$M^{top}\approx\sqrt{(M_1^{top})^2+(M_2^{top})^2+(M_3^{top})^2}=1823h(\text{kN}\cdot\text{m})$$

例 5-11　例 5-3 中的框架结构受例 5-8 中给出的加速度谱表征的地震动激励，计算 B 端质量的位移、支座处的基底剪力和基底弯矩以及柱顶弯矩。设 $EI=4000\text{kN}\cdot\text{m}^2$，$m=4\text{t}$，$h=l=4\text{m}$。

解：

$$T_n=2\pi/\omega_n$$

根据例 5-3 的计算结果：$T_1=1.786\text{s}$，$T_2=0.407\text{s}$。根据例 5-6 的加速度反应谱可获得相应的谱加速度，即 $S_{a1}=0.34g$ 和 $S_{a2}=1.0g$。

$$M_n=\boldsymbol{\Phi}_n^{T}\boldsymbol{m}\boldsymbol{\Phi}_n\text{，}M_1=17.99\text{t，}M_2=5.145\text{t}$$

$$L_n=\boldsymbol{\Phi}_n^{T}\boldsymbol{ml}\text{，}L_1=-3.48\text{t，}L_2=6.14\text{t} \tag{E5-11-1}$$

$$\frac{L_1}{M_1}=-0.193\text{，}\frac{L_2}{M_2}=1.193$$

（1）振型振幅

$$q_n=\frac{L_n}{M_n}\frac{S_{an}}{\omega_n^2}\text{，}q_1=-0.0522\text{m，}q_2=0.0492\text{m} \tag{E5-11-2}$$

（2）振型位移向量

$$\boldsymbol{u}_n=\boldsymbol{\Phi}_n q_n\text{，}\boldsymbol{u}_1=\begin{Bmatrix}-0.0522\\0.0976\end{Bmatrix}_{\text{m}}\text{，}\boldsymbol{u}_2=\begin{Bmatrix}0.0492\\0.0263\end{Bmatrix}_{\text{m}} \tag{E5-11-3}$$

式中

$$\boldsymbol{u}_n=\begin{Bmatrix}u_{Bn}\\v_{Bn}\end{Bmatrix}\text{，}n=1,2$$

（3）B 端位移（SRSS 组合）

$$u_B=\sqrt{(-0.0522)^2+(0.0492)^2}=0.0717\text{m}\quad\text{（两个振型贡献）}$$

$$v_B=\sqrt{(0.0976)^2+(0.0263)^2}=0.1011\text{m}\quad\text{（一阶振型占支配地位）}$$

（4）柱 OA 的内力

柱底（固定端）用 O 表示，柱 OA 的端部力（侧向力和弯矩）既可以采用振型端部位移和柱刚度计算，也可以采用等效静力振型力和相关振型内力计算。下面分别介绍这两种方法。

刚度分析：在第 n 阶振型下，柱 OA 的刚度方程：

$$\begin{Bmatrix} F_O \\ M_O \\ F_A \\ M_A \end{Bmatrix}_n = \frac{EI}{h}\begin{bmatrix} \frac{12}{h^2} & -\frac{6}{h} & -\frac{12}{h^2} & -\frac{6}{h} \\ -\frac{6}{h} & 4 & \frac{6}{h} & 2 \\ -\frac{12}{h^2} & \frac{6}{h} & \frac{12}{h^2} & \frac{6}{h} \\ -\frac{6}{h} & 2 & \frac{6}{h} & 4 \end{bmatrix}\begin{Bmatrix} u_O \\ \theta_O \\ u_A \\ \theta_A \end{Bmatrix}_n \tag{E5-11-4}$$

需要注意的是，$u_O=\theta_O=0$（固定端），$u_A=u_B$，$\theta_B=v_B/h$。将式(E5-11-3）中的相关振型位移和 EI 以及 h 值代入式(E5-11-4)，得到：

$$\begin{Bmatrix} F_O \\ M_O \\ F_A \\ M_A \end{Bmatrix}_1 = \begin{Bmatrix} 2.55\text{kN} \\ -29.5\text{kN}\cdot\text{m} \\ -2.55\text{kN} \\ 19.3\text{kN}\cdot\text{m} \end{Bmatrix}, \quad \begin{Bmatrix} F_O \\ M_O \\ F_A \\ M_A \end{Bmatrix}_2 = \begin{Bmatrix} -46.76\text{kN} \\ 86.95\text{kN}\cdot\text{m} \\ 46.76\text{kN} \\ 100.1\text{kN}\cdot\text{m} \end{Bmatrix}$$

根据 SRSS 组合，O 端的基底剪力和基底弯矩以及 A 端的弯矩为：

$$V_b=\sqrt{(2.55)^2+(46.76)^2}=46.83\text{kN} \quad (\text{二阶振型起控制作用})$$

$$M_b=\sqrt{(29.5)^2+(86.95)^2}=91.82\text{kN}\cdot\text{m} \quad (\text{二阶振型起控制作用})$$

$$M_A=\sqrt{(19.3)^2+(100.1)^2}=101.94\text{kN}\cdot\text{m} \quad (\text{二阶振型起控制作用})$$

根据式(5-60)，等效静力振型力为：

$$\boldsymbol{f}_n=\frac{L_n}{M_n}(\boldsymbol{m\phi}_n)\cdot S_{an}\boldsymbol{f}_1=\begin{Bmatrix} -2.57 \\ 4.81 \end{Bmatrix}_{\text{kN}} \boldsymbol{f}_2=\begin{Bmatrix} 46.81 \\ 25.04 \end{Bmatrix}_{\text{kN}}$$

柱 OA 的振型力和相关的振型弯矩图，如下所示：

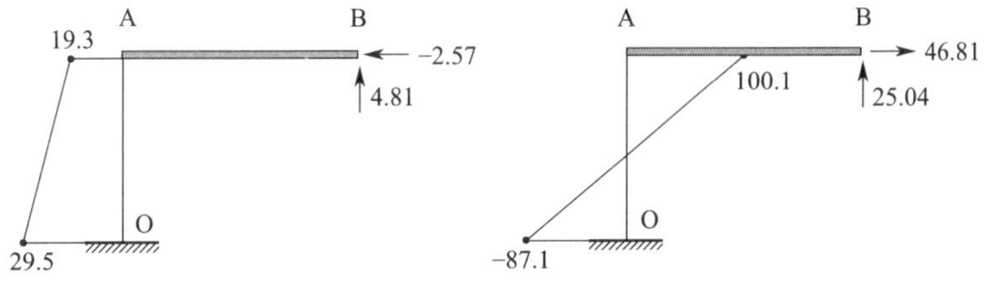

振型基底剪力、基底弯矩和 A 端的弯矩可由静力学方法计算。根据 SRSS 组合原则，可得：

$$V_{b1}=-2.57,\ V_{b2}=46.81,\ V_b=\sqrt{(2.57)^2+(46.81)^2}=46.88\text{kN}$$

$$M_{b1}=29.5,\ M_{b2}=-87.08,\ M_b=\sqrt{(29.5)^2+(87.08)^2}=91.94\text{kN}\cdot\text{m}$$

$$M_{A1}=19.3,\ M_{A2}=100.1,\ M_A=\sqrt{(19.3)^2+(100.1)^2}=102.04\text{kN}\cdot\text{m}$$

上述这些值与刚度分析的结果非常接近，存在差异主要是由截断误差所造成。

5.7 三维框架体系理想化为平面框架的限制条件

我们在上面已经推导了二维平面框架结构的运动方程和求解方法。在地震反应分析中，采用平面框架结构进行分析实用且简单。这也是具有完全对称平面的理想体系的一种基本建模方式。然而，地震作用下，真实的三维建筑结构很少能被简化为二维框架体系。二维建模的基本要求是沿两个水平方向的质量和刚度对称。图 5-11(a) 展示了一个三维框架结构平面图，该结构在两个方向上的刚度分布对称，且平面质量分布均匀。假设该框架结构有 4 层，每层的平面图相似。因此，在两个正交的水平方向上，可以用两个不同的平面框架模拟这个三维框架，并对它们分别计算。图 5-11(b) 和 (c) 给出了沿长、短水平方向的框架结构。长向框架 ABCD 代表并行框架 123 的总刚度和总质量。类似地，短向框架 123 代表并行框架 ABCD 的总刚度和总质量。若对称性在一个方向不能满足，另一个方向上的二维模型仍然有效。然而，在实际工程中，真实三维结构很难用二维建模的方式进行模拟，因为结构设计中总是存在多种原因可引起结构的不对称现象（偶然偏心，见第 6.6.3 节）。第 6 章介绍了刚度分布不对称时三维建筑结构的建模与抗震分析。

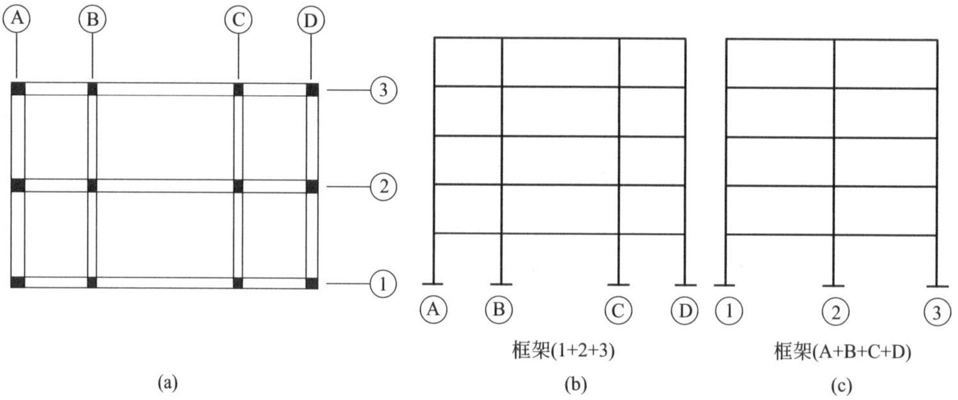

图 5-11 具有平面刚度和质量对称分布的三维框架的二维表示

5.8 非线性静力分析 (Pushover)

考虑一个简单且规则的建筑结构，如图 5-4 所示。地震作用下，如果该结构的地震反应以第一阶振型为主，则可用第一阶振型的有效力向量 $\boldsymbol{f}_1$ 开展等效静力侧向荷载分析：

$$\boldsymbol{f}_1=\boldsymbol{\Gamma}_1(\boldsymbol{m\Phi}_1)S_{a1} \tag{5-65}$$

式(5-65) 的结果可由式(5-53a、b) 和 $\Gamma_1=L_1/M_1$ 获得。图 5-4 表示的第一阶振型如图 5-12 所示。该结构可用一个非线性模型表示，该模型允许构件端部形成弯曲塑性铰。塑性铰是弯曲作用下构件端部屈服的一种简化表示方法。构件截面的抗弯屈服可由基本的弯矩—曲率关系表示，如图 5-13(a) 所示。如果构件端部屈服截面的长度为 L_p，假设构件端部塑性铰长度范围内的曲率为定值，则可将构件端部的曲率 ϕ 转换为端部转角

θ，即：

$$\theta \approx \phi \cdot L_p \tag{5-66}$$

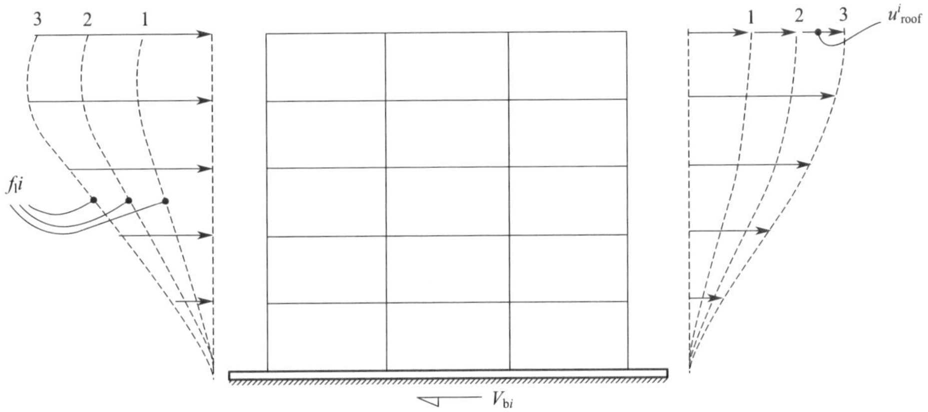

图 5-12 逐步增大的一阶振型力向量 f_1 作用下的 Pushover 分析

由此产生的弯矩一转角关系，如图 5-13(b) 所示。在钢筋混凝土框架构件中，L_p 约为构件有效高度的一半，即 $L_p=h/2$。这种表示构件端部屈服的方法称为集中塑性模型。因为 L_p 比构件长度 L 小，因此在非线性模拟中塑性铰可位于可能产生最大弯矩的节点附近的构件端部。

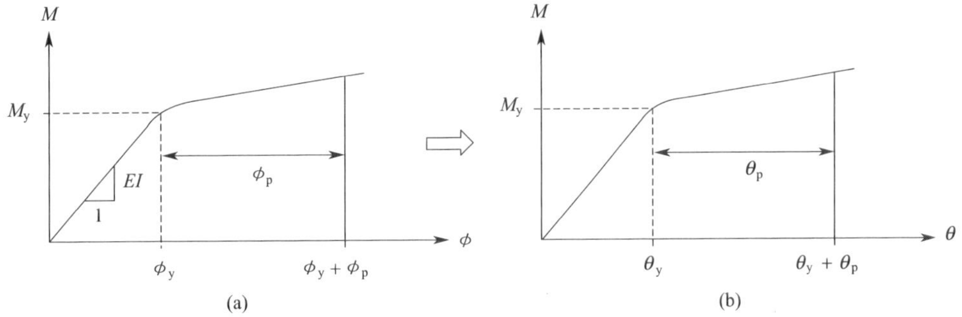

图 5-13 构件端部的弯矩-曲率关系转换为弯矩-转角关系

在此基础上，开展 $\boldsymbol{f}_1$ 作用下的等效侧向静力荷载增量分析。在增量分析中，$\boldsymbol{f}_1$ 小幅增加，如图 5-12 所示。

$$\boldsymbol{f}^i=\alpha_i \boldsymbol{f}_1 \quad \alpha_i=0.1, 0.2\cdots \tag{5-67}$$

式中，α_i 要足够小，如 0.1 的倍数。对于第一阶振型，当荷载增量为 i 时，基底剪力可根据式(5-62) 计算。

$$V_b^i=M_1^* \alpha_i S_{a1} \tag{5-68}$$

当 $n=1$ 时，由式(5-48) 可得图 5-7 所示的顶部位移：

$$u_{roof}=\Gamma_1 \phi_{1N} S_{d1}=\Gamma_1 \phi_{1N} \frac{S_{a1}}{\omega_1^2} \tag{5-69}$$

式中，ϕ_{1N} 是楼顶 N 处第一阶振型的特征向量。因此，当荷载增量为 i 时，楼顶处的位移变为：

$$u_{\text{roof}}^{i}=\Gamma_{1}\phi_{1N}\alpha_{i}\frac{S_{a1}}{\omega_{1}^{2}} \tag{5-70}$$

如果将 V_{b}^{i} 对应 u_{roof}^{i} 画图，可以得到结构第一阶振型（等效单自由度系统）的能力曲线。下面将分别讨论线性体系和非线性体系的能力曲线。

5.8.1 线性反应的能力曲线

对于线性体系，能力曲线为一条直线，斜率为 K_1，如图 5-14(a) 所示。采用下面的转换方程，可将能力曲线由(V_{b}^{i}-u_{roof}^{i})坐标形式转换为(S_{a1}-S_{d1})坐标形式：

$$\alpha_{i}S_{a1}=\frac{V_{b}^{i}}{M_{1}^{*}} \tag{5-71}$$

且

$$\alpha_{i}S_{d1}=\frac{u_{\text{roof}}^{i}}{\Gamma_{1}\phi_{1N}} \tag{5-72}$$

式(5-71) 可由式(5-68) 获得，式(5-72) 可由式(5-69) 获得。

将每个点($\alpha_i S_{a1}$,$\alpha_i S_{d1}$)绘制于 S_{a1}-S_{d1} 平面上，即可获得能力曲线的加速度-位移坐标表示形式，如图 5-14(b) 所示。可见，这条直线的斜率为 ω_1^2，满足单自由度体系的 $S_{a1}=\omega_1^2 S_{d1}$ 关系。

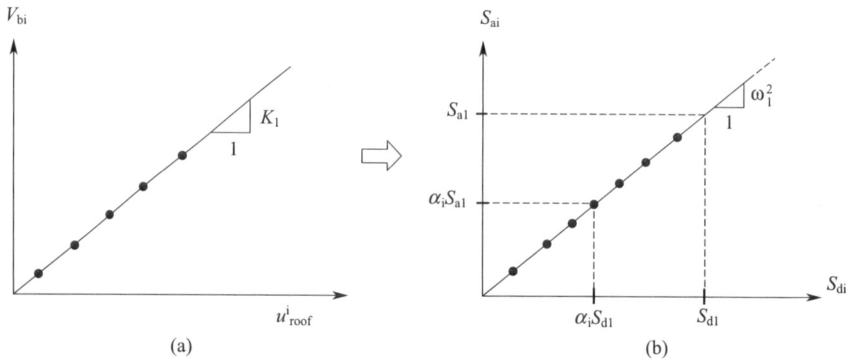

图 5-14 线性体系能力曲线

(a) 基底剪力与顶层位移关系；(b) 加速度与位移反应关系

5.8.2 非线性反应的能力曲线

在 Pushover 分析中，当结构体系在侧向荷载作用下超过线性极限，构件端部因逐渐增加的弯矩逐渐屈服，结构将会发生弹塑性反应。相应地，图 5-14(a) 中的(V_{b}^{i}-u_{roof}^{i})曲线变为一条非线性曲线，如图 5-15(a) 所示。该曲线可以理想化为一条双线性曲线。曲线初始线性段的斜率为 K_1，后弹性段的斜率为 βK_1。其中，β 为能力曲线的应变强化系数。能力曲线这两条直线的交点对应系统的屈服基底剪力和屈服顶层位移。

类似地，采用转换式(5-71）和式(5-72)，这条能力曲线可转换为加速度-位移曲线。图 5-15(b）给出了相应的能力曲线及其理想双线性表示。在双线性表示中，初始直线段的斜率为 ω_1^2，屈服段可由理想曲线与实际曲线在弹性位移 S_{d1} 限定的振型位移范围内面积相等确定。

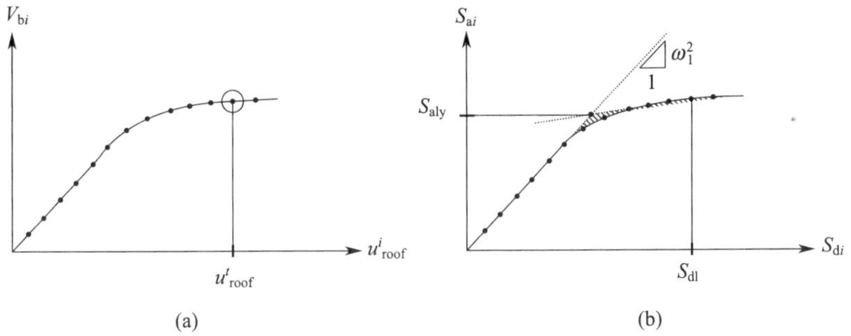

图 5-15 非线性体系能力曲线

(a）基底剪力与顶层位移关系；(b）加速度与位移反应关系

5.8.3 设计地震作用下的目标位移

地震作用下，多自由度结构不同构件的最大内力和变形通常发生在不同时刻。如果结构系统简化为与第一阶振型相对应的等效单自由度体系，则存在一个时刻使得所有构件的内力和变形都达到最大值。此时，等效单自由度体系的位移达到最大值。如果能够确定这个最大位移，则可在与这个位移相对应的荷载步进行结构的抗震性能评估。地震作用下，等效单自由度体系的最大位移需求称为目标位移。在 Pushover 分析中，可用顶层位移表示。对于一个线性体系，可用式(5-69）表示顶层目标位移：

$$u^t_{roof}=\Gamma_1\phi_{1N}S^t_{d1}=\Gamma_1\phi_{1N}\frac{S^t_{a1}}{\omega_1^2} \tag{5-73}$$

式中，S^t_{d1} 是目标谱位移（最大）值，S^t_{a1} 是地面激励作用下伪谱加速度目标值。对于线性体系，这两个值相对应且满足 $S^t_{a1}=\omega_1^2 S^t_{d1}$ 的关系，如图 5-14 所示。实际上，S^t_{a1} 可直接由地震动加速度谱或 $T=T_1$ 时的弹性设计谱获得，如图 5-16 所示。

对于非线性响应，目标振型位移 S^t_{d1} 一方面可通过求解如图 5-9(b）中双线性系统的非线性运动方程获得，另一方面可采用 3.6 节中的非弹性谱计算。然而，如果地震动由设计谱定义，S^t_{d1} 可用等位移原则估计：

$$u^t_{roof}=\Gamma_1\phi_{1N}\frac{S^t_{a1}}{\omega_1^2}，\ T_1\geqslant T_B \tag{5-74a}$$

$$u^t_{roof}=\Gamma_1\phi_{1N}\frac{S^t_{a1}}{\omega_1^2}C_1，\ T_1<T_B \tag{5-74b}$$

$$C_1=\frac{1+(R_{y1}-1)\dfrac{T_B}{T_1}}{R_{y1}}，\ R_{y1}=\frac{S^t_{a1}}{S_{a1y}} \tag{5-74c}$$

图 5-15(b) 给出了屈服的伪加速度谱 S_{aly}。

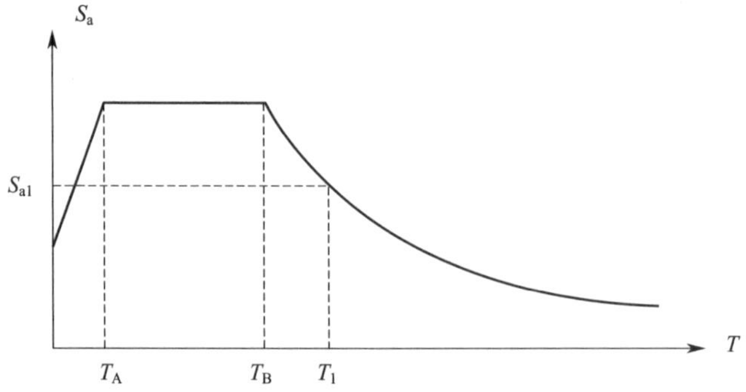

图 5-16　线性弹性单自由度体系的目标振型位移和对应的目标加速度

5.8.3.1　小结：Pushover 分析

非线性静力 Pushover 的分析过程可总结为以下步骤：

1. 分析线弹性体系的特征值：确定 ω_1^2 和 $\boldsymbol{\Phi}_1$，同时计算 $T_1=2\pi/\omega_1$ 和 Γ_1。
2. 根据反应谱，确定 $T=T_1$ 时的 S_{a1}，计算 $\boldsymbol{f}_1=\Gamma_1(\boldsymbol{m\Phi}_1)S_{a1}$。
3. 建立非线性结构模型，在构件端部根据弯矩—转角关系设置塑性铰。
4. 在侧向力 $\boldsymbol{f}^i=\alpha_i\boldsymbol{f}_1$（$\alpha_i=0.1,0.2\cdots$）作用下下进行 Pushover 分析，绘制 V_b^i-u_{roof}^i 曲线，即：能力曲线。
5. 使用式(5-71) 和式(5-72) 将能力曲线转换为坐标为(S_{a1},S_{d1})的振型能力曲线。
6. 根据式(5-74a) 和式(5-74b) 计算目标顶层位移，然后返回步骤 4，并从顶层位移最接近目标顶层位移的加载步中提取所有的力和位移。

例 5-12　采用非线性静力分析方法计算悬臂结构的能力曲线和目标位移。使用给定的反应谱，假定塑性铰位于柱脚，长度忽略不计，且为完全弹塑性。

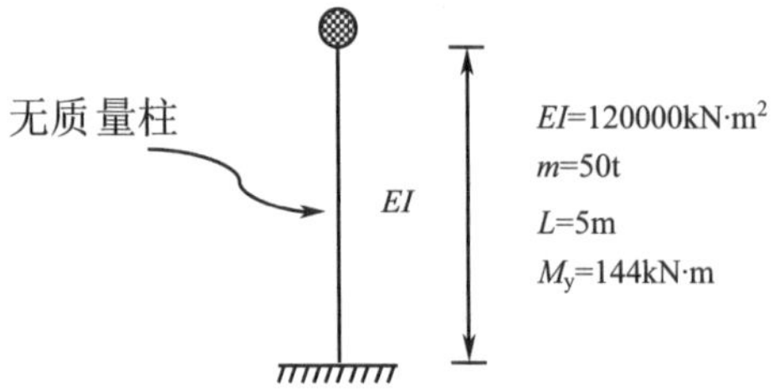

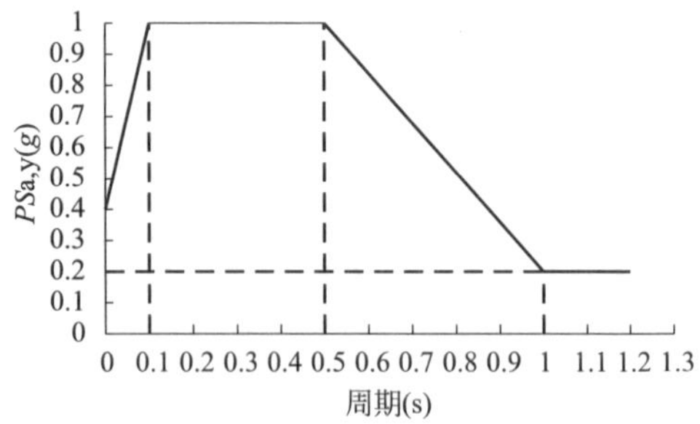

解：

$$k=3EI/L^3=2880\text{kN/m},\ \omega=\sqrt{\frac{k}{m}}=\sqrt{\frac{2880}{50}}=7.6\text{rad/s},\ T=\frac{2\pi}{\omega}=0.828\text{s}$$

$$S_a=\left[0.2+\frac{0.8}{0.5}\times(1-0.828)\right]g=4.66\text{m/s}^2$$

$$V_y=\frac{M_y}{L}=\frac{144}{5}=28.8\text{kN},\ u_y=\frac{V_y}{k}=0.01\text{m}$$

目标位移：

$$T > T_B$$

因此：

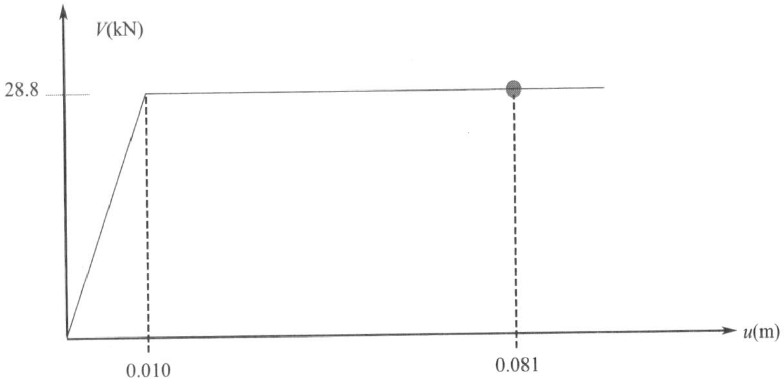

$$u_{\mathrm{roof}}^{t} = \Gamma_1 \phi_{1N} \frac{S_a}{\omega^2} = 1 \times 1 \times \frac{4.66}{7.6^2} = 0.081\mathrm{m}$$

5.9 基础隔震结构的地震反应分析

隔震体系是一个横向柔性而纵向刚性的隔振层，一般由隔震器组成，嵌于建筑结构基础和地基之间。有时候，也可以在建筑物下部刚性部分和上部柔性部分之间设置隔震层。图 5-17 所示为钢筋混凝土地面层与上部钢结构之间的隔震装置。

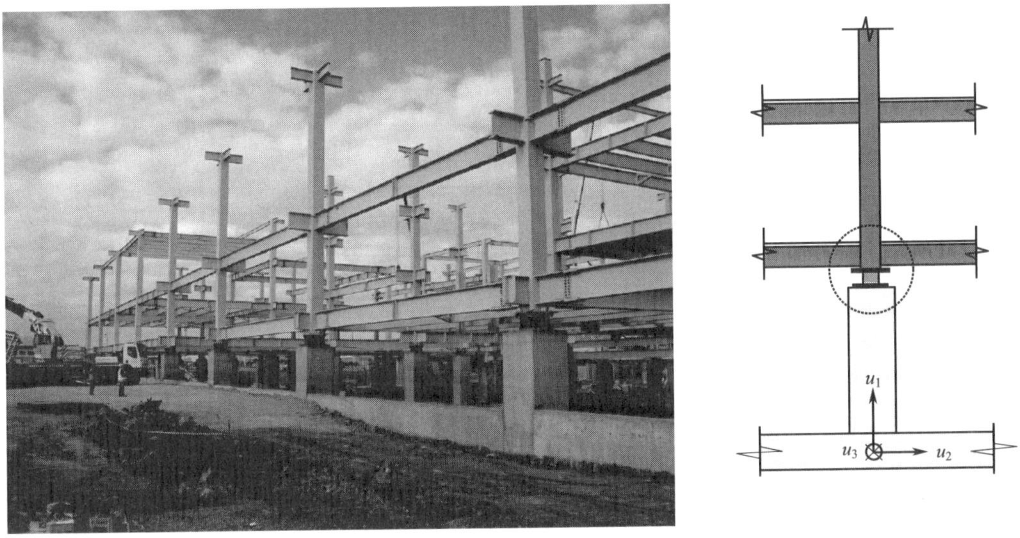

图 5-17 混凝土地面与上部钢结构之间的隔震装置

5.9.1 基础隔震的一般原则

图 5-17 为一幢具有固定基座和基础隔震的建筑示意图。建筑结构本身的侧向刚度为 k，平均阻尼比为 ξ，隔震层的侧向刚度为 k'，阻尼比为 ξ'。其中，$k' \ll k$，$\xi' \gg \xi$。若建筑结构的基础固定，结构的基本周期为 T，与侧向刚度 k 和质量 m 有关。然而，当基础存在隔震层，结构的基本周期 T' 由隔震层的等效（割线）刚度 k' 控制，其原因将在第 5.9.2 节中解释。由于隔震层具有附加质量 m'，隔震建筑的质量（$m+m'$）比建筑结构的自身质量 m 大。因此，隔震建筑的周期比固定基础的建筑周期长，即 $T' \gg T$。阻尼也存在类似的情况。隔震系统的整体阻尼由隔震层的高阻尼控制。因此，在实际工程中，可将基础隔震建筑视为一个单自由度体系，其基本周期为 T'，阻尼比为 ξ'，如例 5-13 所示。

在设计地震动 a_g 作用下，传统的固定基础建筑通过减小设计地震作用进行设计，因此结构具有非弹性变形反应，如图 5-18(a) 所示。而隔震层上的建筑结构则表现为刚体运动，其侧向变形可忽略不计，所有的非弹性地震变形被隔震层上的隔震器吸收，如图 5-18(b) 所示。

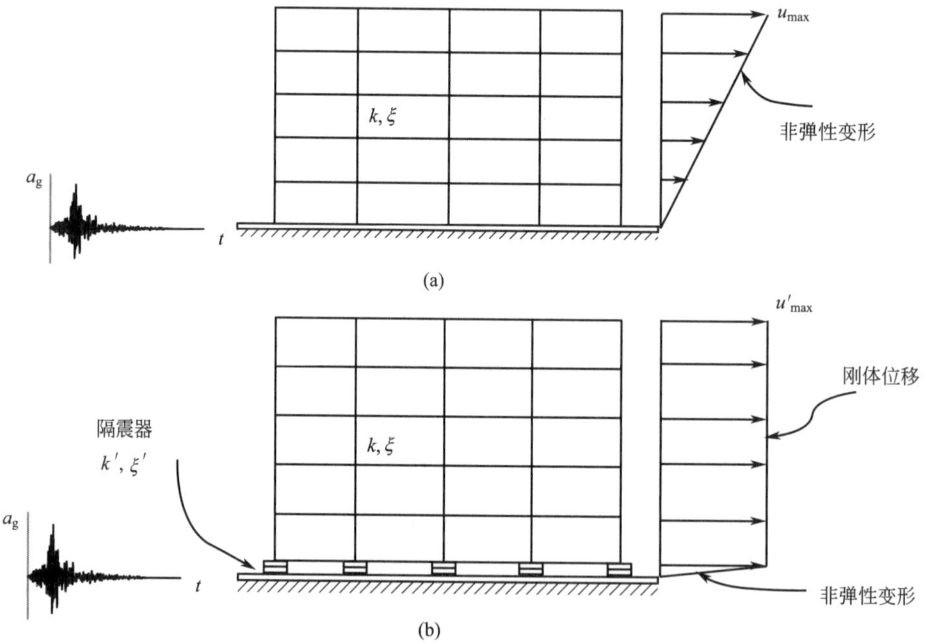

图 5-18 (a) 固定基础建筑；(b) 基础隔震建筑

建筑隔震一般通过两种方式改变结构的动力特性：延长振动周期和增加阻尼比。由于大多数的地震动不会在较低的频率下对系统产生激励，因此若将振动周期延长至 3s 左右，可显著减小作用在结构上的地震作用。然而，结构的侧向刚度在 2.5～3s 的长振动周期下较低，导致地震位移增加。因此，隔震器提供的额外阻尼可补偿部分增加的位移。但是，位移控制目前仍然是隔震器设计面临的一个巨大挑战。图 5-19 比较了固定基础建筑和隔震建筑的地震作用和位移。由图可见，与固定基础建筑相比，基础隔震系统所需的基底剪力降低为：

$$R=\frac{S_{a,s}}{S_{a,y}} \tag{5-75}$$

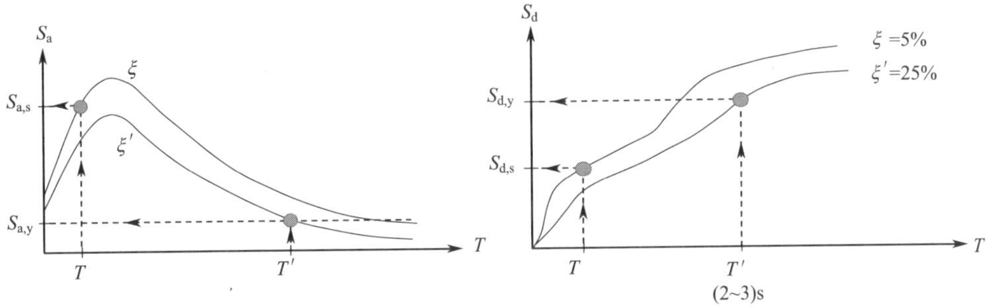

图 5-19　固定基础建筑（T 和 ξ）和基础隔震建筑（T'和 ξ'）的谱加速度和谱位移对比。下标 s 代表固定基础建筑，y 代表隔震建筑

例 5-13　例 5-8 中的剪切框架为一个基础弹性隔震系统。系统的侧向刚度为 $0.1k$，阻尼比为 0.20，基础梁的质量为 $2m$。

（1）计算振型周期和振型。

（2）在给定的设计谱作用下，计算振型位移和振型基底剪力。采用 SRSS 规则，结合位移和基底剪力计算基底总剪力和层间位移。

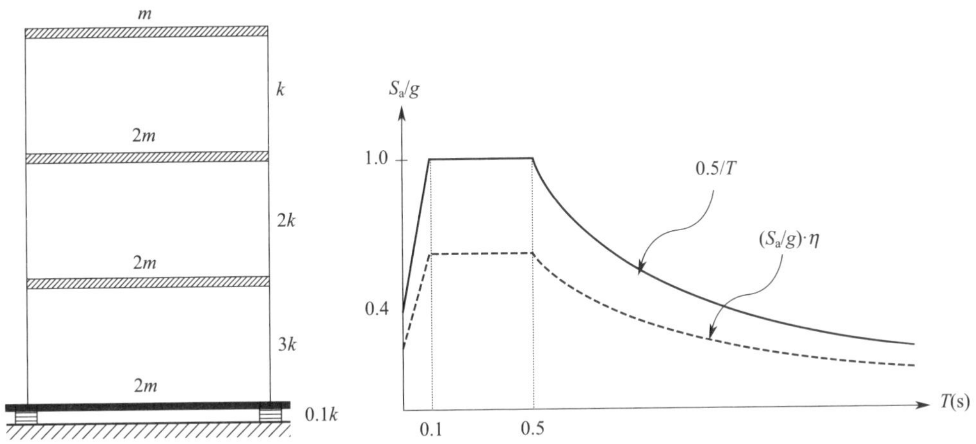

解：

（1）根据特征值分析，有：

$$\boldsymbol{\Phi}_1=\begin{Bmatrix}0.0278\\0.0284\\0.0290\\0.0295\end{Bmatrix},\ \boldsymbol{\Phi}_2=\begin{Bmatrix}0.0290\\0.0159\\-0.0152\\-0.0554\end{Bmatrix},\ \boldsymbol{\Phi}_3=\begin{Bmatrix}-0.0230\\0.0055\\0.0378\\-0.0417\end{Bmatrix},\ \boldsymbol{\Phi}_4=\begin{Bmatrix}0.0268\\-0.0420\\0.0188\\-0.0065\end{Bmatrix}$$

$$T_1=1.885\text{s},\ T_2=0.261\text{s},\ T_3=0.161\text{s},\ T_4=0.112\text{s}$$

（2）上述四阶振型对应的谱加速度可从折减后的设计谱上获得。设计谱的折减系数为

$\eta=\sqrt{(5+100\xi)/10}$，其中，阻尼比假设为 $\xi=20\%$。这一假设认为所有振型的阻尼均由隔震层的阻尼所控制。这是一个实用化但却在理论上存在一定问题的假设。具体来说，在隔震结构体系中，隔震层阻尼为20%，框架结构阻尼为5%。这两部分具有不同的阻尼源，因此是“非经典”阻尼，其阻尼比不能用结构动力学的经典程序计算。为简便起见，在此假设所有振型的阻尼均为20%，则各振型位移（单位：m）分别为：

$$\boldsymbol{u}_1=\begin{Bmatrix}0.1439\\0.1474\\0.1505\\0.1526\end{Bmatrix}\times10^{-3},\ \boldsymbol{u}_2=\begin{Bmatrix}0.2163\\0.1189\\-0.1135\\-0.4136\end{Bmatrix}\times10^{-3},\ \boldsymbol{u}_3=\begin{Bmatrix}0.1980\\-0.0471\\-0.3249\\0.3584\end{Bmatrix}\times10^{-4},\ \boldsymbol{u}_4=\begin{Bmatrix}0.0638\\-0.1002\\0.0449\\-0.0155\end{Bmatrix}\times10^{-4}$$

振型力（单位：kN）为：

$$\boldsymbol{F}_1=\begin{Bmatrix}559.58\\573.05\\585.30\\296.77\end{Bmatrix},\ \boldsymbol{F}_2=\begin{Bmatrix}43.94\\24.15\\-23.06\\-42.01\end{Bmatrix},\ \boldsymbol{F}_3=\begin{Bmatrix}10.57\\-2.51\\-17.34\\9.57\end{Bmatrix},\ \boldsymbol{F}_4=\begin{Bmatrix}6.98\\-10.95\\4.91\\-0.85\end{Bmatrix}$$

隔震层的振型基底剪力为：

$V_{b1}=2014.79\text{kN}$，$V_{b2}=3.03\text{kN}$，$V_{b3}=0.28\text{kN}$，$V_{b4}=0.09\text{kN}$，$V_{b,SRSS}=2014.8\text{kN}$

隔震层上方结构的振型基底剪力（即：框架振型基底剪力）为：

$V'_{bf1}=1455.1\text{kN}$，$V'_{bf2}=-40.9\text{kN}$，$V'_{bf3}=-10.3\text{kN}$，$V_{bf4}=-6.3\text{kN}$，$V_{bf,SRSS}=1455.7\text{kN}$

将例5-9中固定基础框架结构的基底剪力与隔震框架结构的基底剪力进行对比，可知固定基础框架结构的基底剪力降低了：

$$R=\frac{7.294}{1.455}=5.01$$

根据例5-13，显然一阶振型对结构的侧向位移和基底剪力起控制作用。因此，可将分析简化为：定义一个单自由度系统，其所有的侧向位移反应均由隔震层承担，上部结构（框架）和基础所有的质量在隔震层上作刚体运动。因此，结构的基本周期为：

$$T_1=2\pi\sqrt{\frac{\sum m}{k_b}}=2\pi\sqrt{\frac{7m}{0.1k}}=1.86\text{s}$$

由上可见，上述周期非常接近由特征值分析计算获得的 T_1。类似地，隔震层的基底剪力为：

$$V_b=(7m)\cdot S_a(T_1,\xi_b)=(7m)\cdot\frac{0.5}{1.86}g\cdot0.632=2042\text{kN}$$

隔震层上部结构的基底剪力（框架基底剪力）为：

$$V_{bf}=(5m)\cdot S_a(T_1,\xi_b)=(7m)\cdot\frac{0.5}{1.86}g\cdot0.632=1458\text{kN}$$

这一结果（$V_{bf}=1458\text{kN}$）与上面利用反应谱获得的结果（$V_{bf,SRSS}=1455.7\text{kN}$）十分接近。

5.9.2　基础隔震系统非弹性反应的等效线性化分析

上面介绍的隔震系统由一个高阻尼弹性柔性层组成。这事实上是对一个具有低屈服强度和近似双线性滞回包络线的非线性稳定滞回系统进行了等效线性化。考虑一个由多个隔震器组成的隔震系统，整个隔震系统的侧向力—位移关系可用如图 5-20 所示的滞回包络曲线表示。

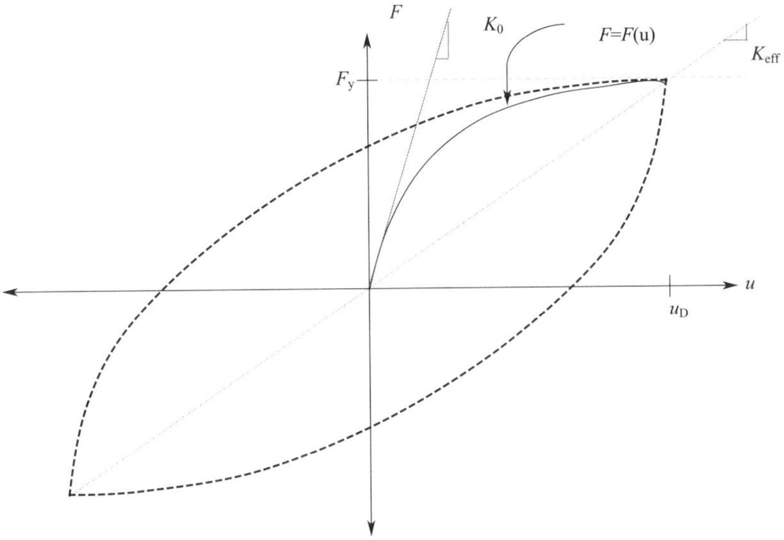

图 5-20 典型隔震系统的滞回反应

橡胶和曲面滑动的隔震器的初始刚度 K_0 通常很高。为产生如图 5-18(b) 所示的非弹性隔震位移，屈服力一般设置为建筑重量的 5%～10%。隔震系统的位移 u_D 是等效线性化分析程序的计算结果。由于非弹性系统转换为一个等效的线性单自由度体系，该步骤是一个迭代过程。其分析步骤简述如下：

1. 假定 T_{eff}(通常为 2.5～3.0s)。

2. 计算 $K_{eff}=4\pi^2\dfrac{M}{T_{eff}^2}$。其中，$M$ 是上层建筑的总质量。

3. 计算 $u_0=\dfrac{F_y}{K_{eff}}$。其中，F_y 是隔震系统的屈服强度（图 5-20）。

4. 计算 $u_i=\dfrac{M\cdot S_a(T_{eff},\xi_{eff})}{K_{eff}}$。其中，$\xi_{eff}$ 是隔震系统的等效阻尼。

5. 检查$(u_i-u_0)/u_i<0.05$。如果是，则隔震系统的设计位移为 u_i。

6. 如果否，重新计算 $K_{eff}=F(u_i)/u_i$ 和 $T_{eff}=2\pi\sqrt{M/K_{eff}}$。其中，$K_{eff}$ 为等效线性化体系的割线刚度（图 5-20）。

7. 返回步骤 4 并计算 u_{i+1}，同时检查收敛性。

8. 继续迭代（步骤 4～6），直至收敛。

例 5-14 例 5-13 中的剪切框架采用理想弹塑性隔震系统进行基础隔震。框架的初始侧向刚度为 $3k$，阻尼比为 20%。隔震系统的侧向承载力为 $0.1W$。若采用例 5-12 中的设计谱，试利用等效线性化分析，计算隔震框架体系的设计位移、有效刚度、有效周期和基底剪力。

解：隔震系统的总质量为 $M=7m=1225000\text{kg}$，$W=Mg=12000\text{kN}$，屈服力为

$F_y=0.1W=1200\text{kN}$。当阻尼比为20%时，由式(4-10) 可计算获得阻尼衰减因子为 $1/\eta=0.632$。

1. 令 $T_{eff}=2.5\text{s}$

2. $K_{eff}=4\pi^2\dfrac{M}{T_{eff}^2}=7737769\text{N/m}$

3. $u_0=\dfrac{F_y}{K_{eff}}=0.155\text{m}$

4. $S_a=(0.5/2.5)g$，$\eta=1.23\text{m/s}^2$，$u_1=\dfrac{M\cdot S_a}{K_{eff}}=0.196\text{m}$

5. $\dfrac{u_1-u_0}{u_1}=0.21>0.05$，继续更新等效刚度和周期

6. $K_{eff}=\dfrac{F(u_1)}{u_1}=6122450\dfrac{\text{kN}}{\text{m}}$，$T_{eff}=2\pi\sqrt{M/K_{eff}}=2.81\text{s}$

7. $S_a=(0.5/2.81)g$，$\eta=1.103\text{m/s}^2$，$u_2=\dfrac{M\cdot S_a}{K_{eff}}=0.221\text{m}$

8. $\dfrac{u_2-u_1}{u_2}=0.11>0.05$，采用更新后的等效刚度和周期重新迭代

9. $K_{eff}=\dfrac{F(u_2)}{u_2}=5429864\dfrac{\text{kN}}{\text{m}}$，$T_{eff}=2\pi\sqrt{M/K_{eff}}=2.984\text{s}$

10. $S_a=(0.5/2.984)g$，$\eta=1.039\text{m/s}^2$，$u_3=\dfrac{M\cdot S_a}{K_{eff}}=0.234\text{m}$

11. $\dfrac{u_3-u_2}{u_3}=0.055>0.05$，采用更新后的等效刚度和周期继续迭代

12. $K_{eff}=\dfrac{F(u_3)}{u_3}=5128200\dfrac{\text{kN}}{\text{m}}$，$T_{eff}=2\pi\sqrt{M/K_{eff}}=3.07\text{s}$

13. $S_a=(0.5/3.07)g$，$\eta=1.01\text{m/s}^2$，$u_4=\dfrac{M\cdot S_a}{K_{eff}}=0.241\text{m}$

14. $\dfrac{u_4-u_3}{u_4}=0.03<0.05$，收敛，得到最终结果为：

$$u_D=0.241\text{m}，T_{eff}=3.07\text{s}，K_{eff}=5128200\frac{\text{kN}}{\text{m}}$$

框架（基础梁上方）的基底剪力：

$$V_b'=(5m)\,S_a=5\times175000\text{kg}\times1.01\frac{\text{m}}{\text{s}^2}=883.758\text{kN}\approx884\text{kN}$$

基底剪力衰减系数为（例5-13）：$R=7294/884=8.25$

需要指出的是，基底剪力衰减系数仅由隔震系统的屈服力确定，不像延性框架由结构构件的非弹性变形（损伤）确定。

5.9.3 基础隔震的关键问题

基础隔震设计中有两个关键问题。第一个关键问题是设计地震动的选择。由于地震动

本质是不确定的，因此，不能保证未来地震动在对隔震结构产生激励时，结构不会超出设计所考虑的最大目标位移。因此，这需要对建筑场地进行严格的地震危险性评估（DSHA 或 PSHA），以选择合适的设计地震动。第二个关键问题是隔震装置的生产是否符合设计规范的要求。这是一个更为关键的问题，因为地震作用下任何未能满足设计要求的情况都有可能导致隔震系统失效，最终造成隔震结构发生损伤。这一风险可通过事先对采用的隔震器进行严格的质量检测来避免。一旦将地震动的不确定性和隔震器的产品缺陷或变化带来的风险降到最低，隔震系统就可成为结构理想的地震防护系统。在当前的知识和实践背景下，强震作用下的“中震可修”这一性能水准只能通过隔震系统实现。

习题

1. 一个由两根刚性梁组成的体系，如下图所示。（$\bar{m}L=m$）

（1）采用集中质量假设，确定体系的运动方程；

（2）确定体系的特征值和特征向量。

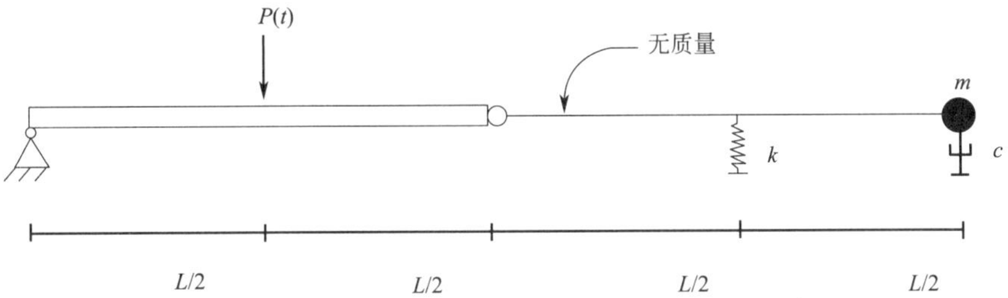

答案：

（1）$$\begin{bmatrix} \frac{\bar{m}L}{2} & 0 \\ 0 & m \end{bmatrix} \begin{bmatrix} \ddot{u}_1 \\ \ddot{u}_2 \end{bmatrix} + \begin{bmatrix} 0 & 0 \\ 0 & c \end{bmatrix} \begin{bmatrix} \dot{u}_1 \\ \dot{u}_2 \end{bmatrix} + \begin{bmatrix} 0.25k & 0.25k \\ 0.25k & 0.25k \end{bmatrix} \begin{bmatrix} u_1 \\ u_2 \end{bmatrix} = \begin{bmatrix} \frac{P}{2} \\ 0 \end{bmatrix}$$

（2）$\omega_1=0$，$\phi_1=\begin{bmatrix} 1 \\ -1 \end{bmatrix}$，$\omega_2=\sqrt{\frac{3k}{4m}}$，$\phi_2=\begin{bmatrix} 1 \\ 0.5 \end{bmatrix}$

2. 对于下面给出的刚性梁框架：

（1）确定固有频率和振型；

（2）证明振型与质量矩阵和刚度矩阵正交。

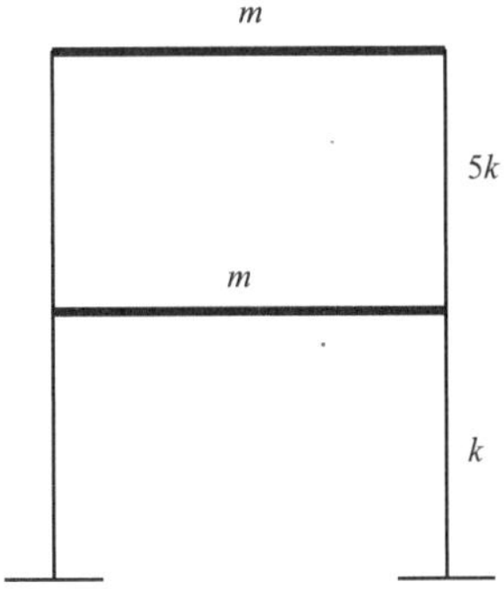

答案：

$$\omega_1=0.69\sqrt{\frac{k}{m}},\ \phi_1=\begin{bmatrix}0.905\\1.0\end{bmatrix}$$

$$\omega_2=3.24\sqrt{\frac{k}{m}},\ \phi_2=\begin{bmatrix}-1.106\\1.0\end{bmatrix}$$

3. 对于如下所示的多自由度系统：

（1）确定自由振动方程；

（2）当 $h=1\text{m}$，$EI=1\ \text{kN/m}^2$，$m=1\text{t}$ 时，确定特征值和特征向量；

（3）将特征向量进行质量标准化；

（4）证明特征向量与质量矩阵正交。

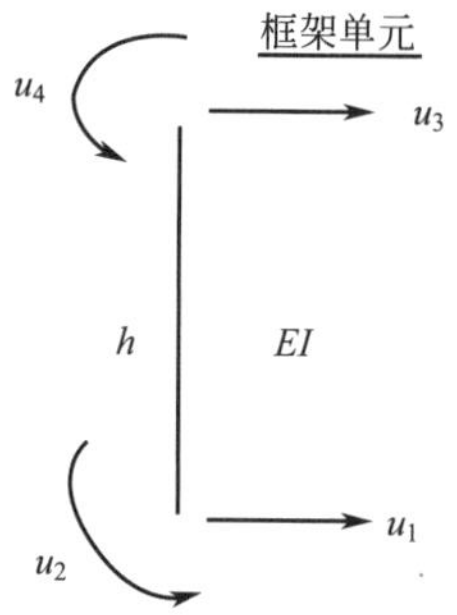

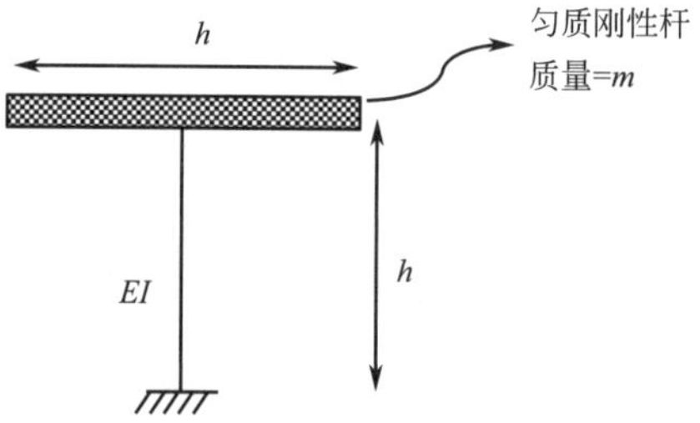

$$\boldsymbol{k}=\frac{EI}{h^3}\begin{bmatrix}12 & -6h & -12 & -6h\\-6h & 4h^2 & 6h & 2h^2\\-12 & 6h & 12 & 6h\\-6h & 2h^2 & 6h & 4h^2\end{bmatrix}$$

答案：

（1）$\begin{bmatrix}m & 0\\0 & \dfrac{mh^2}{12}\end{bmatrix}\begin{Bmatrix}\ddot{u}\\\ddot{\theta}\end{Bmatrix}+\dfrac{EI}{h^3}\begin{bmatrix}12 & 6h\\6h & 4h^2\end{bmatrix}\begin{Bmatrix}u\\\theta\end{Bmatrix}=\begin{Bmatrix}0\\0\end{Bmatrix}$

（2）$\omega_1=1.58\text{rad/s}$；$\omega_2=7.58\text{rad/s}$

4. 在给定的加速度反应谱作用下，画出下面线弹性框架结构所有构件的弯矩图。忽略柱的质量。

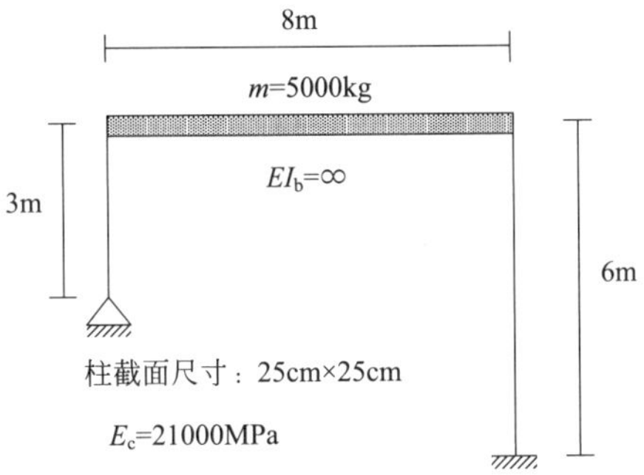

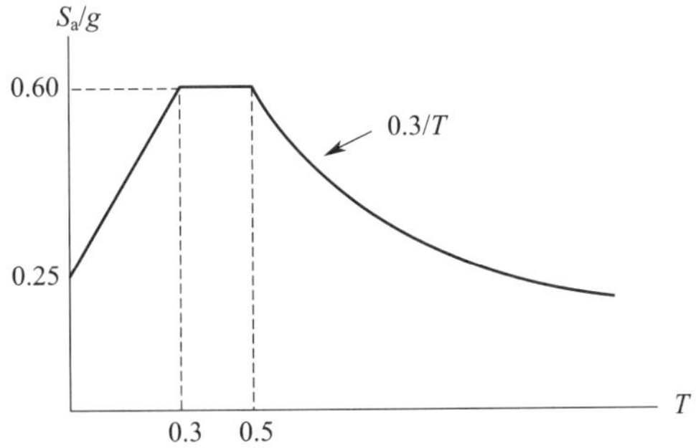

答案：

$$左柱：M_{bot}=0，M_{top}=58.86\text{kN}\cdot\text{m}$$

$$右柱：M_{bot}=-29.60\text{kN}\cdot\text{m}，M_{top}=-29.60\text{kN}\cdot\text{m}$$

5. 如果第 4 题中的框架为弹塑性结构，基底剪力为 $W/6$，计算当延性系数为 5 时的框架最大位移。

答案：

$$u_{max}=0.0359\text{m}$$

6.（1）计算下面体系的特征向量和特征值；

（2）对特征向量进行振型质量的标准化；

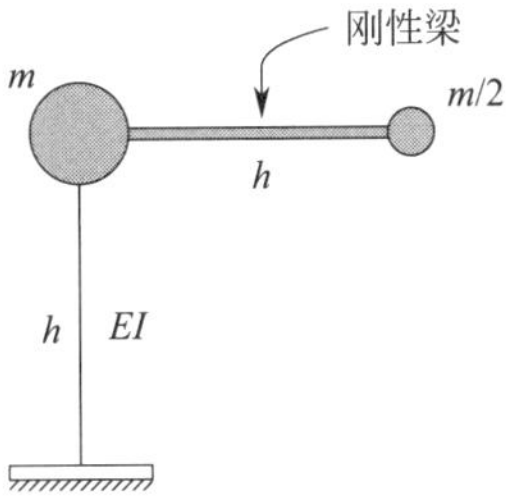

答案：

选择 u 和 ν 作为悬臂梁末端的水平自由度：

（1）$\omega_1^2=1.072\left(\dfrac{EI}{mh^3}\right)$，$\omega_2^2=14.928\left(\dfrac{EI}{mh^3}\right)$

(2) $\boldsymbol{\Phi}_1=\begin{bmatrix}0.577\\1\end{bmatrix}$，$\boldsymbol{\Phi}_2=\begin{bmatrix}0.577\\-1\end{bmatrix}$

7. 以一个五层剪力墙结构为例，假设各层侧向刚度为 k，质量为 m，高度为 h。前两阶特征值和特征向量如下：

$$\boldsymbol{\Phi}_1=\begin{Bmatrix}0.334\\0.641\\0.895\\1.078\\1.173\end{Bmatrix}\quad \boldsymbol{\Phi}_2=\begin{Bmatrix}-0.895\\-1.173\\-0.641\\0.334\\1.078\end{Bmatrix}\quad \begin{matrix}m=0.259\text{t}\\w_1=5.7\text{rad/s}\\w_2=16.6\text{rad/s}\\g=9.81\text{m/s}^2\end{matrix}$$

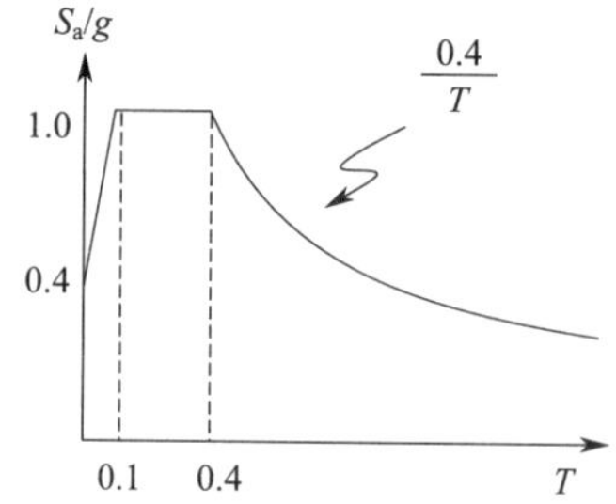

(1) 计算给定地震谱作用下的振型力向量（$n=1,2$）；

(2) 基于前两阶振型，采用 SRSS 规则计算层间位移；

(3) 计算首层柱端部弯矩。

答案：

(1) $\boldsymbol{f}_1=\begin{bmatrix}0.33\\0.63\\0.88\\1.06\\1.15\end{bmatrix}$ kN，$\boldsymbol{f}_2=\begin{bmatrix}0.76\\1.00\\0.55\\-0.29\\-0.92\end{bmatrix}$ kN

(2) $\boldsymbol{u}=\begin{bmatrix}0.0406\\0.0765\\0.1053\\0.1266\\0.1283\end{bmatrix}$ m

(3) $M_{\text{top}}=M_{\text{bot}}=1.052h(\text{kN}\cdot\text{m})$

8. 按照下述，分别计算隔震体系的基底剪力和位移：

(1) 完全振型叠加，分别计算每阶振型；

(2) 刚性结构近似计算；

(3) 比较并讨论结果。

图中，k_{f} 是框架结构总的侧向刚度。假设隔震系统与框架结构具有相同的阻尼比。加速度谱如下所示。

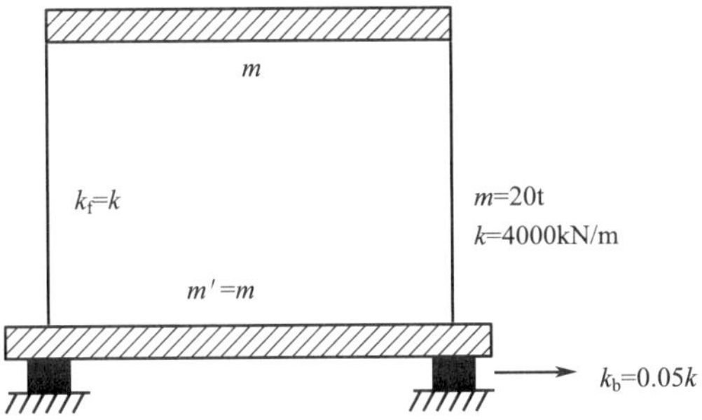

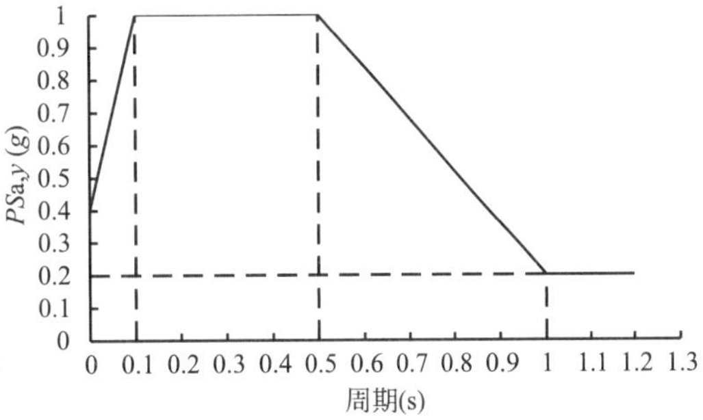

答案：

自由度：$u_1=u_b$（基底），$u_2=u_t$（上部结构）：

（1）$\boldsymbol{u}_1=\begin{Bmatrix}0.3924\\0.4022\end{Bmatrix}$m，$\boldsymbol{u}_2=\begin{Bmatrix}3.076\times10^{-4}\\-3\times10^{-4}\end{Bmatrix}$m，$\boldsymbol{u}_{total}=\begin{Bmatrix}0.3927\\-0.4019\end{Bmatrix}$m

$\boldsymbol{f}_1=\begin{Bmatrix}38.75\\39.72\end{Bmatrix}$kN，$\boldsymbol{f}_2=\begin{Bmatrix}2.49\\-2.43\end{Bmatrix}$kN，$\boldsymbol{f}_{total}=\begin{Bmatrix}41.24\\37.29\end{Bmatrix}$kN

$V_1=78.47$kN，$V_2=0.0615$kN，$V_b=78.53$kN

（2）$u_t=u_b$（刚性结构），$\boldsymbol{u}'=\begin{Bmatrix}0.3974\\0.3974\end{Bmatrix}$m，$V_b'=78.48$kN

（3）由（1）和（2）计算获得的结构位移和基底剪力非常接近。因此，采用刚性结构假设来计算基础隔震结构的反应是合理的。

9. 若第8题中单层框架结构是一个基础隔震系统，由理想弹塑性滞回包络线描述。隔震系统的抗侧能力为0.1W，阻尼比为25%。试采用等效线性化分析方法计算在第7题所示的设计谱作用下隔震体系的设计位移、有效刚度和有效周期。

答案：

$$u=0.118\text{m}，T_{eff}=2.23\text{s}，K_{eff}=320\text{kN/m}$$

第 6 章
建筑结构地震反应分析方法与抗震设计原则

摘要： 本章介绍了建筑结构抗震分析方法与设计原则。基于刚性楼板假定，定义了每层的动力自由度，获得了对角质量矩阵。推导了具有平面非对称刚度分布的三维结构刚度矩阵，获得了耦合刚度矩阵。讨论了非对称刚度分布对振型的影响，重点讨论了扭转耦合效应。按照一般抗震规范的规定，介绍了振型分解反应谱分析与等效静力侧向加载方法。回顾了建筑基本抗震设计原则与性能要求。讨论了抗震规范中的结构不规则性和对分析方法的选择影响。阐述了与层间位移角限值、二阶效应以及碰撞相关的抗震变形控制概念。

6.1 引言

第 5 章介绍的地震响应分析方法适用于简单的平面框架。这是因为特征值分析和地震作用下的受迫振动分析等基本概念比较容易通过简单、理想化的结构体系阐述清楚。然而，在工程实践中，真实建筑更为复杂，它们的质量与刚度参数具有空间分布的特点。因此，需要采用三维结构模型进行地震反应分析。通常情况下，建筑结构中的平面刚度与质量分布并非沿水平轴对称。由于扭转耦合效应，结构的动力分析十分复杂。因此，在抗震规范中给出的用以计算结构地震响应的分析方法需要考虑与结构特性相关的所有潜在因素。同时，抗震规范给出的分析方法也考虑了通过缩减结构参数来简化分析模型和动力分析过程。其中，刚性楼板即是结构一个最为显著的特性，它可大大减少结构动力自由度的数量。

6.2 刚性楼板与动力自由度

当楼板在其平面内服从刚性楼板假设时，每层楼板在地震作用下的运动可以用质心处的三个动力自由度描述。另一方面，结构几乎所有的质量都集中于楼板（混凝土楼板、覆盖物、梁、活荷载、巨型吊顶等）。只有柱和墙不是楼板系统的一部分，但它们的质量可均匀分布于相邻楼板的上下部。因此，地震作用下作用于结构每层的惯性力可定义于楼板的质量中心位置。

假设一个质量为 m 的刚性楼板在其平面内发生运动，图 6-1(a) 给出了刚性楼板的两个连续位置，局部坐标轴分别为 $x-y$ 和 $x'-y'$。图 6-1(b) 给出了质心在平面内的水平运动。角点 A 的水平运动(u_{xA}, u_{yA})可以表示为质心的水平运动(u_x, u_y)、刚性楼板绕质

心的转角 θ_z 和 A 点相对于质心的位置（x_A，y_A）：

$$u_{xA}=u_x-\theta_z\cdot y_A \tag{6-1a}$$

$$u_{yA}=u_y+\theta_z\cdot x_A \tag{6-1b}$$

因此，楼板在水平面内运动可以表示为质心处的两个水平分量和一个转动分量。

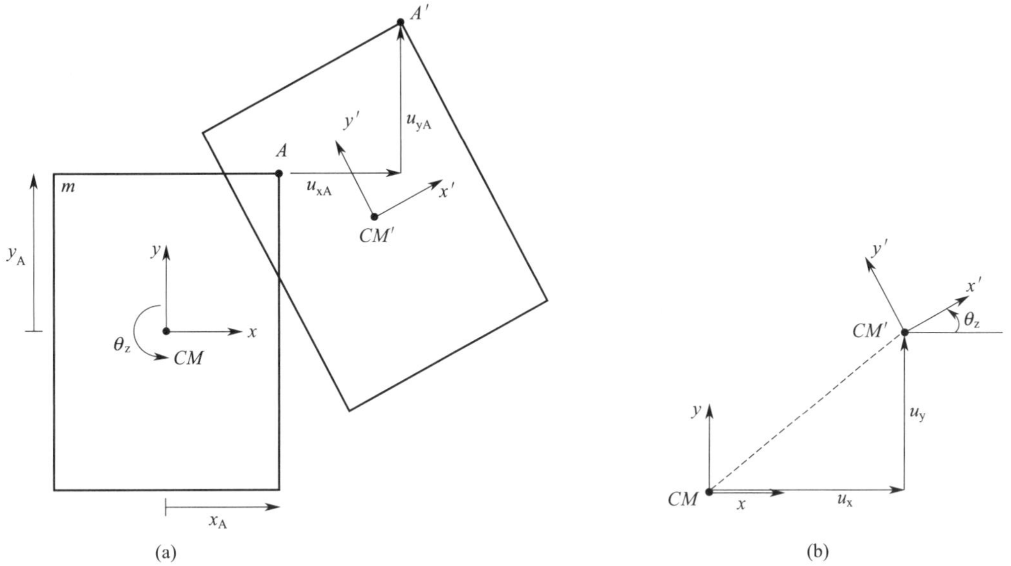

图 6-1 （a）刚性楼板在其平面内的运动；（b）质量中心的运动

每层楼板质心处的 u_x、u_y 和 θ_z 被认为是动力自由度（对于 N 层三维结构，动力自由度为 $3\times N$），其他自由度因未分配质量（梁柱端部转角、楼板边缘转角）而被认为是静力自由度。因此，刚性楼板假设导致框架结构发生静力凝聚。由于结构体系通常具有很大的竖向刚度，故假设竖向变形远小于侧向变形，可以因此而忽略楼板的竖向运动分量。

动力荷载并不作用于静力自由度上。相应地，一个具有刚性楼板的 N 层三维建筑结构，其动力位移向量可采用如下形式表示：

$$\boldsymbol{u}_d^T=\{\,|u_{x1}\quad u_{y1}\quad u_{\theta1}|\,u_{x2}\quad u_{y2}\quad u_{\theta2}|\cdots|\,u_{xN}\quad u_{yN}\quad u_{\theta N}|\,\} \tag{6-2}$$

刚性楼板假设可根据抗震规范的要求进行验证。当楼板开洞面积占楼板总面积的比例超过限值（通常是三分之一），或者楼板不具有足够大的平面刚度将侧向惯性力传递给无平面内变形的层间竖向构件（如大跨钢桁架屋顶或木制楼板）时，不允许采用将惯性力合力作用于楼板质心处的简化处理方式。

6.3 基底地震激励作用下的结构运动方程

沿 x 或 y 方向，带刚性楼板的静力凝聚体系在地震动作用下的运动方程可由式(5-6)获得：

$$\boldsymbol{m}\ddot{\boldsymbol{u}}_d+\boldsymbol{k}_d\boldsymbol{u}_d=-\boldsymbol{m}\boldsymbol{l}_i\,\ddot{u}_{gi}\;:\;i=x\text{ 或 }y \tag{6-3}$$

式中

$$\boldsymbol{l}_{\mathrm{x}}^{\mathrm{T}}=\{|1\quad 0\quad 0|1\quad 0\quad 0|\cdots|1\quad 0\quad 0|\} \tag{6-4a}$$

和

$$\boldsymbol{l}_{\mathrm{y}}^{\mathrm{T}}=\{|0\quad 1\quad 0|0\quad 1\quad 0|\cdots|0\quad 1\quad 0|\} \tag{6-4b}$$

为 x 和 y 方向的影响向量，与式(6-2) 一致。

6.3.1 质量矩阵

结构第 i 层的质量矩阵包括两个平动质量：x 和 y 方向的 m_i，和一个绕 z 轴的转动质量 I_i。其中，m_i 是第 i 层质量，I_i 是第 i 层楼板通过质量中心绕 z 轴的转动惯量。对于一个长宽为 a 和 b 的矩形楼板，$I_i=m_i\dfrac{a^2+b^2}{12}$。由于结构每层的平动和转动质量沿该层相应的平动和转动自由度直接定义，因此质量矩阵可构造为一个对角矩阵。质量系数之间没有平动—扭转耦合。

$$\underset{(3N\times 3N)}{\boldsymbol{m}}=\begin{bmatrix} m_1 & & & & & & & & \\ & m_1 & & & & & & & \\ & & I_1 & & & & & & \\ & & & m_2 & & & & & \\ & & & & m_2 & & & & \\ & & & & & I_2 & & & \\ & & & & & & \cdot & & \\ & & & & & & & \cdot & \\ & & & & & & & & \cdot \end{bmatrix} \tag{6-5}$$

6.3.2 刚度矩阵

为简化教学，首先建立一栋单层建筑的刚度矩阵。单层建筑的刚度参数沿两个水平正交轴方向呈不对称分布，如图 6-2(a) 所示。进一步假设对所有的静力自由度（柱端转角 $i=1:k$）进行凝聚，则每根柱 i 沿 x 和 y 方向的侧向刚度分别为 $k_{\mathrm{x}i}$ 和 $k_{\mathrm{y}i}$。

为简单起见，在刚性楼板的质心处选择三个动力自由度并建立坐标系，采用直接刚度法建立单层建筑的刚度矩阵。第 i 根柱子和坐标中心的距离为 x_i 和 y_i（图 6-2a），分别对各个自由度采用直接刚度法。

首先，在 x 方向施加一个单位位移（$u_{\mathrm{x}}=1$，$u_{\mathrm{y}}=0$，$u_\theta=0$）。为抵抗这一位移，所有柱 i 所需的惯性力为：$k_{\mathrm{x}i}\cdot 1=k_{\mathrm{x}i}$。其中，$k_{\mathrm{xx}}$，$k_{\mathrm{yx}}$ 和 k_{zx} 是约束位移为 $u_{\mathrm{x}}=1$，$u_{\mathrm{y}}=0$，$u_\theta=0$ 时的刚度系数（图 6-2b）。由图 6-2(b) 可知，x 与 y 方向的力平衡方程与 θ_{z} 方向的力矩平衡方程为：

$$k_{\mathrm{xx}}=\sum_1^k k_{\mathrm{x}i},\quad k_{\mathrm{yx}}=0,\quad k_{\theta\mathrm{x}}=\sum_1^k(-k_{\mathrm{x}i}\cdot y_i) \tag{6-6a}$$

然后，在 y 方向上施加一个单位位移（$u_{\mathrm{x}}=0$，$u_{\mathrm{y}}=1$，$u_\theta=0$），并对图 6-2(c) 中的力重复上述操作，可得另一组刚度系数：

$$k_{xy}=0,\ k_{yy}=\sum_1^k k_{yi},\ k_{\theta y}=\sum_1^k (k_{yi}\cdot x_i) \tag{6-6b}$$

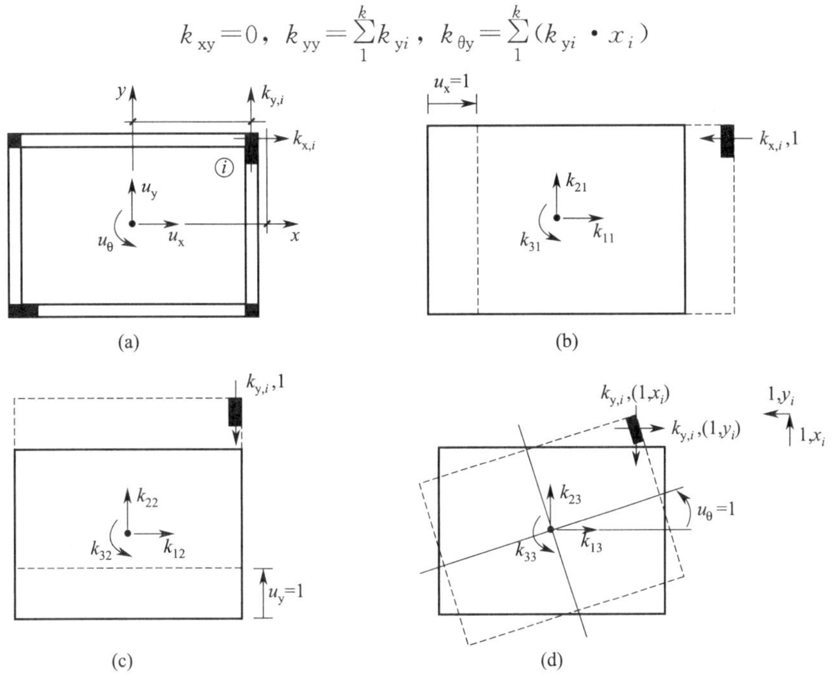

图 6-2　具有不对称刚度分布的单层建筑刚度系数

(a) 楼层平面；(b) $u_x=1$ 时的刚度系数；(c) $u_y=1$ 时的刚度系数；(d) $u_\theta=1$ 时的刚度系数

最后，在 z 方向上施加一个单位转角（即：$u_x=1$，$u_y=0$，$u_\theta=1$）。由于 $u_\theta=1$，第 i 根柱在 y 和 x 方向上的抗力分别与柱顶相对位移$(-1\cdot y_i)$和$(1\cdot x_i)$成比例（图 6-2d）。三个方向上的力平衡和力矩平衡方程为：

$$k_{x\theta}=\sum_1^k(-k_{xi}\cdot y_i),\quad k_{y\theta}=\sum_1^k(k_{yi}\cdot x_i),\quad k_{\theta\theta}=\sum_1^k(k_{xi}\cdot y_i^2+k_{yi}\cdot x_i^2) \tag{6-6c}$$

将所有的刚度系数进行组合，可获得一个凝聚刚度矩阵，为：

$$\boldsymbol{k}=\begin{bmatrix}\sum_1^k k_{xi} & 0 & \sum_1^k(-k_{xi}\cdot y_i)\\ 0 & \sum_1^k k_{yi} & \sum_1^k(k_{yi}\cdot x_i)\\ \sum_1^k(-k_{xi}\cdot y_i) & \sum_1^k(k_{yi}\cdot x_i) & \sum_1^k(k_{xi}\cdot y_i^2+k_{yi}\cdot x_i^2)\end{bmatrix} \tag{6-7}$$

例 6-1　图 6-3 所示结构体系中的楼板同时满足平面内和平面外刚性楼板假设。楼板质量为 20t，质心位置如图 6-3 所示。柱的质量可忽略不计。试确定图示自由度的质量和刚度矩阵。已知：$E=20\times10^{-6}\text{kN/m}^2$，柱尺寸为 0.4m×0.4m，$I_{CM}=88.33\text{t}\cdot\text{m}^2$（采用平行轴定理）。

解： 由于柱顶转动受楼板平面外刚度约束，在 x 和 y 两个方向上各柱的侧移刚度均为 $k=\dfrac{12EI}{h^3}$。计算 I，并将 E、I 和 h 代入 k，得：$k=8000\text{kN/m}$。相应地，可得单层建

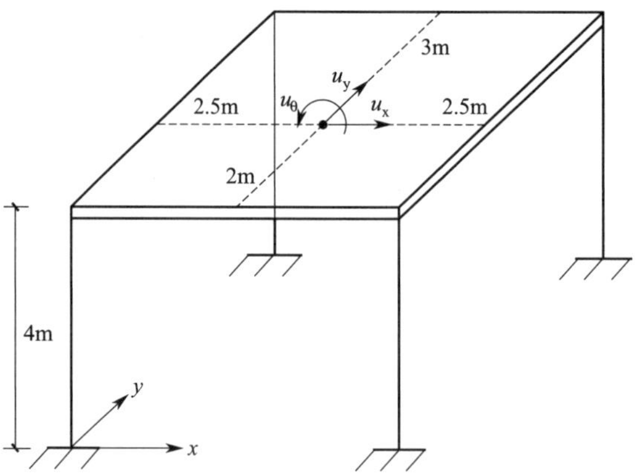

图 6-3 单层空间框架

筑的质量和刚度矩阵为：

$$\boldsymbol{m}=\begin{bmatrix}20 & 0 & 0\\ 0 & 20 & 0\\ 0 & 0 & 83.33\end{bmatrix},\ \boldsymbol{k}=\begin{bmatrix}32000 & 0 & -16000\\ 0 & 32000 & 0\\ -16000 & 0 & 408000\end{bmatrix},\ \boldsymbol{u}=\begin{Bmatrix}u_x\\ u_y\\ u_\theta\end{Bmatrix}$$

式中，质量的单位为吨（t）和吨·平方米（t·m^2），刚度系数单位为千牛每米（kN/m）、千牛（kN）和千牛·米（kN·m）。可见，如果忽略柱的转动惯量，沿 x 和 y 方向上的平动不存在刚度耦合。此外，y 方向的平动和转动之间也不存在刚度耦合，表明 y 方向的刚度对称，如图所示。然而，x 方向的平动和转动之间存在刚度耦合，因此结构沿 x 方向的刚度分布不对称（图 6-3）。

例 6-2 如图 6-4 所示，一双层框架结构的楼板在其平面内和平面外满足刚性楼板假设。试确定图中所示自由度的质量和刚度矩阵。各层质量为 m_1 和 m_2。楼板尺寸为 a（横向）×b（纵向）。

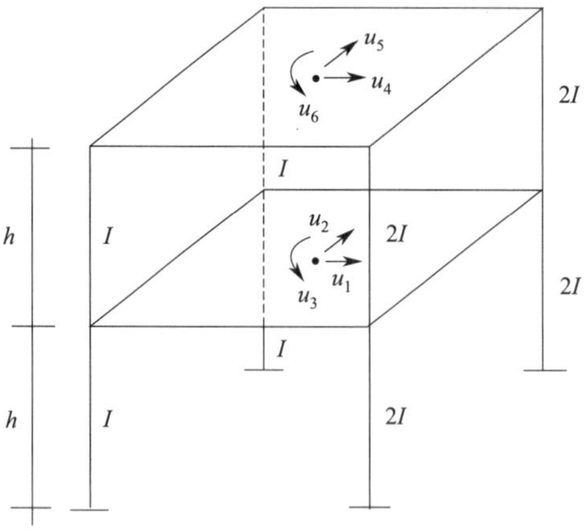

图 6-4 二层空间框架

解：采用直接刚度法计算刚度矩阵，给 u_i 施加一个单位（位移/转角），同时令 u_j（$j\neq i$）等于 0。u_1 和 u_3 的隔离体，如下图所示。其中，刚度系数可由平衡方程确定。注意：$k=\dfrac{12EI}{h^3}$。

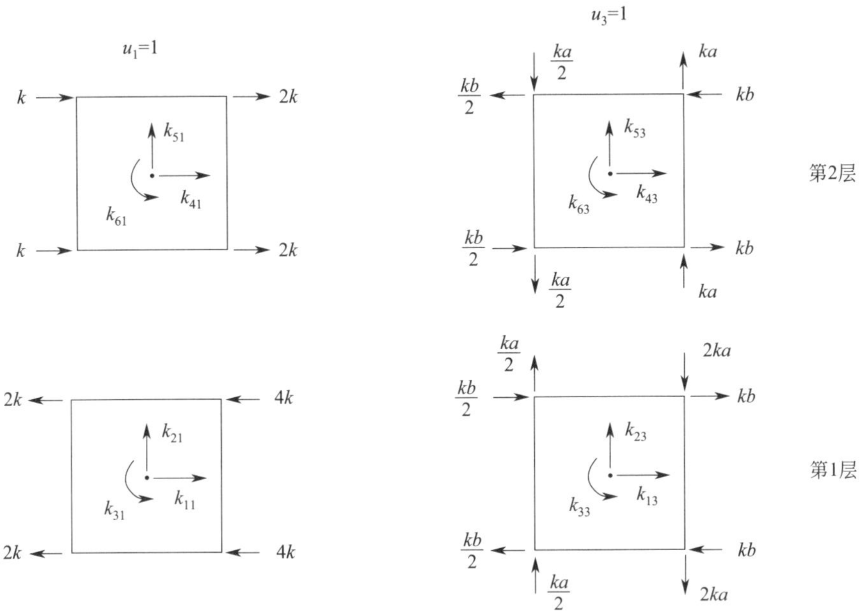

然后，求得刚度矩阵为：

$$
\boldsymbol{k}=\begin{bmatrix}
12k & 0 & 0 & -6k & 0 & 0\\
0 & 12k & 2ka & 0 & -6k & -ak\\
0 & 2ak & 3k(a^2+b^2) & 0 & -ak & -1.5k(a^2+b^2)\\
-6k & 0 & 0 & 6k & 0 & 0\\
0 & -6k & -ka & 0 & 6k & ak\\
0 & -ak & -1.5k(a^2+b^2) & 0 & ak & 1.5k(a^2+b^2)
\end{bmatrix}
$$

质量矩阵和位移向量为：

$$
\boldsymbol{m}=\begin{bmatrix}
m_1 & 0 & 0 & 0 & 0 & 0\\
0 & m_1 & 0 & 0 & 0 & 0\\
0 & 0 & m_1(a^2+b^2)/12 & 0 & 0 & 0\\
0 & 0 & 0 & m_2 & 0 & 0\\
0 & 0 & 0 & 0 & m_2 & 0\\
0 & 0 & 0 & 0 & 0 & m_2(a^2+b^2)/12
\end{bmatrix},\boldsymbol{u}=\begin{Bmatrix} u_1\\ u_2\\ u_3\\ u_4\\ u_5\\ u_6\end{Bmatrix}
$$

6.4 自由振动（特征值）分析

式(6-3) 等式右侧在自由振动过程中为 0，可用来求解特征值问题：

$$\boldsymbol{m}\ddot{\boldsymbol{u}}_{\mathrm{d}}+\boldsymbol{k}_{\mathrm{d}}\boldsymbol{u}_{\mathrm{d}}=\boldsymbol{0} \tag{6-8}$$

第 5.5 节已给出了平面框架结构特征值问题的求解过程。类似的求解过程也适用于三维框架结构。求解这一特征值问题可给出静力凝聚系统的特征值 ω_n^2 和特征向量 $\boldsymbol{\Phi}_n$。一个三维结构第 i 层的特征向量 $\boldsymbol{\Phi}_n$ 包括两个平动分量 ϕ_{xin} 和 ϕ_{yin}，和一个转动分量 $\phi_{\theta in}$，如式(6-9) 所示：

$$\boldsymbol{\Phi}_n^{\mathrm{T}}=\{|\phi_{\mathrm{x}1n} \quad \phi_{\mathrm{y}1n} \quad \phi_{\theta 1n}|\phi_{\mathrm{x}2n} \quad \phi_{\mathrm{y}2n} \quad \phi_{\theta 2n}|\cdots|\phi_{\mathrm{x}Nn} \quad \phi_{\mathrm{y}Nn} \quad \phi_{\theta Nn}|\} \tag{6-9}$$

对于沿 x 方向投影的二维平面框架，$\boldsymbol{\Phi}_n$ 中的 ϕ_{yin} 和 $\phi_{\theta in}$ 分量为 0。

例 6-3 确定例 6-1 中具有非对称刚度的单层建筑的特征值和特征向量，并将特征向量进行归一化。

解：由于 y 方向的刚度和质量分布对称，可对该方向 u_{y} 的运动方程进行解耦：

$$m\ddot{u}_{\mathrm{y}}+\left(\sum_{1}^{4}k_{\mathrm{y}i}\right)u_{\mathrm{y}}=0$$

可见，y 方向的运动由一个单自由度运动方程控制。其中，$\omega_n=1600(\mathrm{r/s})^2$。对应的振型分量为：$\phi_{xn}=0$，$\phi_{yn}=1$，$\phi_{\theta n}=0$。此时，尚难知道哪一个振型是 n。接下来，沿 x 和 θ 方向的两个运动控制耦合方程为：

$$\begin{bmatrix}20 & 0\\0 & 88.33\end{bmatrix}\begin{Bmatrix}\ddot{u}_{\mathrm{x}}\\\ddot{u}_{\theta}\end{Bmatrix}+1000\begin{bmatrix}32 & -16\\-16 & 408\end{bmatrix}\begin{Bmatrix}u_{\mathrm{x}}\\u_{\theta}\end{Bmatrix}=\begin{Bmatrix}0\\0\end{Bmatrix}$$

行列式$(\boldsymbol{k}-\omega_n^2\boldsymbol{m})=0$ 为结构的特征方程，其特征根为 $1552.4(\mathrm{r/s})^2$ 和 $4665(\mathrm{r/s})^2$，对应的特征向量为 $\begin{Bmatrix}\phi_{xn}\\\phi_{\theta n}\end{Bmatrix}=\begin{Bmatrix}1\\0.0595\end{Bmatrix}$ 和 $\begin{Bmatrix}\phi_{xn}\\\phi_{\theta n}\end{Bmatrix}=\begin{Bmatrix}1\\-3.8312\end{Bmatrix}$。若将特征向量从小到大排列，并将对应的特征向量拓展至三个自由度，可得：

$$\begin{aligned}\omega_1&=39.4\mathrm{rad/s}\\\omega_2&=40.0\mathrm{rad/s}\\\omega_3&=68.3\mathrm{rad/s}\end{aligned}\quad \boldsymbol{\Phi}_1=\begin{Bmatrix}1\\0\\0.0595\end{Bmatrix},\ \boldsymbol{\Phi}_2=\begin{Bmatrix}0\\1\\0\end{Bmatrix},\ \boldsymbol{\Phi}_3=\begin{Bmatrix}1\\0\\-3.8312\end{Bmatrix}$$

特征向量可根据质量进行归一化。采用式(5-37) 计算各振型质量，得：$M_1=21.5\mathrm{t}$，$M_2=20\mathrm{t}$，$M_3=1316.5\mathrm{t}$。通过质量归一化，可得：

$$\boldsymbol{\Phi}_1=\begin{Bmatrix}0.216\\0\\0.0128\end{Bmatrix},\ \boldsymbol{\Phi}_2=\begin{Bmatrix}0\\0.2236\\0\end{Bmatrix},\ \boldsymbol{\Phi}_3=\begin{Bmatrix}0.0276\\0\\-0.1056\end{Bmatrix},\ \boldsymbol{u}=\begin{Bmatrix}u_{\mathrm{x}}\\u_{\mathrm{y}}\\u_{\theta}\end{Bmatrix}$$

需要注意的是，单层建筑的每个振型向量包含三个分量。第一个分量是沿 x 方向的平动，第二个分量是沿 y 方向的平动，第三个分量是绕质心的转动 θ。第一个和第三个振型向量分别表示沿 x 方向平动和转动的扭转耦联。第二个振型向量不存在耦联，表示沿 y 方向的平动，其原因在于系统关于 y 轴对称。第三个特征向量在平面内的振型如下图所示：

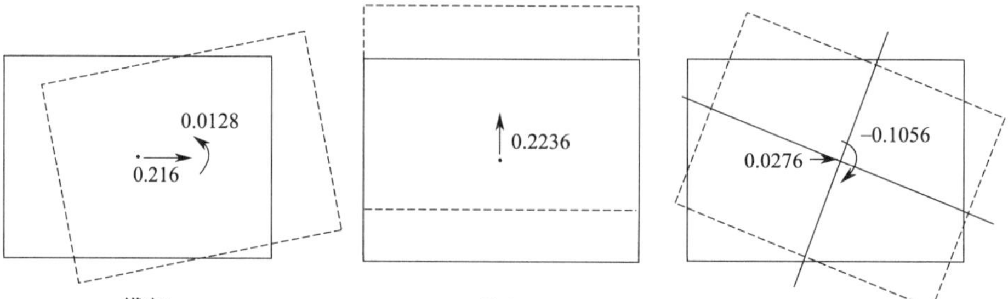

模态1 ω_1=39.6rad/s　　模态2 ω_1=40rad/s　　模态3 ω_1=68.3rad/s

6.4.1 结构对称性对振型的影响

在三维结构的第 i 层，式(6-9) 中的振型定义了第 n 阶振型在 xyz 空间的一般变形剖面，以 ϕ_{xin}、ϕ_{yin} 和转动分量 $\phi_{\theta in}$ 表示。一个三维结构的振型通常三个一组，并按照各自的振动频率 ω_n 和周期 T_n 排序。

若结构关于两个坐标轴对称，这些组中的三个振型将完全不耦合。一个振型指向 x 方向，另一个振型指向 y 方向，第三个振型指向绕 z 轴的转动方向。因此，对于 x 方向的对称振型，ϕ_{xin} 不等于 0，而 ϕ_{yin} 和 $\phi_{\theta in}$ 等于 0。同理适用于式(6-9) 中的 y 方向和 θ 方向。图 6-5 给出了第一组中三个振型的非耦合形状。振型的幅值是完全任意的。在此，仅假设具有最长周期 T_1 的第一阶振型出现在 x 方向，第二阶振型出现在 y 轴方向，第三阶振型出现在转动轴 θ 方向。需要注意的是，所有这三个振型与二维结构的第一阶振型相似。相应地，这三个非耦合振型的第二组形状与二维结构的第二阶振型相似。在地震工程中，一个常用的术语是将这些组的前三个振型命名为：$1X$，$1Y$，1θ；第二组的三个振型命名为：$2X$，$2Y$，2θ，并以此类推。

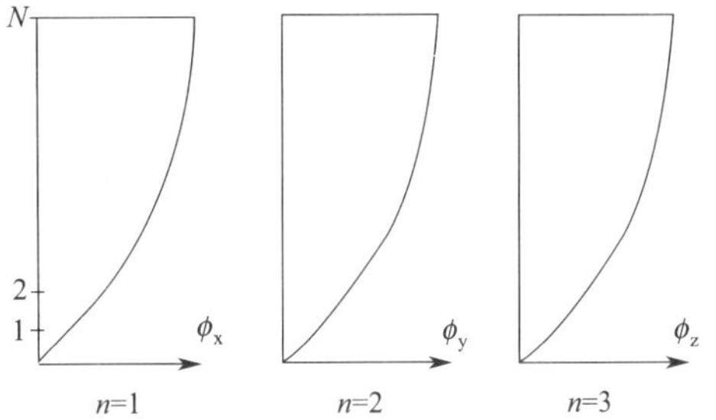

图 6-5 完全对称建筑结构的前三阶非耦合振型

实际上，三维结构通常无法满足对称性的要求，因此其振型在三个方向上会出现耦合。相应地，式(6-9) 第 n 阶振型中的 ϕ_{xin}、ϕ_{yin} 和 $\phi_{\theta in}$ 均不等于 0，尽管其中某个分量会控制其他两个分量。以一栋建筑的第 j 层为例，如图 6-6 所示。假设质量在楼板上均匀分布，因此结构关于两个轴对称。质心 CM 位于几何中心。然而，侧向抗力构件（柱和墙）的刚度分布不均。

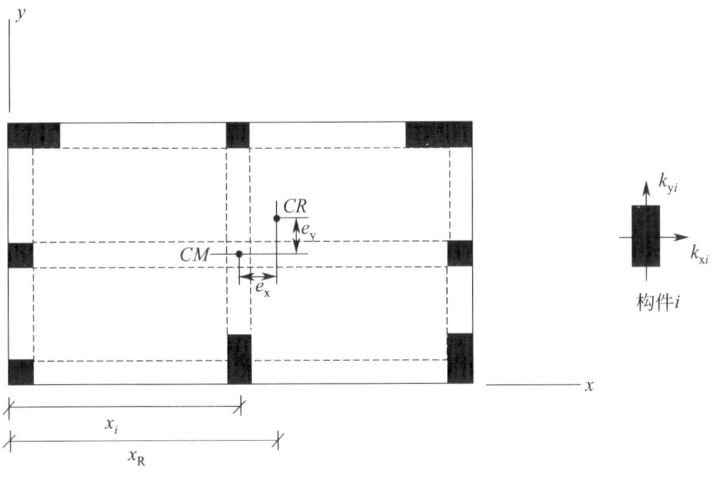

图 6-6 双向侧向刚度分布不对称的楼板平面

刚度中心 CR 的位置定义为距离中心的坐标 x_{CR} 和 y_{CR}，可由刚度关于原点的一阶矩计算：

$$x_{CR}=\frac{\sum x_i \cdot k_{yi}}{\sum k_{yi}};y_{CR}=\frac{\sum y_i \cdot k_{xi}}{\sum k_{xi}} \tag{6-10}$$

相应地，在 x 和 y 方向上的偏心距为：

$$e_x=x_{CR}-x_{CM},e_y=y_{CR}-y_{CM} \tag{6-11}$$

如果坐标系的中心位于质心 CM，如图 6-2（a）所示。那么，式(6-11）中的 e_x 和 e_y 可直接定义刚度中心 CR 的位置。当 e_x 和 e_y 等于 0 时，式(6-7）中的刚度矩阵耦合项与式(6-10）和式(6-11）一致，也等于 0，使得第 j 层为一对角刚度矩阵。某层为一对角刚度矩阵表明侧向刚度在该层沿两个水平轴方向上对称，即不存在扭转耦联。

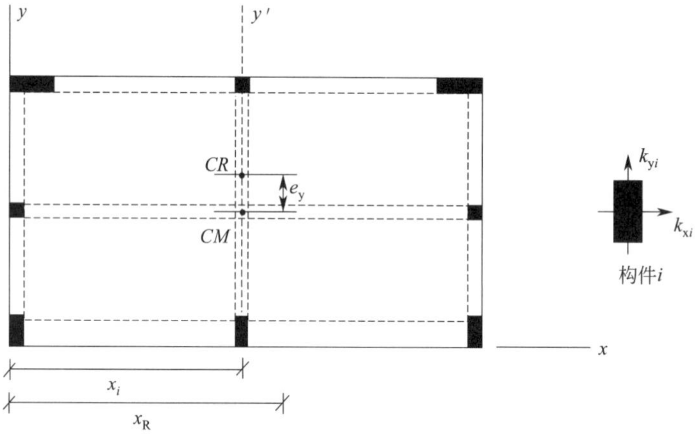

图 6-7　x 方向侧向刚度分布不对称的楼层平面

如果一栋三维建筑的所有楼层在两个方向上刚度耦合，即：所有楼层的 e_x 和 e_y 均不等于 0。那么，式(6-9）中 $3N$ 个振型向量的所有分量均不等于 0。这是一个双向非对称系统。如果仅在一个方向上刚度耦合，这种不对称是单向的。此时，式(6-9）中振型向量的部分分量不等于 0。如图 6-7 所示，以 $e_x=0$ 且 $e_y \neq 0$ 为例，该系统沿 y 方向通过质心 CM 关于 y'轴对称，在 x 方向上不对称。图 6-8 给出了该系统的前两阶振型示意图。同时，图 6-9 给出了一个典型楼层的平面运动。由图可见，在第一阶振型，楼层沿 x 方向平动，同时绕 z 轴转动，而在 y 方向上的平动为 0。在第二阶振型，楼层只沿 y 方向平动。因此，x 方向的平动和绕 z 轴的转动均等于 0。相应地，x 方向的平动与转动耦合，y 方向的平动与转动不耦合。

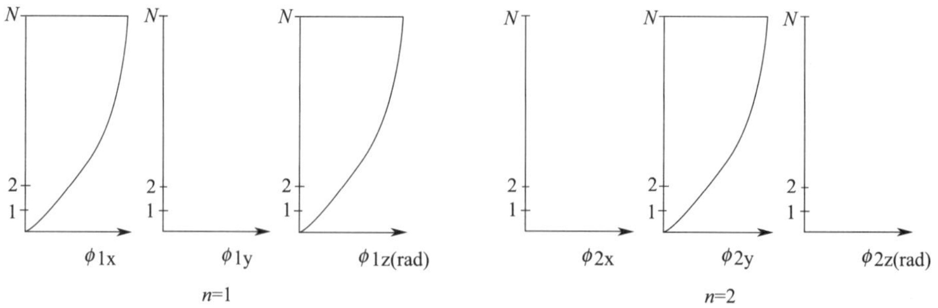

图 6-8　x 方向非对称建筑结构的前两阶耦合振型

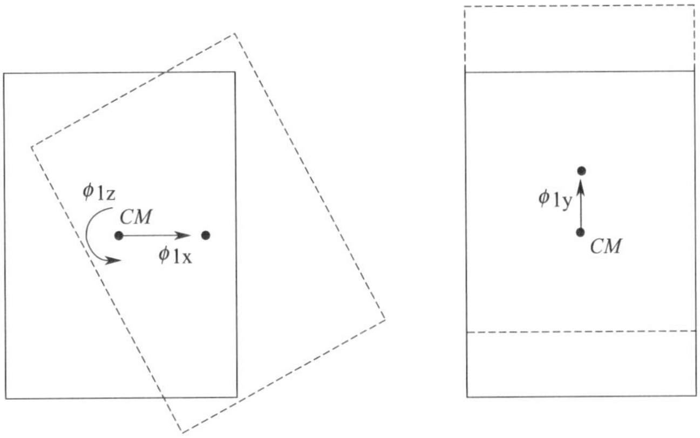

图 6-9 x 方向非对称建筑的前两阶耦合振型平面图

6.5 抗震规范中的分析方法

抗震设计规范中的分析方法规定了设计地震作用与变形的计算。尽管本章介绍的解析方法在理论上与第 5 章中的方法类似，但其表达形式需符合一般规范的符号要求。

在抗震设计规范中，有两种基本的弹性分析方法，它们所基于的设计地震作用由第 4 章讨论的非弹性（折减）设计谱 $S_{aR}(T)$ 来表示。第一种方法是振型反应谱分析方法，第二种方法是等效静力侧向加载方法。第二种方法可视为第一种方法的特例。等效静力侧向加载方法适用于简单、规则的结构。

6.6 振型分解反应谱分析

对于仅具有动力自由度的凝聚体系，振型分解反应谱方法通过采用足够多的振型叠加来计算折减后设计地震作用下（S_{aR}）的结构响应。这种方法适用于所有结构，没有任何限制。

对折减后设计谱作用下的每阶振型，其对应的振型力向量可根据式(5-60）计算：

$$\boldsymbol{f}_n=\frac{L_{ni}}{M_n}(\boldsymbol{m\Phi}_n)S_{aR,ni} \tag{6-12}$$

对于一栋三维建筑，式(6-12）中的 L_{ni} 可计算为：

$$L_{ni}=\boldsymbol{\Phi}_n^{T}\boldsymbol{m}\boldsymbol{l}_i, i=x \text{ 或 } y \tag{6-13}$$

式中，$S_{aR,ni}$ 是地震作用于 x 或 y 方向时折减设计谱在 T_n 处的坐标。

一栋三维建筑每层 i 的力向量$\boldsymbol{f}_n$ 包括两个侧向力分量 f_{xin} 和 f_{yin}，和一个扭矩分量 $M_{\theta in}$，如式(6-14）所示：

$$\boldsymbol{f}_n^{T}=\{|f_{x1n}\quad f_{y1n}\quad M_{\theta 1n}|f_{x2n}\quad f_{y2n}\quad M_{\theta 2n}|\cdots|f_{xNn}\quad f_{yNn}\quad M_{\theta Nn}|\} \tag{6-14}$$

需要注意的是，式(6-14）中的振型力向量和式(6-9）中的振型向量在每个动力自由度上的分量一致。对于沿 x 方向的二维平面框架，$\boldsymbol{f}_n$ 中的 f_{yin} 和 $M_{\theta in}$ 分量等于 0。此外，当一栋建筑遭受 x 或 y 方向的地震作用，在两个水平方向上的刚度完全对称（$e_x=e_y=0$）时，式(6-14) 中的扭矩 $M_{\theta in}$ 不会出现。这是因为，一栋完全对称的结构不存在平动和转动振型分量的耦合（图 6-5）。然而，当一栋建筑遭受 x 或 y 方向的地震作用，具有不对称的刚度分布（$e_x\neq0$ 或 $e_y\neq0$）时，式(6-14) 中的扭矩 $M_{\theta in}$ 将会出现。这是因为，平动和转动振型分量之间存在耦合（图 6-8）。这种耦合现象在地震工程中被称为“扭转耦联”，这是因为扭矩并非由扭转激励直接引起，而是由平动激励间接引起的。

在此基础上，将式(6-12) 中的$\boldsymbol{f}_n$ 应用于具有全部静力和动力自由度的“非凝聚”结构。通过等效静力振型分析，计算第 n 阶振型下所有构件的振型力和位移。图 6-10 给出了一栋三维结构在第 j 层楼板质心处施加两个水平力和一个扭矩。

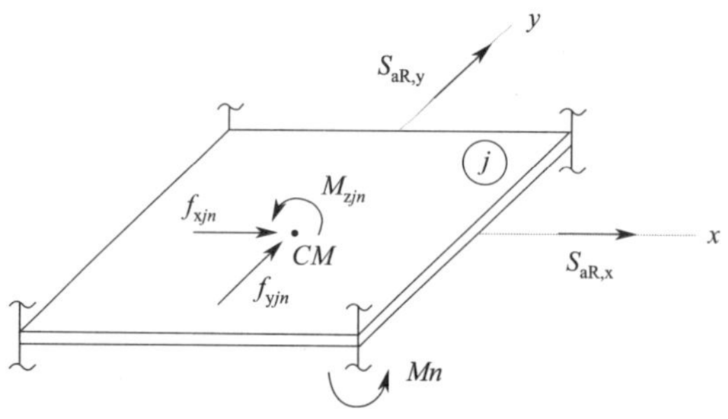

图 6-10 作用于第 j 层楼板质心处的第 n 阶振型力分量

最后，各阶振型分析结果可按照 SRSS 或 CQC 准则进行组合。例如，图 6-10 中右前角柱的上端设计弯矩可按照 SRSS 计算如下：

$$M=\sqrt{(M_1)^2+(M_2)^2+\cdots+(M_N)^2} \tag{6-15}$$

6.6.1 分析步骤

抗震规范中的振型分解反应谱方法可总结为以下步骤：

1. 建立目标结构的完整模型。

2. 静力自由度凝聚（式 5-14）。

3. 开展凝聚结构的特征值分析（式 6-8），确定每一阶振型 n 的 ω_n（或 T_n）和 $\boldsymbol{\phi}_n$。

4. 选择折减系数 R，依据设计谱 $S_{aR,n}$（式 4-15）计算振型谱加速度。

5. 根据式(6-14) 计算振型力$\boldsymbol{f}_n=\dfrac{L_n}{M_n}(\boldsymbol{m}\boldsymbol{\Phi}_n)S_{aR,n}$。

6. 通过将 $\boldsymbol{f}_n$ 拓展为完整的内力向量 $\boldsymbol{f}'_n$，将 $\boldsymbol{f}_n$ 应用于完整（未进行缩聚）结构模型，并根据 $\boldsymbol{f}'_n=\boldsymbol{k}'\cdot\boldsymbol{u}'_n$，确定构件对应不同振型的内力和变形 r_n。其中，$\boldsymbol{k}'$是完整（未缩聚的）的刚度矩阵，$\boldsymbol{u}'_n$包括所有的自由度。

7. 采用 SRSS 准则：$r_{EQ}=\sqrt{(r_1)^2+\cdots+(r_n)^2+\cdots+(r_N)^2}$，或 CQC 准则对上述振型分析结果进行组合。

8. 对重力与地震分析结果进行组合：$r_{\text{design}}=r_{\text{gravity}}\pm r_{\text{EQ}}$。

6.6.2 最小振型数量

根据抗震规范，振型分解反应谱法中要考虑的最小振型数量 $N_{\min}$ 应满足整体有效质量在 x 和 y 方向上分别大于总质量的 90%这一要求，体现为下面两个不等式：

$$x\ 方向：\sum_{n=1}^{N_{\min}} M_n^* = \sum_{n=1}^{N_{\min}} \frac{L_{xn}^2}{M_n} \geqslant 0.90 \sum_{i=1}^{N} m_i \tag{6-16}$$

$$y\ 方向：\sum_{1}^{N_{\min}} M_n^* = \sum_{n=1}^{N_{\min}} \frac{L_{yn}^2}{M_n} \geqslant 0.90 \sum_{1}^{N} m_i \tag{6-17}$$

在式(6-16) 和式(6-17) 中，N 是结构的层数，m_i 是楼层质量。同时：

$$L_{xn} = \sum_{i=1}^{N} m_i \phi_{xin}, L_{yn} = \sum_{i=1}^{N} m_i \phi_{yin} \tag{6-18}$$

且

$$M_n = \sum_{i=1}^{N} (m_i \phi_{xin}^2 + m_i \phi_{yin}^2 + I_i \cdot \phi_{\theta in}^2) \equiv \boldsymbol{\Phi}_n^{\mathrm{T}} \boldsymbol{m} \boldsymbol{\Phi}_n \tag{6-19}$$

值得注意的是，式(6-18) 和式(6-19) 分别是式(5-40) 和式(5-37) 的标量扩展形式，式中，

$$L_{xn} = \boldsymbol{\Phi}_n^{\mathrm{T}} \boldsymbol{m} \boldsymbol{l}_{\mathrm{x}},\ L_{yn} = \boldsymbol{\Phi}_n^{\mathrm{T}} \boldsymbol{m} \boldsymbol{l}_{\mathrm{y}},\ M_n = \boldsymbol{\Phi}_n^{\mathrm{T}} \boldsymbol{m} \boldsymbol{\Phi}_n \tag{6-20}$$

式中，$\boldsymbol{l}_{\mathrm{x}}=\{1\ \ 0\ \ 0;\ 1\ \ 0\ \ 0;\ \cdots\}^{\mathrm{T}}$ 和 $\boldsymbol{l}_{\mathrm{y}}=\{0\ \ 1\ \ 0;\ 0\ \ 1\ \ 0;\ \cdots\}^{\mathrm{T}}$ 分别为 x 和 y 方向上的影响向量。$\boldsymbol{l}_{\mathrm{x}}$ 和 $\boldsymbol{l}_{\mathrm{y}}$ 将 x 和 y 方向的地面运动以刚体运动分量的形式传递给上部结构对应的平动动力自由度。

式(6-16) ～式(6-20) 中，与总质量的比值相关的最小振型数量没有严格的理论依据，它只是一个用于实际应用的假设。最小振型数量仅是一个指标，近似表示振型基底剪力与总基底剪力的比值。

6.6.3 偶然偏心

由于某些原因，结构在某一楼层的刚度中心或质量中心可能发生偏移，从而产生一个在结构模拟中没有考虑的额外偏心距。这种现象在抗震设计中被称为偶然偏心，它可能的原因包括：

（1）强震作用下，某层的侧向荷载竖向构件（柱和剪力墙）非同步开裂或屈服，导致非对称的刚度损失。

（2）承担楼层部分剪力的非结构构件（隔墙、窗框等）分布不对称。

（3）由于施工缺陷导致刚度中心发生偏移。

（4）由于集中活荷载质量导致质量中心发生偏移。

抗震设计规范通过对侧向惯性合力施加一个附加偏心距间接考虑这种偶然偏心。实现

方式为在垂直于地震动方向上，施加一个额外的等于纵向楼板尺寸5%的偏心距，使得每层楼板质量中心发生偏移。该偏移分别在 x 和 y 方向施加，并在施加过程中同时考虑正负偏心距的情况。图6-11给出了第 i 层在 x 方向的偏移。

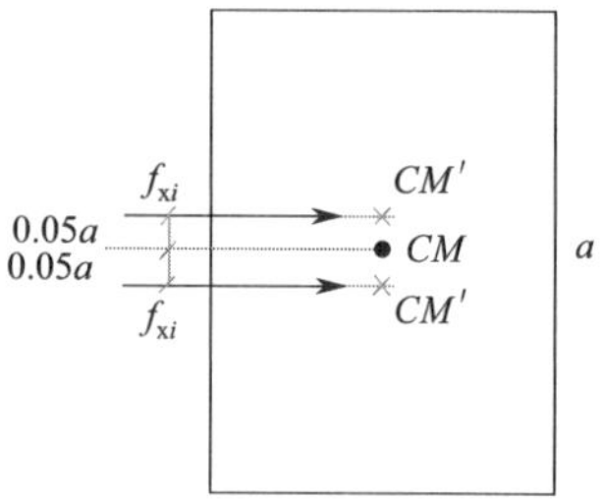

图6-11　考虑 x 方向偶然扭转的质心偏移

例6-4　将例6-1和例6-3中单层结构按如下弹性加速度谱（未折减）进行设计：

（1）试计算当地震仅作用于 x 方向时的弹性振型位移（质心）和振型力。

（2）试计算相同激励作用下的柱设计力。假设楼板自重由各柱平均承担。不考虑活荷载，设计荷载组合为 $DL+EQ$。在设计中，$R=4$，$E_c=20\times10^{-6}\text{kN/m}^2$，柱尺寸为0.4m×0.4m，$I_G=88.33\text{t}\cdot\text{m}^2$。系统的自由振动参数如下：

$$\begin{matrix}\omega_1=39.4\text{rad/s}\\ \omega_2=40.0\text{rad/s}\\ \omega_3=68.3\text{rad/s}\end{matrix}\quad \boldsymbol{\Phi}_1=\begin{Bmatrix}0.216\\0\\0.0128\end{Bmatrix},\ \boldsymbol{\Phi}_2=\begin{Bmatrix}0\\0.2236\\0\end{Bmatrix},\ \boldsymbol{\Phi}_3=\begin{Bmatrix}0.0276\\0\\-0.1056\end{Bmatrix},\ \boldsymbol{u}=\begin{Bmatrix}u_x\\u_y\\u_\theta\end{Bmatrix}$$

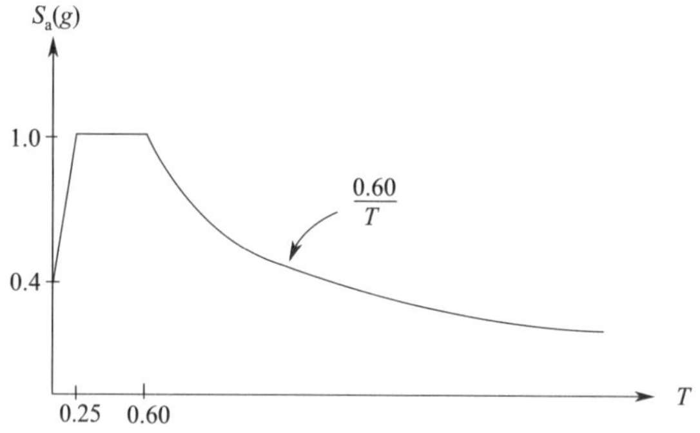

解：

$T=\{0.1595,0.157,0.092\}\text{s}$

（1）振型位移

$S_{a1}=S_a(T_1)\cdot g=1\times9.81=9.81\text{m/s}^2$

$S_{a2}=S_a(T_2)\cdot g=1\times9.81=9.81\text{m/s}^2$

$S_{a3}=S_a(T_3)\cdot g=0.77\times9.81=7.53\text{m/s}^2$

$$\boldsymbol{m}=\begin{bmatrix}20&0&0\\0&20&0\\0&0&83.33\end{bmatrix}\text{t;t}\cdot\text{m}^2$$

$L_{xn}=\boldsymbol{\Phi}_n^{\mathrm{T}}\boldsymbol{m}\boldsymbol{l}_x,\boldsymbol{l}_x=\{1\quad0\quad0\}^{\mathrm{T}}$

$L_{x1}=4.44\text{t},L_{x2}=0,L_{x3}=-0.551\text{t}$

$$u_{x1}=\frac{L_{x1}}{M_1}\cdot\phi_{x1}\cdot\frac{PSa_1}{\omega_1^2}=4.44\times0.222\times\frac{9.81}{39.4^2}=6.23\times10^{-3}\text{m},u_{x2}=0$$

$$u_{x3} = \frac{L_{x3}}{M_3} \cdot \phi_{x3} \cdot \frac{PSa_3}{\omega_3^2} = -0.551 \times -0.02755 \times \frac{7.53}{68.3^2} = 2.45 \times 10^{-5}\,\text{m}$$

$$u_{\theta1} = \frac{L_{x1}}{M_1} \cdot \phi_{\theta3} \cdot \frac{PSa_1}{\omega_1^2} = 4.44 \times 0.0131 \times \frac{9.81}{39.4^2} = 3.677 \times 10^{-4}\,\text{rad}, u_{\theta2} = 0,$$

$$u_{\theta3} = \frac{L_{x3}}{M_3} \cdot \phi_{\theta3} \cdot \frac{PSa_3}{\omega_3^2} = -0.551 \times 0.1056 \times \frac{7.53}{68.3^2} = -9.4 \times 10^{-5}\,\text{rad}$$

$$\boldsymbol{u}_1 = \begin{Bmatrix} 6.23 \times 10^{-3}\,\text{m} \\ 0 \\ 3.677 \times 10^{-4}\,\text{rad} \end{Bmatrix}, \boldsymbol{u}_2 = 0, \boldsymbol{u}_3 = \begin{Bmatrix} 2.45 \times 10^{-5}\,\text{m} \\ 0 \\ -9.4 \times 10^{-5}\,\text{rad} \end{Bmatrix}$$

振型力：$\boldsymbol{f}_n = \dfrac{L_n}{M_n}(\boldsymbol{m} \cdot \boldsymbol{\Phi}_n)PS_{an}$

$$\boldsymbol{f}_1 = \begin{Bmatrix} 191.65 \\ 0 \\ 50.40 \end{Bmatrix}, \boldsymbol{f}_3 = \begin{Bmatrix} 2.29 \\ 0 \\ -38.73 \end{Bmatrix} \quad \begin{array}{l}（\text{力}-\text{kN}）\\（\text{弯矩}-\text{kN}\cdot\text{m}）\end{array}$$

（2）柱的设计力

对一根两端固定的方柱

$$k_x = k_y = \frac{12EI}{L^3} = 8000\,\text{kN/m}$$

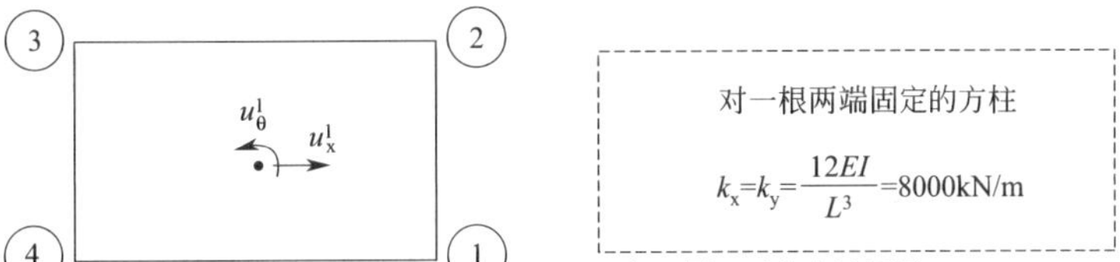

只有一层，可舍去该标记。

振型1：（$u_x = 6.23 \times 10^{-3}\,\text{m}, u_\theta = 3.677 \times 10^{-4}\,\text{rad}$）

柱1：

$$u_x = u_x + u_\theta \times 2^m = 6.23 \times 10^{-3} + 3.677 \times 10^{-4} = 6.9654 \times 10^{-3}\,\text{m}$$

$$u_y = u_\theta \times 2.5^m = 3.677 \times 10^{-4} \times 2.5 = 9.1925 \times 10^{-4}\,\text{m}$$

$$f_x = 6.9654 \times 10^{-3} \times 8000 = 55.7232\,\text{kN}(\rightarrow)\quad f_y = 9.1925 \times 10^{-4} \times 8000$$
$$= 7.354\,\text{kN}(\uparrow)$$

柱2：

$$M_x = F_y \cdot \frac{L}{2} = 7.354 \times 2 = 14.708\,\text{kN} \cdot \text{m}$$

$$M_y = F_x \cdot \frac{L}{2} = 55.7232 \times 2 = 111.446\,\text{kN} \cdot \text{m}$$

$$u_x = u_x - u_\theta \times 3 = 6.23 \times 10^{-3} - 3.677 \times 10^{-4} \times 3 = 5.1269 \times 10^{-3}\,\text{m}$$

$$u_y = u_\theta \times 2.5 = 9.1925 \times 10^{-4}\,\text{m}$$

$$f_x = 5.1269 \times 10^{-3} \times 8000 = 41.01\,\text{kN}(\rightarrow), M_x = 7.354 \times 2 = 14.708\,\text{kN} \cdot \text{m}$$

$$f_y = 9.1925 \times 10^{-4} \times 8000 = 7.354\,\text{kN}(\uparrow), \quad M_y = 41.01 \times 2 = 82.02\,\text{kN} \cdot \text{m}$$

柱3：

$$u_x = u_x - u_\theta \times 3 = 5.1269 \times 10^{-3}\,\text{m}, f_x = 41.01\,\text{kN}(\rightarrow), M_x = 14.708\,\text{kN} \cdot \text{m}$$

$$u_y = -u_\theta \times 2.5 = -9.1925 \times 10^{-4}\,\text{m}, f_y = -7.354\,\text{kN}(\downarrow), M_y = 82.02\,\text{kN} \cdot \text{m}$$

柱 4：

$u_x=u_x^1-u_\theta^1\times2=6.9654\times10^{-3}$m，$f_x=55.7232$kN(→)，$M_x=14.708$kN·m

$u_y=-u_\theta^1\times2.5=-9.1925\times10^{-4}$m，$f_y=-7.354$kN(↓)，$M_y=111.446$kN·m

振型 3：($u_x=2.45\times10^{-5}$m，$u_\theta=-9.4\times10^{-5}$rad)

柱 1：

$u_x=u_x-u_\theta\times2=2.45\times10^{-5}-9.4\times10^{-5}\times2=-1.635\times10^{-4}$m

$u_y=-u_\theta\times2.5=-9.4\times10^{-5}\times2.5=-2.35\times10^{-4}$m

$f_x=-1.635\times10^{-4}\times8000=-1.308$kN(←)，$M_x=1.88\times2=3.76$kN·m

$f_y=-2.35\times10^{-4}\times8000=-1.88$kN(↓)，$M_y=1.308\times2=2.616$kN·m

柱 2：

$u_x=u_x+u_\theta\times3=2.45\times10^{-5}+9.4\times10^{-5}\times3=3.065\times10^{-4}$m

$u_y=-u_\theta\times2.5=-2.35\times10^{-4}$m

$f_x=3.065\times10^{-4}\times8000=2.452$kN(→)，$M_x=1.88\times2=3.76$kN·m

$f_y=-2.35\times10^{-4}\times8000=-1.88$kN(↓)，$M_y=2.452\times2=4.904$kN·m

柱 3：

$u_x=u_x+u_\theta^3\times3=3.065\times10^{-4}$m，$f_x=2.452$kN(→)，$M_x=3.76$kN·m

$u_y=u_\theta\times2.5=2.35\times10^{-4}$m，$f_y=1.88$kN(↑)，$M_y=4.904$kN·m

柱 4：

$u_x=u_x^3-u_\theta^3\times2=-1.635\times10^{-4}$m，$f_x=-1.308$kN(→)，$M_x=3.76$kN·m

$u_y=u_\theta^3\times2.5=2.35\times10^{-4}$m，$f_y=1.88$kN(↑)，$M_y=2.616$kN·m

采用 SRSS 对内力进行组合：

柱 1：

$f_x=\sqrt{55.7232^2+1.308^2}=55.74$kN，$f_y=\sqrt{7.354^2+1.88^2}=7.59$kN

$M_x=\sqrt{14.708^2+3.76^2}=15.18$kN·m，$M_y=\sqrt{111.446^2+2.616^2}=111.47$kN·m

柱 2：

$f_x=\sqrt{41.01^2+2.452^2}=41.08$kN，$f_y=\sqrt{7.354^2+1.88^2}=7.59$kN

$M_x=\sqrt{14.708^2+3.76^2}=15.18$kN·m，$M_y=\sqrt{82.02^2+4.904^2}=82.16$kN·m

柱 3：

$f_x=\sqrt{44.01^2+2.452}=41.08$kN，$f_y=\sqrt{7.354^2+1.88^2}=7.59$kN

$M_x=\sqrt{14.708^2+3.76^2}=15.18$kN·m，$M_y=\sqrt{82.02^2+4.904^2}=82.16$kN·m

柱 4：

$f_x=\sqrt{1.308+55.7232^2}=55.74$kN，$f_y=\sqrt{7.354^2+1.88^2}=7.59$kN

$M_x=\sqrt{14.708^2+3.76^2}=15.18$kN·m，

$M_y=\sqrt{111.446^2+2.616^2}=111.47$kN·m

上述计算表明：柱 1 和柱 4 最危险！

设计剪力（根据 $R=4$ 折减）：$F_x=\dfrac{55.74}{4}=13.9\text{kN}$，$F_y=\dfrac{7.59}{4}=1.9\text{kN}$

设计弯矩（根据 $R=4$ 折减）：$M_x=\dfrac{15.18}{4}=3.8\text{kN}\cdot\text{m}$，$M_y=\dfrac{111.47}{4}=27.9\text{kN}\cdot\text{m}$

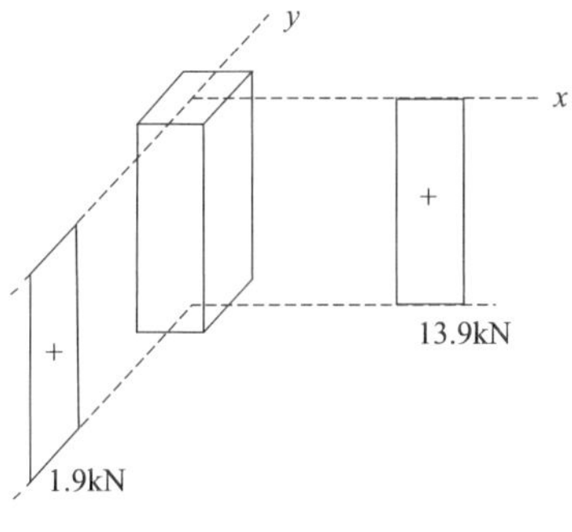

剪力图

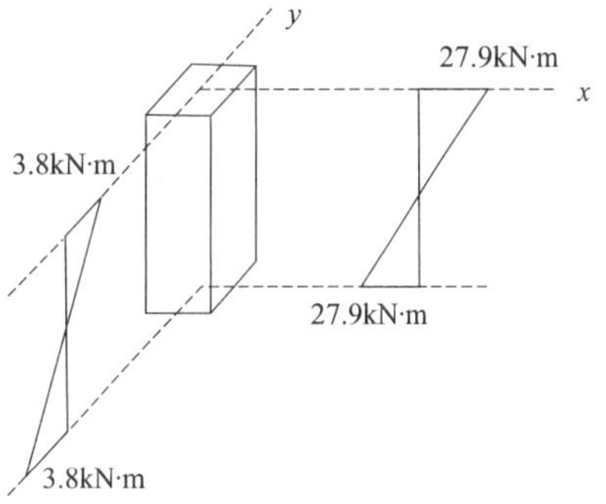

弯矩图

柱 1 轴向荷载：

楼板重量$=20\times9.81=196.2\text{kN}$

柱平均分摊的楼板重量⟿$N_{①}=49.05\text{kN}$

按照下式进行设计：

$$y\text{ 方向：}\begin{cases}N=49.05\text{kN}\\M_x=3.8\text{kN}\cdot\text{m}\\F_y=1.9\text{kN}\end{cases}\quad\text{和}\quad x\text{ 方向：}\begin{cases}N=49.05\text{kN}\\M_y=27.9\text{kN}\cdot\text{m}\\F_x=13.9\text{kN}\end{cases}$$

6.7 等效静力侧向加载方法

考虑图 6-12 中结构在第一阶振型的有效振型力及其产生的振型位移，如第 5.6.4 节所述。

式(6-12) 给出了折减设计谱 S_{aR} 作用下的振型力向量 $\boldsymbol{f}_n$。由式(5-62) 可得第一阶振型的基底剪力。

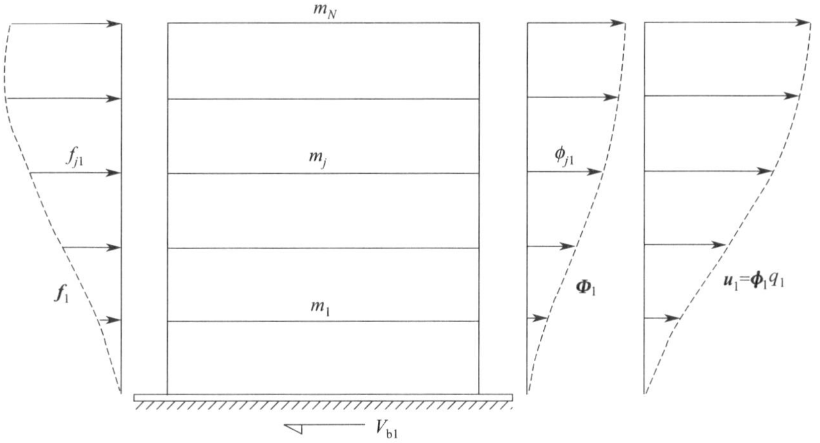

图 6-12 结构第一阶振型的振型力和对应的振型位移

$$V_{\mathrm{b1}}=M_1^* S_{\mathrm{aR},1}\equiv\frac{L_1^2}{M_1}S_{\mathrm{aR},1} \tag{6-21}$$

采用标量形式，式(6-12）和图 6-8 中 $\boldsymbol{f}_1$ 的第 j 个分量可以表示为：

$$f_{j1}=\frac{L_1}{M_1}(m_j\phi_{j1})S_{\mathrm{aR},1} \tag{6-22}$$

若上式右侧分子和分母同时乘以 L_1，并重新排列，可得：

$$f_{j1}=\frac{L_1^2}{M_1}\cdot\frac{1}{L_1}(m_j\phi_{j1})S_{\mathrm{aR},1} \tag{6-23}$$

将式(6-21）中的 V_{b1} 代入式(6-23)，可得：

$$f_{j1}=V_{\mathrm{b1}}\frac{m_j\phi_{j1}}{L_1} \tag{6-24}$$

式中

$$L_1=\boldsymbol{\phi}_1^{\mathrm{T}}\boldsymbol{m1}\equiv\sum_{i=1}^{N}m_i\phi_{i1} \tag{6-25}$$

值得注意的是，当 x 方向和 y 方向的 $n=1$，式(6-25）中的 L_1 与式(6-20）中的定义是一致的。最后，将式(6-25）中的 L_1 代入式(6-24)，得：

$$f_{j1}=V_{\mathrm{b1}}\frac{m_j\phi_{j1}}{\sum\limits_{i=1}^{N}m_i\phi_{i1}} \tag{6-26}$$

将上式右侧的分子和分母同时乘以重力加速度 g，得：

$$f_{j1}=V_{\mathrm{b1}}\frac{w_j\phi_{j1}}{\sum\limits_{i=1}^{N}w_i\phi_{i1}} \tag{6-27}$$

式中，$w_i=m_i g$，为第 i 层的重量。

若第一阶振型（沿着地震激励方向）对结构整体动力响应起控制作用，根据式(6-21）可得：

$$V_b\cong V_{\mathrm{b1}}\equiv M_1^* S_{\mathrm{aR},1} \tag{6-28}$$

类似地，根据式(6-27)，考虑 $V_{\mathrm{b}}\cong V_{\mathrm{b1}}$，得：

$$f_j\cong f_{j1}=V_{\mathrm{b}}\frac{w_j\phi_{j1}}{\sum\limits_{i=1}^{N}w_i\phi_{i1}} \tag{6-29}$$

在质量和刚度按高度规则分布的简单结构中，一阶振型向量$\boldsymbol{\Phi}_1$ 在地震激励方向上的分量可近似认为沿结构高度线性变化，即：

$$\phi_{j1}=\alpha H_j \tag{6-30}$$

式中，H_j 是第 j 层到基底的高度，α 是表示线性分布斜率的任意常数。将式(6-28）的 ϕ_{j1} 代入式(6-27)，可得：

$$f_j=V_{\mathrm{b}}\frac{w_jH_j}{\sum\limits_{i=1}^{N}w_iH_i} \tag{6-31}$$

6.7.1 抗震规范中的基底剪力

在式(6-28) 中提到，对于简单规则的建筑结构，有：$V_b \cong M_1^* S_{aR,1}$。其中，一阶振型的有效振型质量为：$M_1^* = L_1^2/M_1$。若用总质量 $M^* = \sum m_i$ 代替 M_1^*，则可近似考虑更高阶的振型质量。因此：

$$V_b = M \cdot S_{aR,1} \equiv \frac{W}{g}\frac{S_{ae}(T_1)}{R(T_1)} \tag{6-32}$$

式中，$W = \sum_{i=1}^{N} w_i$，$w_i = g_i + nq_i$，g_i 为恒荷载，q_i 为活荷载，n 是活荷载折减系数。W 也可称为结构的“抗震自重”。第 4.3.1 节已对抗震规范中的基底剪力最小值进行了介绍。

在计算侧向地震作用时，结构的“抗震自重”中包含的活荷载要按系数 n 进行折减。这主要是因为，在地震过程中，结构自重（恒荷载与活荷载的组合值）中的全部活荷载同时出现的概率较小，因此，为避免过度设计，活荷载采用 $n<1$ 进行折减。这个系数主要取决于建筑中活荷载持续存在的时间。对于住宅和办公室，取 $n=0.3$；对于学校、宿舍、音乐厅、餐厅和商店，取 $n=0.6$。

6.7.2 一阶振型周期 T_1 的估计

根据式(6-32)，折减基底剪力的计算需要获得一阶振型周期 T_1。T_1 可以采用一种近似的方法，称为瑞利法进行求解。令 F_f 为侧向力分布，d_f 为采用静力分析获得的对应楼层侧向位移，则：

$$T_1 = 2\pi \left[\frac{\sum_{i=1}^{N} m_i d_i^2}{\sum_{i=1}^{N} F_i d_i}\right]^{1/2} \tag{6-33}$$

F_f 可服从任何分布。然而，若将式(6-31) 中的 f_j 代替 F_f 可以提高计算的精度。

对于净高 H 小于 40m 的框架结构，Eurocode 8 采用了一个更简单的近似公式进行计算：

$$T_1 = C_t \cdot H^{\frac{3}{4}} \tag{6-34a}$$

式中，对于混凝土框架，$C_t=0.075$；对于钢框架，$C_t=0.085$。ASCE 7 建议了一个近似公式：

$$T_1 = C_t \cdot H^x \tag{6-34b}$$

式中，对于弯曲型混凝土框架结构，$C_t=0.0466$，$x=0.9$；对于钢框架结构，$C_t=0.0724$，$x=0.8$。这些值的确定均为经验性的，可基于几个框架结构的特征值分析结果获得。对比一个 8 层典型的弯曲型混凝土框架结构，假设其高度为 25m，规范 Eurocode 8 计算获得一阶周期为 0.84s，ASCE 7 也为 0.84s。

对于 12 层以下的弯曲型框架结构，ASCE 7 提出了一个更为简化的 T_1 估计公式：

$$T_1 = 0.1N \tag{6-34c}$$

6.7.3 抗震规范中的侧向力分布

抗震规范对式(6-31)所示的侧向力分布形式进行了小幅修改，表达式为：

$$f_j=(V_b)\frac{w_j H_j}{\sum_{i=1}^{N} w_i H_i} \tag{6-35}$$

图 6-13 给出了抗震规范中用于等效静力侧向加载方法的侧向力分布形式。

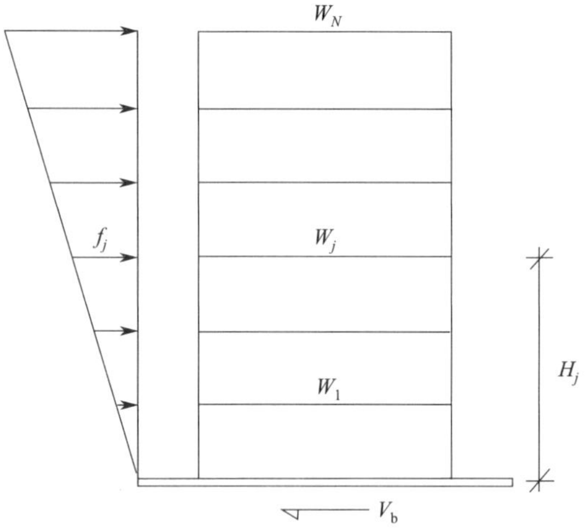

图 6-13 规范中等效静力侧向加载方法的地震作用分布

例 6-5 试确定例 5-8 中 3 层框架的等效静力侧向荷载分布。为便于对比，采用例 5-10 当 $R=1$ 时的振型力向量。

解：结构总重 W 为 $5mg$。其中，$m=175\text{t}$。因为 $T_1=0.40\text{s}$，故 $S_{ae}(T_1)=1.0g$。同时，$R(T_1)=1.0$。将这些条件代入式(6-32)，求得基底剪力为：

$$V_b=8583.75\text{kN}$$

令 $H_i=ih$。其中，$i=1-3$。同时，$w_i=m_i g$。因此，根据式(6-35)，可得：

$$f_1=8584\times\frac{2}{9}=1907\text{kN}, f_2=8584\times\frac{4}{9}=3815\text{kN}, f_3=8584\times\frac{3}{9}=2851\text{kN}$$

将上述结果与例 5-10 的结果进行对比，可得：等效静力侧向加载方法的结果比振型分解反应谱方法的结果高 17.7%，这主要是采用简化分析方法造成的。

6.8 抗震基本设计原则与性能要求

如第 3 章所述，因为地震作用通常较大，按照传统和经济方式设计的建筑结构能够进入非线性响应范围，因此抗震设计本质上是基于非线性结构响应进行的。若允许结构在强烈地震作用下发生非线性响应，工程师一般需要开展非线性分析，以计算真实的抗震设计力和变形。然而，非线性分析方法要求比较严格，对于抗震设计并不实用。此外，非线性分析方法要求非线性结构模型的构件承载能力已经预先确定。因此，当前的工程实践，至少在初步设计阶段，很难抛弃基于线性响应的分析方法。

为了解决抗震设计中非线性地震响应分析的必要性与传统线性地震响应分析的实用性之间的矛盾，可将弹性力进行近似折减，以考虑预期的非弹性响应。众所周知，由于结构参数（主要是振动周期）和地震动特征（主要是谱加速度）天然耦合，因此，结构的抗震设计是一个迭代过程。但是，规范需要预先给定一个设计地震作用，这对于一般的设计实践必不可少。因此，为了得到一个初步设计，可以通过确定一个作用于线性结构上的设计地震作用开展设计过程。

在抗震设计规范中，为了定义非弹性设计地震作用，可采用结构响应折减系数（R

或 q）来对弹性地震作用进行折减，如第 4 章所述。Eurocode 8 中对结构响应折减系数的定义表述得非常好："地震响应折减系数是结构的地震响应完全为线性时结构所承受的地震作用与采用传统线性分析模型设计，同时保证结构具有合理响应（编者注：目标延性范围）的地震作用比值的近似"。然而，这种方法比较简单，在设计中需要进一步补充比例和构造要求。

尽管构件的设计地震作用与变形需求可基于线性模型进行计算，但通过结构响应折减系数将弹性地震作用折减为设计地震作用，将使设计结构在可接受重现期内（通常是 475 年，或者 50 年内超越概率 10%）的真实地震动作用下发生非线性响应。因此，仅让构件承载能力（弯矩、剪力、应力等）满足设计地震作用的需求，并不足以满足结构的抗震性能要求。当一次地震事件发生时，结构体系将不可避免地发生非线性响应并造成相应损伤。

设计地震作用下，抗震设计的基本性能准则为"不倒塌"。简而言之，由于非线性变形造成的结构损伤不应导致建筑结构整体或局部发生倒塌，从而保证使用者生命安全。在设计地震作用下，"生命安全"目标的一个间接后果是结构在常遇低强的地震作用下，即：具有较短重现期的地震作用（Eurocode 8 中为 95 年，或 10 年内超越概率 10%）下，结构满足"有限损伤"的性能目标。如果结构设计满足"生命安全"目标，则认为结构在常遇地震作用下，结构承受很小的损伤或未受损伤，不会导致使用中断。这两个目标仅能通过非线性分析进行验证。然而，下面章节解释的基本设计原则将非常有助于这些目标的实现，因为它们是基于工程经验判断和历史破坏地震数据。

（1）简单性。一个简单的结构系统将增加结构模型和分析结果的可靠性。在设计中，简单结构涉及的不确定性也更少。

（2）均匀性。平、立面结构构件质量和抗力的均匀分布将使设计地震作用下结构的非线性变形均匀分布。相应地，均匀性原则可防止结构发生损伤累积，从而引发倒塌。均匀性的基本特征是对称性、抗侧力体系的连续性和冗余性。

（3）刚度和强度的空间分布平衡性。在抵抗双向地震激励和扭转振动时，侧向和扭转刚度和强度的分布相对平衡可减小非均匀损伤累积的风险。要实现这一平衡，需让两个水平方向的振动周期相接近，同时让扭转方向的振动周期比水平向振动周期短。

（4）楼板刚性。楼板足够刚以保证惯性力均匀分布于每层的竖向构件（柱和墙）上。在竖向构件传递的内部剪力作用下，楼板的平面内变形可以忽略不计。

（5）强基础。地基应该具有足够的强度将惯性力传递给地面，而不会对上部结构造成额外变形。

6.9 结构不规则性

受建筑设计偏好或其他因素的影响，上述基本设计原则在实际工程应用中将难以严格执行，从而造成结构体系出现不规则。这些不规则在设计中可采用更为精细的结构建模与分析方法，或对结构响应系数进行折减、提高设计地震作用和对变形限值进行折减的方式进行处理。

结构的不规则性一般分为两类：水平（平面）不规则性和竖直（立面）不规则性。

6.9.1　水平不规则

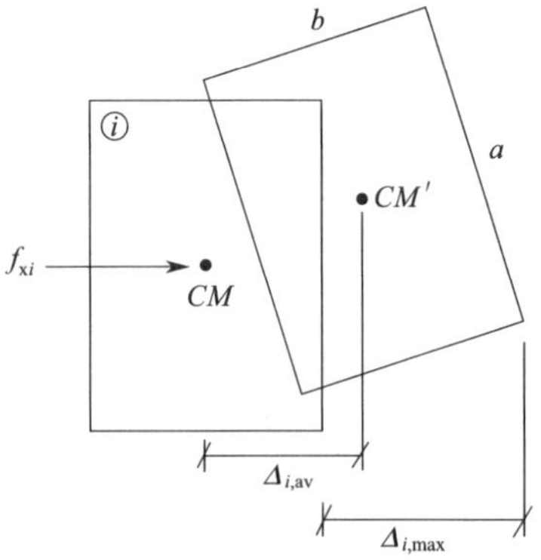

图 6-14　x 方向扭转不规则时层间位移的定义

水平不规则的基本类型包括：扭转不规则和楼板不连续。

扭转不规则是楼层质量和刚度中心存在较大的偏心造成的，这将导致楼层的非线性变形需求分布不均。如果最大层间位移角 $\Delta_{i,\max}$ 大于任意楼层 1.2 倍的平均层间位移角 $\Delta_{i,\text{average}}$，则定义存在扭转不规则。图 6-14 给出了第 i 层楼板最大和平均层间位移角的定义。

图 6-15 给出了一个楼板不连续的典型例子，即：凹角和楼板缺口。如果凹角的平面尺寸大于该方向平面尺寸的某个百分比，则导致平面不规则。在不同的抗震规范中，这个百分比为 15%～20%。类似地，如果楼板缺口的面积大于楼层总面积的某个比值，则认为存在平面不规则。在不同的抗震规范中，这个比值为 1/3～1/2。

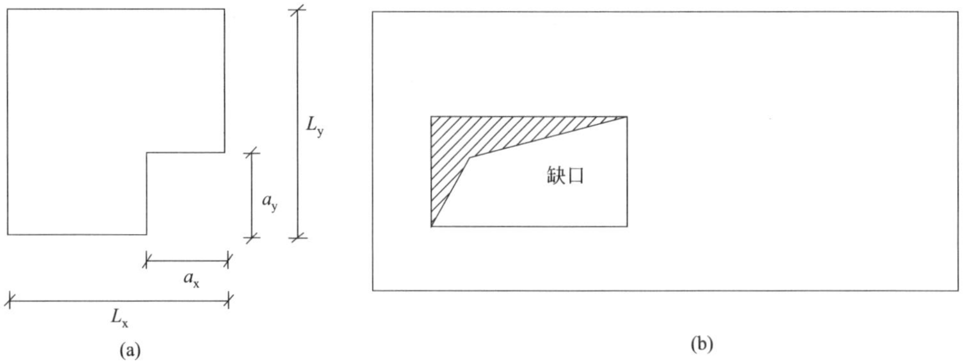

图 6-15　（a）凹角；（b）楼板缺口导致的平面不规则

6.9.2　立面不规则

抗震设计中，相邻楼层质量、刚度、强度和楼板尺寸的显著变化被认为是竖向不规则。竖向规则结构的主要标准是抗侧力体系从基础到顶部具有连续性。通常情况下，质量、刚度、强度和楼板尺寸允许沿结构高度自下而上逐步降低，但反之，则会对抗震性能产生不利影响。

软化或软弱楼层的不规则是竖向不规则中的最不利情况。如第 7 章所述，在过去的地震中，钢筋混凝土结构中的软弱楼层失效导致了众多建筑物倒塌。如果某一楼层刚度或强度小于上面楼层刚度或强度的某一比例，则认为该层是软弱楼层。在不同的抗震规范中，这一比例为 60%～80%。软化或软弱楼层通常出现在层数较高的地上公寓建筑中。

竖向不规则也可通过侧向荷载分析结果进行判别。当第 i 层的平均层间位移角 $\Delta_{i,\mathrm{average}}$ 大于上层或下层的平均位移角两倍时，认为存在竖向不规则。

如图 6-16 所示，楼板尺寸或相邻层抗侧力体系的水平尺寸发生显著减少导致了结构出现竖向不规则。当图 6-16 中的 L_1/L_2 超过某一限值时，出现了竖向不规则。这一限值在 ASCE 7 中为 1.3，在 Eurocode 8 中为 1.25。然而，如果建筑底层部分（高度的 15%）出现了不连续性，Eurocode 8 会将该值增至 2.0。

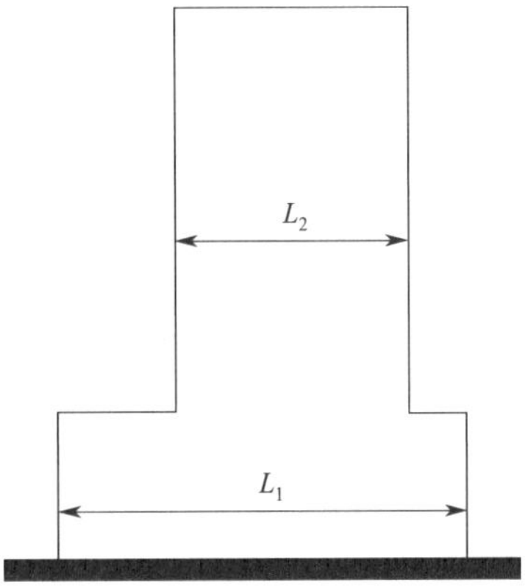

图 6-16 抗侧力体系平面尺度的竖向不规则性

6.9.3 地震响应分析方法的选择

地震响应分析方法的选择主要取决于结构是否规则。振型分解反应谱法适用于所有结构，但等效静力侧向加载法具有一定的限制。这是因为后者主要是针对第一阶振型起控制作用的结构，而不规则结构的变形更为复杂，高阶振型的贡献不可忽视。

上述两种分析方法的选择与结构的竖向和水平不规则性相关。

（1）如果平、立面都无不规则，则这两种方法均可采用。平面结构模型可分别在两个正交方向上使用。

（2）如果存在竖向不规则，则只能使用振型分解反应谱法。地震响应系数需要进行折减（Eurocode 8 中为 $0.8q$）。如果不存在额外的水平不规则，则可以分别在两个正交方向上使用平面结构模型。

（3）如果存在水平不规则，则可采用振型分解反应谱法。如果不存在额外的竖向不规则，则也可采用等效静力侧向加载法，但在两个正交方向上，需要采用空间（3D）结构模型进行分析。

另外，对于等效静力侧向加载法，需要限制结构的高度或基本周期。对于 $T_1>4T_C$ 或者 $T_1>2\mathrm{s}$（Eurocode 8）的结构、大多数 $T_1>3.5\mathrm{s}$（ASCE 7）的结构和高于 25m 的结构（土耳其抗震规范），不允许采用这种简化方法。这些结构的地震响应受高阶振型的影响较大。

等效静力侧向加载方法的偶然偏心放大在采用美国 ASCE7 标准中的等效静力侧向荷载加载方法时，如果结构存在第 6.9.1 节中定义的扭转不规则，根据第 6.6.3 节所计算得到的偶然偏心（尺寸的 5%）进行放大以作为补偿。放大系数 D_i 表示为：

$$D_i=\left(\frac{\Delta_{i,\max}/\Delta_{i,\mathrm{average}}}{1.2}\right)^2 \tag{6-36}$$

式中，$\Delta_{i,\max}$ 和 $\Delta_{i,\mathrm{average}}$ 的定义如图 6-14 所示。Eurocode 8 并未采用上述放大。

6.10　抗震规范中的变形控制

根据折减地震作用设计的结构，在重现期为 $T_R=475$ 年或具有更长重现期的实际设计地震作用下，将具有较大的非线性变形。这可能导致结构构件发生严重损坏，同时导致竖向结构构件产生明显的二阶（P-Δ）效应。此外，如果两栋相邻建筑物没有通过抗震节点进行充分隔离，可能发生相互碰撞。因此，上述变形应该被充分控制以将结构损伤限制在合理范围内。

6.10.1　层间位移限值

层间位移 δ_j 为相邻两层 j 和 $j-1$ 的侧向位移之差。若除以或对层高 h_j 进行归一化，可得第 j 层的层间位移角，如图 6-17 中的 Δ_j 所示。

在抗震规范中，为了防止层间过度的相对变形，规定了层间位移限值。限制层间位移的基本原因是为了避免填充墙、隔墙或窗框等这些占据每层主要空间的非结构构件发生严重的损伤和脱落。由于这些非结构构件不具有框架构件的延性变形特征，因此无法承受地震作用下平面框架的变形。在延性框架的层间变形过大时，可能遭受严重损伤。虽然这些损伤由于非结构构件的脆性行为不可完全避免，但通过对层间位移进行限制，可避免这些非结构构件从框架结构中脱离。

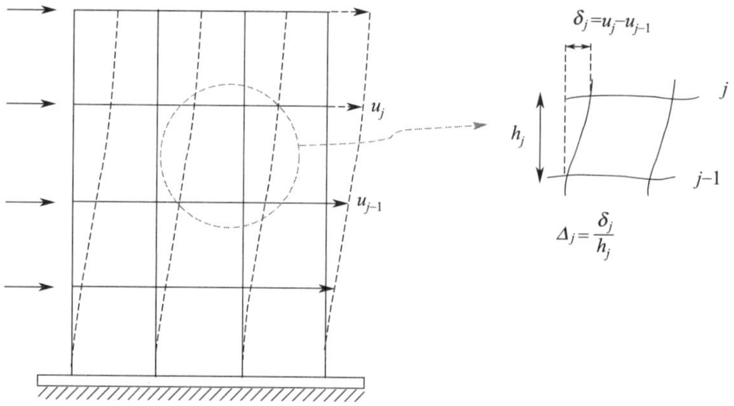

图 6-17　侧向地震作用下框架结构的层间位移δ_j 和层间位移角Δ_j

ASCE 7 规定地震作用下的结构层间位移角限值为 2.5%，此时，地震作用无需进行折减。相应地，按照折减设计地震作用（设计谱）获得的层间位移变形则需要再乘以一个放大系数 C_d，再进一步检查各层位移角是否满足 2.5%的限值。

$$C_d\Delta_j\leqslant 0.025 \tag{6-37}$$

对于大多数结构，2.5%这一层间位移角限值相对较高，通常不对抗震设计起控制作用。与标准 ASCE 7 不同，规范 Eurocode 8 通常对常遇地震作用（$T_R=95$ 年）下的层间位移进行严格限制，且层间位移可根据等位移原则进行计算，即折减设计地震作用下的变

形再乘以系数 q，而不是系数 C_d，C_d 一般远小于 R（译者注：ASCE 标准采用的结构响应折减系数为 R）。当地震作用从常遇地震变到设计地震时，规范 Eurocode 8 对具有脆性隔墙的结构，其层间位移角限值规定为 1%；对于延性隔墙，其层间位移角限值规定为 1.5%；对于隔墙与框架没有接触的建筑，其层间位移角限值规定为 2%。上述规范 Eurocode 8 规定的层间位移限值实际上控制的是框架构件的尺寸，并非框架构件的强度与折减系数 q。

图 6-18 展示了经受两次地震作用后的填充墙破坏形式。其中，2011 年土耳其 Van 地震后，图 6-18（a）中所示的延性框架结构完全没有损坏。然而，由于填充墙材料无法承受框架结构的变形，因此砌体填充墙发生了严重的损坏（Sucuoğlu，2013）。同样，印度尼西亚 Padang 地区政府大楼的框架结构在 2009 年 Padang 地震后没有损伤，但填充墙完全损毁，政府大楼在震后无法运转，只能在大楼的院子里搭建帐篷开展紧急救援。

(a) (b)

图 6-18 （a）2011 年土耳其 Van 地震；（b）2009 年印度尼西亚 Padang 地震后完好框架中的填充墙板损伤

与普通建筑相比，位移角限值对一些应急设施（医院、应急中心、警察局和消防站等）更为重要。这是因为，非结构的损伤会因使用人员的心理原因影响结构的使用。遭受地震灾害的人们不会轻易进入具有明显损伤的建筑。因此，应急设施需要更为严格的位移限制。这一问题在抗震规范中常被忽视，可通过提高结构的重要性系数解决。

6.10.2 二阶效应

二阶效应或 P-Δ 效应是由竖向力 P 和侧向地震变形 Δ 的相互作用产生的，导致结构上产生一个附加倾覆弯矩 $P\Delta$。以图 6-19 所示的一个中间层为例，该层所有的抗侧荷载构件由一根竖向受弯构件表示，如图 6-19（a）所示。P 为作用于该层上的总竖向荷载，h 为层高，M 为总倾覆力矩，V 为上一层施加于该层的总侧向力，M_b 为该层底部的倾覆力矩。分别不考虑 P-Δ 效应和考虑 P-Δ 效应。

6.10.2.1 不考虑 *P*-*Δ* 效应

柱底的弯矩平衡方程为：

$$Vh+M=M_b \tag{6-38}$$

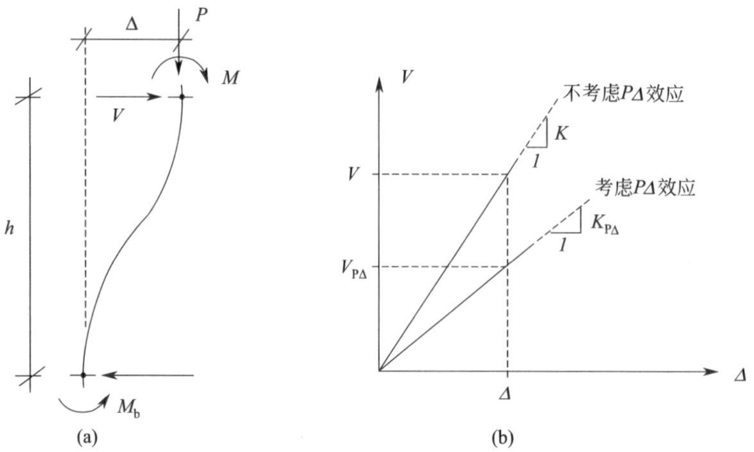

图 6-19 (a) 作用在一根发生侧向变形柱上的荷载；(b) 由于二阶效应造成的刚度变化

6.10.2.2 考虑 *P-Δ* 效应

考虑 $P\Delta$ 项的柱底弯矩平衡方程为：

$$Vh+M+P\Delta=M_b \tag{6-39}$$

若上述两种情况，考虑和不考虑 P-Δ 效应的倾覆稳定性一致，即：式(6-38) 和式(6-39) 中楼层底部倾覆弯矩相等，那么只能将式(6-39) 中总的侧向力 V 替换为一个折减项 $V_{P\Delta}$，则等式变为：

$$V_{P\Delta}=V(1-\theta) \tag{6-40}$$

式中

$$\theta=P\Delta/Vh \tag{6-41}$$

在这里，θ 被称为位移灵敏度系数。简单来说，图 6-19 (a) 中二阶倾覆力矩 $P\Delta$ 和一阶倾覆力矩 Vh 的比值。因此，给定一个侧向位移 Δ，根据式(6-40)，只有当总的侧向力 V 被$(1-\theta)$折减时，具有 P-Δ 效应的系统倾覆稳定性才能与无 P-Δ 效应的系统倾覆稳定性一致。同样，如图 6-19 (b) 所示，具有 P-Δ 效应的系统侧向刚度也要被$(1-\theta)$折减：

$$K_{P\Delta}=K(1-\theta) \tag{6-42}$$

在设计中，P-Δ 效应可以通过增加地震作用来间接近似地进行补偿。相应地，根据图 6-19 (b)，侧向刚度可按 $1/(1-\theta)$的比例进行补偿。在抗震规范中，如果所有层的 $\theta<0.1$，则设计时可以忽略二阶效应。如果 $0.1<\theta<0.2$，P-Δ 效应可以在每层由系数 $1/(1-\theta)$ 增加地震设计力来近似考虑。如果 $\theta>0.2$，则需要进行精确的二阶分析。最后，$\theta>0.3$ 在任何层都是不允许的。

6.10.3 相邻结构的分隔

地震导致的振动可能使相邻建筑产生对向变形，如图 6-20 (a) 所示。这两个建筑体

至少应相隔距离为 d，等于相邻楼层平均位移 SRSS 组合的最大值。通常情况下，d 的最大值出现的可能撞击位置是如图 6-20 中所示的较矮结构的屋顶。根据 Eurocode 8 和土耳其抗震规范：

$$d > \alpha\sqrt{(u_{1,\mathrm{av}}^2 + u_{2,\mathrm{av}}^2)\max} \tag{6-43a}$$

式中，u_i 为（折减）设计地震作用下的弹性位移，按系数 q（等位移规则）放大。根据 Eurocode 8，如果结构的层高相等，α 值取 0.7；若相邻建筑的层高不等，取 1.0。根据 ASCE 7，单一建筑的最小间距可计算为：

$$d > \frac{C_\mathrm{d}\delta_{x\mathrm{e}}}{I} \tag{6-43b}$$

式中，C_d 为挠度放大系数（对于特殊纯弯框架，$C_\mathrm{d}=5.5$），$\delta_{x\mathrm{e}}$ 为设计地震（折减 R）作用下结构第 x 层弹性位移，I 为结构重要性系数。相邻结构碰撞是强震造成的一种主要危险。图 6-20（b）展示了一个地震作用下相邻结构发生碰撞损伤的例子。

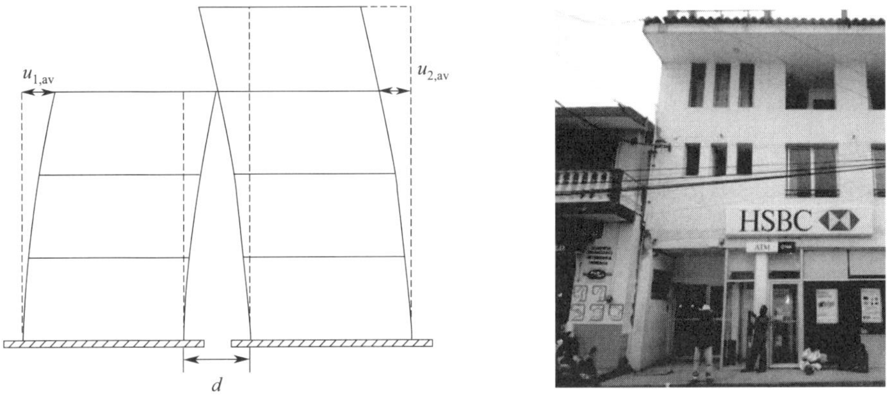

(a)　(b)

图 6-20　(a) 建筑分隔以防止碰撞；(b) 碰撞破坏

习题

1. 图中所示为一块由四根柱支撑的均匀楼板，柱子与楼板刚性连接，并固定于基础上。板的总质量是 m，平面内外均满足刚性假定。每根柱为圆形截面，横截面面积绕任一轴的二阶矩如下所示。选取楼板质心处的 u_x、u_y 和 u_θ 为自由度，并采用影响系数：

（1）试给出右端柱的质量和刚度矩阵，以质量 m 和侧向刚度 $k=12EI/h^3$ 表示。h 为高度，左端柱的惯性矩为 $2I$，右端柱为 I。

（2）试给出 x 方向地震作用下的运动方程。

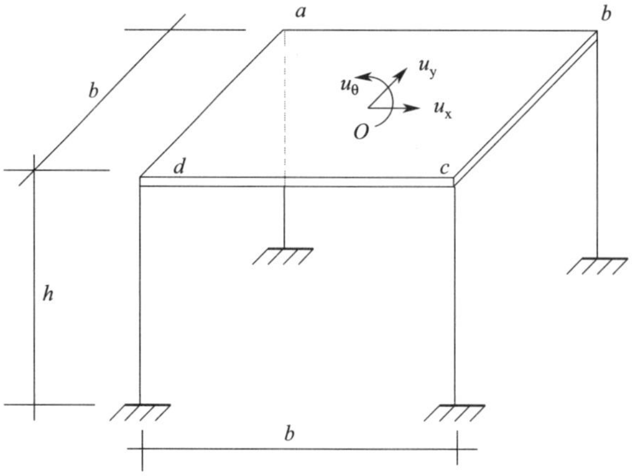

答案：

（1）$\boldsymbol{K}=k\begin{bmatrix}6 & 0 & 0\\0 & 6 & -b\\0 & -b & 3b^2\end{bmatrix}$

（2）$u(t)=\dfrac{a_0}{(\omega_n^2-\bar{\omega}^2)}(\cos\omega_n t-\cos\bar{\omega}t)$

2. 一个沿 y 轴平面不对称的单层三自由度框架结构，特征值和特征向量已知，如下所示。所有振型的阻尼比为 5%。

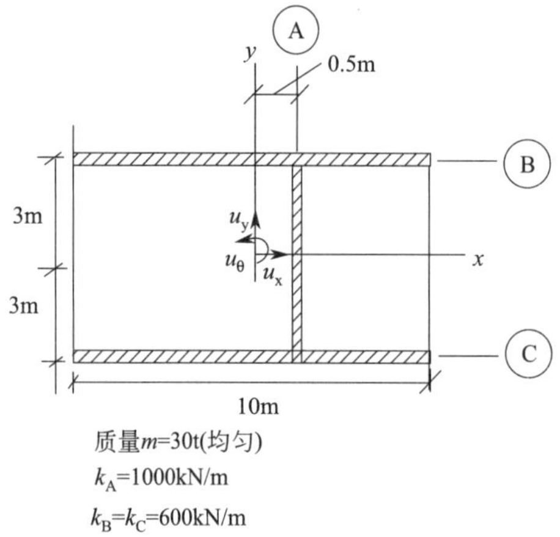

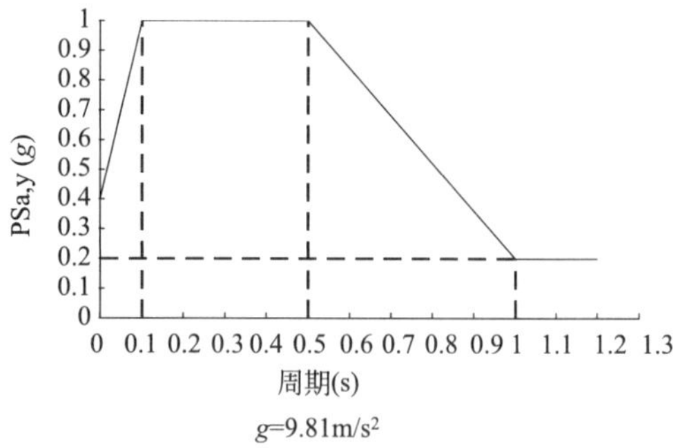

（1）试给出 y 方向 $\ddot{u}_{gy}(t)$激励作用下耦合自由度的运动方程。

（2）试计算振型向量和频率。

（3）试计算质心的振型位移，并分别采用 SRSS 和 CQC 进行组合。同时，采用等效静力侧向荷载方法计算质心在 y 方向上的位移。对上述结果进行讨论。

（4）试采用 SRSS、CQC 和等效静力侧向荷载方法计算 y 方向的基底剪力。

答案：

（1）$\boldsymbol{m}=\begin{bmatrix}30 & 0\\0 & 340\end{bmatrix}$，$\boldsymbol{k}=\begin{bmatrix}1000 & 500\\500 & 11050\end{bmatrix}$，$\boldsymbol{p}=-\begin{bmatrix}30\\0\end{bmatrix}\ddot{u}_{gy}$

（2）$\omega_1=5.29\text{rad/s}$，$\omega_2=6.15\text{rad/s}$，$\boldsymbol{\Phi}_2=\begin{Bmatrix}-0.134\\-0.037\end{Bmatrix}$，$\boldsymbol{\Phi}_1=\begin{Bmatrix}-0.123\\0.040\end{Bmatrix}$

（3）$\boldsymbol{u}_{\text{SRSS}}=\begin{bmatrix}0.0423\text{m}\\0.0129\text{rad}\end{bmatrix}$，$\boldsymbol{u}_{\text{CQC}}=\begin{bmatrix}0.0483\text{m}\\0.0109\text{rad}\end{bmatrix}$，$\boldsymbol{u}_{\text{EQL}}=\begin{bmatrix}0.0602\text{m}\\-0.0027\text{rad}\end{bmatrix}$

（4）$V_{\text{b,SRSS}}=41.39\text{kN}$，$V_{\text{b,CQC}}=46.18\text{kN}$，$V_{\text{b,EQL}}=58.86\text{kN}$

3. 某栋单层偏心三维框架结构，如下所示。在楼板质心处定义自由度 u_x、u_y 和 u_θ。楼板平面内、外均满足刚性假定。框架质量为 100t。$a=b=4\text{m}$，$h=3\text{m}$，两个方向上的 $k=12\dfrac{EI}{h^3}=400\text{kN/m}$。试计算：

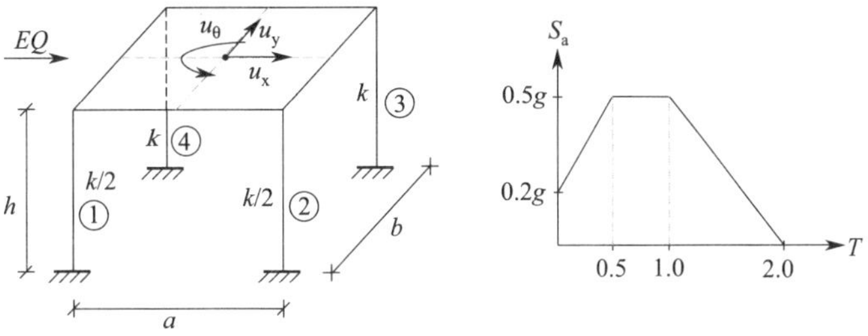

（1）特征值与特征向量。

（2）如果框架在 x 方向承受上图所示的折减设计谱，试计算柱 1 和柱 4 的剪力和弯矩。

答案：

（1）$\begin{matrix}\omega_1=3.32\text{rad/s}\\\omega_2=3.46\text{rad/s}\\\omega_3=6.08\text{rad/s}\end{matrix}$，$\boldsymbol{\Phi}_1=\begin{Bmatrix}0.0981\\0\\0.0118\end{Bmatrix}$，$\boldsymbol{\Phi}_2=\begin{Bmatrix}0\\1\\0\end{Bmatrix}$，$\boldsymbol{\Phi}_3=\begin{Bmatrix}0.0193\\0\\-0.0601\end{Bmatrix}$，$\boldsymbol{u}=\begin{Bmatrix}u_x\\u_y\\u_\theta\end{Bmatrix}$

（2）柱 1（SRSS）：$f_x=12.78\text{kN}$，$f_y=6.30\text{kN}$，$M_x=9.43\text{kN}\cdot\text{m}$，$M_y=19.17\text{kN}\cdot\text{m}$

第 7 章
钢筋混凝土结构抗震设计

摘要：钢筋混凝土结构抗震设计基于其固有的延性响应，表现为能力设计原则。本章讨论了钢筋混凝土材料和构件的延性；解释了轴向约束对提高混凝土受压应变的作用；详细评估了实现地震作用下梁、柱和剪力墙延性响应的抗震设计要求；阐述了强柱弱梁原则及其在抗震设计规范中的应用；介绍了抗震设计规范中非延性构件如梁—柱节点和低矮剪力墙的强度设计；最后，给出了一栋 5 层混凝土框架结构的综合设计实例。

7.1 引言

抗震规范中的抗震设计过程主要包括以下步骤：

1. 计算结构线性响应分析中的侧向地震作用；

2. 考虑结构非线性响应，对弹性地震作用进行折减；

3. 将折减后的地震作用于结构模型，开展结构分析，确定作用于结构构件上的设计地震内力和层间位移；

4. 将设计地震内力和重力荷载导致的内力进行组合（使用相关设计规范中的荷载组合方法）；

5. 根据这些设计结构构件；

6. 检查层间位移计算值是否满足位移限值的要求。

在步骤 1 中，侧向地震作用由代表设计地震动强度的弹性抗震设计谱计算。在步骤 2 中，为考虑系统的非线性变形能力（延性），可采用结构响应折减系数（R 或 q）对弹性设计谱进行折减。在步骤 3 中，通过建立结构模型，开展折减后加速度谱（非弹性设计谱）作用下的反应谱分析。在步骤 4 中，将步骤 3 获得的设计抗震内力与重力分析结果进行组合。最后，在步骤 5 中，根据上述组合结果设计结构构件。因此，上述步骤是一个基于力的设计过程。结构构件的设计基于内力，间接考虑了假想结构系统的非线性变形能力。这种变形能力需要进行预先假设，且取决于设计中选择的构件延性水平（Eurocode 8 中的中等延性或高延性，ASCE 7 中的普通延性或特殊延性）。这种设计方法不允许过大的侧向变形。因此，在步骤 6 中对层间位移角进行校核。当地震作用较弱时，层间位移限值可能对抗震设计起控制作用。

钢筋混凝土构件和结构的设计基础是不考虑地震作用的强制性混凝土设计标准，包括：欧洲规范 Eurocode 2 和美国规范 ACI 318。抗震规范通过在不考虑地震作用的常规设计基础上增加额外的设计要求，以实现钢筋混凝土结构的抗震设计。

结构体系的抗震设计由强震激励下结构的固有延性响应决定。延性定义为：材料、构件和系统层次上能够“承受较大的塑性变形，且不发生强度衰减”。虽然抗震设计规范中推荐的抗震分析方法并没有明确包含延性的概念，但本书第 4 章中曾说明弹性地震作用折减依赖于延性地震响应这一假设前提。

为了保证设计地震作用下结构所需的最小延性响应，具有中等或普通延性水平的结构体系大都布置有一定的纵向和侧向钢筋。同时，在关键部位设有约束箍筋和锚固筋。对于钢筋混凝土结构，Eurocode 8 规定最小延性要求为 $q=4$，ASCE 7 规定 $R=5$。

对于较高或特定的延性水平，另外需要采用一些特别和额外的构造方式，对弹性地震作用进行更大程度的折减（Eurocode 8 规范中 $q=6$，ASCE 7 标准中 $R=7\sim8$）。钢筋混凝土体系中的特殊延性水平，如延性梁、柱、剪力墙和强连接构件，均可通过“能力设计准则”实现。

7.2 能力设计准则

在 Eurocode 8 规范中，能力设计定义为：“在结构体系中，通过适当的设计和构造，使得采用该设计方法的单元具有在严重变形下的耗能能力。同时，其他的结构单元具有足够的强度，可保证所选择的能量耗散方式能够实现”。

结构的能量耗散可通过延性滞回行为和/或耗能区的机制实现。其中，耗能区是耗散结构中预先设定的一部分，是提供耗散能力的主要区域，也被称为关键区。

能力设计有两个主要应用，一个在构件层次，另一个在系统层次。

构件层次：通过避免剪切失效（梁、柱、墙和节点的抗剪能力原则），保证弯曲失效模式发生。

系统层次：承受弯矩屈服的塑性区域发生扩展，且遵循一定的先后顺序，使系统响应更具延性（节点处的“强柱弱梁”原则）。

法迪斯（Fardis，2009）对 Eurocode 8 中混凝土结构、构造和尺寸的能力设计相关要求进行了广泛的讨论。

7.3 钢筋混凝土的延性

钢筋混凝土体系的延性或变形能力由组成材料（钢筋和混凝土）的延性、构件（梁、柱、墙）的延性和结构体系在地震作用下的整体延性描述。上述内容将在下面分别进行讨论。值得注意的是，只有当结构构件的主要失效模式为弯曲破坏时，钢筋混凝土结构才可能表现出延性响应。因此，为获得强震激励作用下系统的延性响应，脆性失效模式如剪切失效、对角受拉、受压失效等均应避免，而弯曲延性则应增强。

7.3.1 钢筋混凝土材料的延性

构件的弯曲延性可通过在其最大弯矩的关键截面处采用具有延性应力-应变关系的材

料实现。钢筋混凝土结构的两种主要材料之一是钢材。这种材料具有固有延性。对于（a）热轧和（b）冷加工钢筋，图 7-1 给出了钢材的典型应力-应变关系。其中，水平轴为应变。可见，这两种钢材均具有较大的塑性应变能力，且超过 12%。

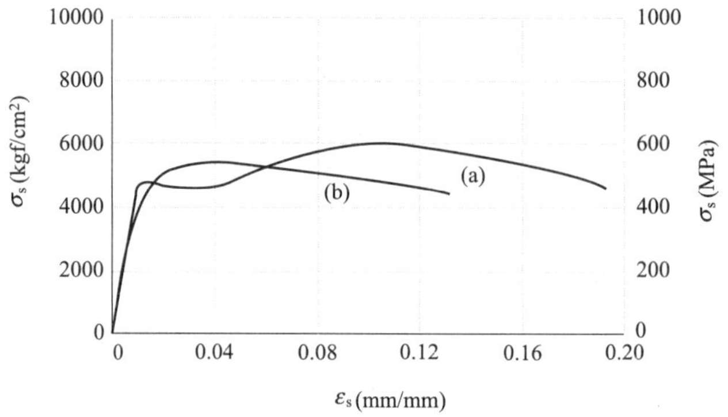

图 7-1　结构钢材的应力-应变关系（弹性模量 $E_s = 2 \times 10^5$ MPa）

另一种组成材料，素混凝土则不具有这种延性的单轴应力-应变行为（图 7-2 中当 $\sigma_2 = 0$ 时的曲线）。然而，若应力条件从单轴（$\sigma_2 = 0$）变化为三轴（$\sigma_2 > 0$），混凝土的应力和应变能力将随侧向压力的增大而显著提高，如图 7-2 所示。

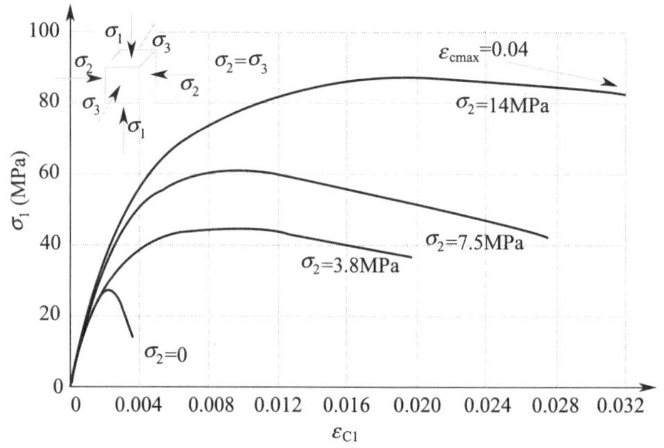

图 7-2　混凝土单轴（$\sigma_2 = 0$）和三轴（$\sigma_2 > 0$）应力下的应力-应变关系

钢筋混凝土构件的三轴应力状态由约束钢筋提供。当混凝土受轴向应力 σ_1 作用，侧向约束箍筋产生的被动侧压力 σ_2（图 7-3a）将显著提高混凝土的强度和应变能力，提高程度与箍筋间距 s 密切相关（图 7-3b、c）。

随着侧向约束钢筋数量增加，柱核心区混凝土纤维的强度和变形能力也随之增加（图 7-4）。在圆形柱中，这种约束最为有效，这是因为侧向压力在所有径向上都呈均匀分布，而矩形箍筋则在角部最为有效，如图 7-3（a）所示。

7.3.2　钢筋混凝土构件的延性

钢筋混凝土构件如梁、柱和剪力墙在地震中因施加的内力（弯矩、剪力、轴力）作用

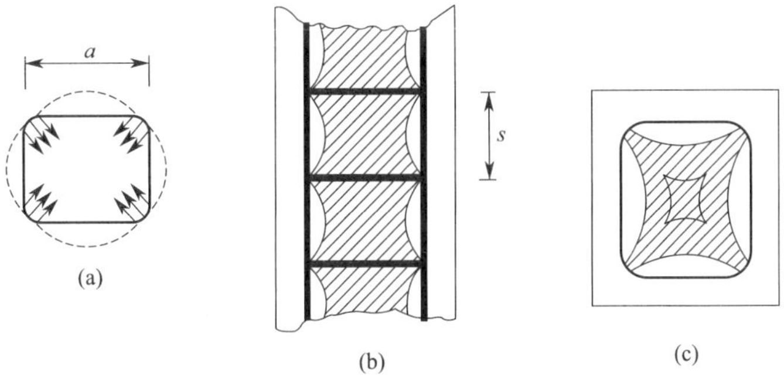

图 7-3　矩形截面混凝土的约束

（a）由侧向箍筋提供的侧向约束压力；（b）沿高度方向的约束混凝土；（c）沿横截面方向的约束混凝土

可能发生横截面屈服的弯曲失效，也可能发生剪切或斜向受拉失效。剪切失效是一种脆性破坏模式。一旦超过抗剪能力，构件将不具有变形能力。另一方面，弯曲破坏通常是一种延性破坏模式。弯曲作用下，受拉钢筋在达到屈服弯矩后，可在塑性范围内继续伸长，直到断裂或受压区混凝土压碎，这可形成较大的塑性转动能力，即屈服发生位置的构件端部具有较大的延性能力。

下面将分别讨论钢筋混凝土梁、柱和剪力墙基于弯曲延性行为的抗震设计准则。

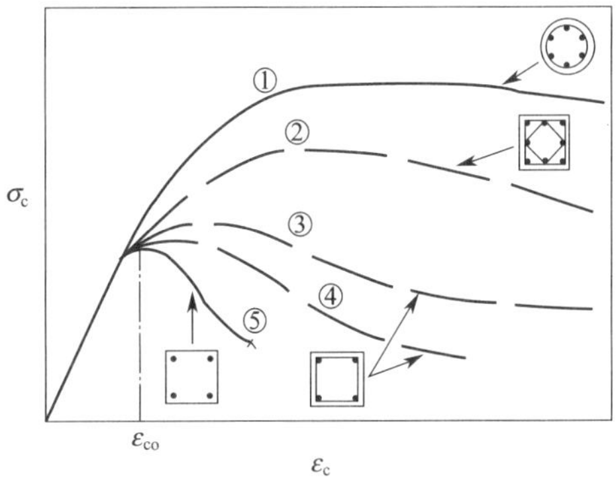

图 7-4　无约束（曲线⑤）和有约束（曲线①、④）钢筋混凝土截面的应力-应变关系

7.4　钢筋混凝土延性梁的抗震设计

钢筋混凝土梁延性受剪应力、受拉配筋率、受压配筋率和侧向配箍率的影响。

7.4.1　最小截面尺寸

限制最小尺寸是为了提供钢筋构造所需的空间，确保出现延性弯曲行为。

（1）最小梁宽为：200mm（Eurocode 8）和250mm（ACI 318）。

（2）梁宽由与梁轴垂直的相邻柱尺寸限制（ACI 318）。

（3）高宽比不得小于 0.3（ACI 318）。

（4）最大梁深是梁净跨的 1/4（ACI 318）。

最后一项是为了控制侧向屈曲发生，防止深梁在大变形时出现弯剪失效模式。

7.4.2　受拉钢筋的限制

支撑和跨中截面的纵向受拉配筋率应满足以下限值：

$$\rho_{\min} \leqslant \rho \leqslant \rho_{\max} \tag{7-1a}$$

$$\rho_{\min} = \frac{0.5 f_{\mathrm{ctm}}}{f_{\mathrm{yk}}}(\text{Eurocode 8}),(200/f_y)(\text{ACI 318,psi}) \tag{7-1b}$$

$$\rho_{\max} = 0.025(\text{ACI 318})$$

对于 $\rho_{\max}$，Eurocode 8 定义了一个严格公式。在正常使用条件下，最小受拉配筋率可控制混凝土的裂缝，最大受拉配筋率可控制截面的延性。以图 7-5 中两根梁截面的弯矩-曲率关系为例。这两根梁具有相同的配箍率和受压配筋率，可以保证弯曲失效模式发生，唯一的区别是具有不同的受拉配筋率。可见，随着受拉钢筋的增加，延性减小。$\rho_{\max}=0.02$ 是保证延性响应的一个合理上限。

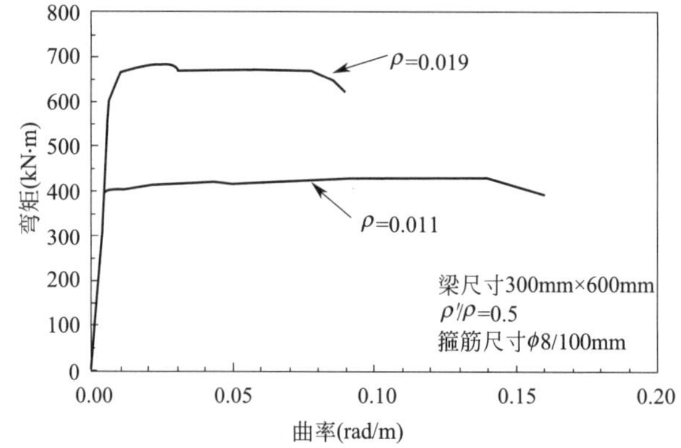

图 7-5 受拉配筋率对梁弯矩-曲率延性的影响

7.4.3 最小受压钢筋

梁支座区域底部配筋和顶部配筋的比值在高烈度地震区不应小于 0.5，在低烈度地震区不应小于 0.3。这一比值事实上也是支座区域受压钢筋与受拉钢筋（ρ'/ρ）的比值。

众所周知，受压钢筋可显著提高梁截面的延性。图 7-6 给出了具有最小受拉钢筋和箍筋、不同受压配筋率的梁截面的弯矩-曲率关系。显然，$\rho'/\rho>0.5$ 是保证延性要求的一个合理下限。此外，当地震激励方向反向导致梁支座处的弯矩方向反向时，受压钢筋将转化为受拉钢筋。

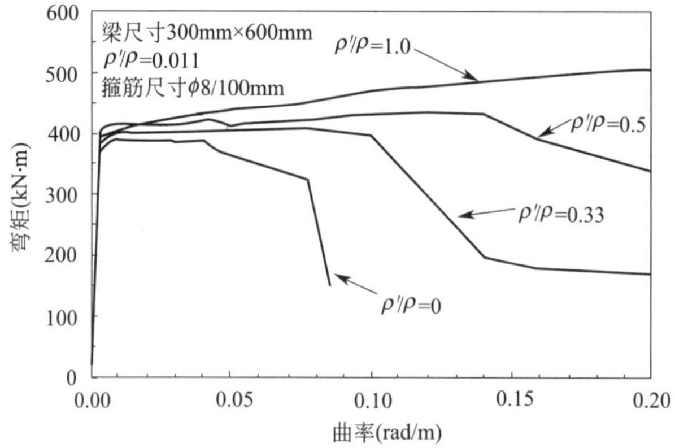

图 7-6 受压钢筋对梁弯矩-曲率延性的影响

7.4.4 最小侧向配箍率

单调递增弯矩作用下的少筋梁具有延性。然而，当梁在强震作用下承受反向弯矩，且端部关键区域形成塑性区（塑性铰）时，为避免混凝土的压碎和纵筋屈曲，有必要对这些区域进行约束。若端部区域不进行约束，将造成强度的退化（弯矩反向作用下屈服弯矩降低），导致塑性区域出现严重的累积损伤（图 7-7，见 Acun 和 Sucuoğlu，2010）。

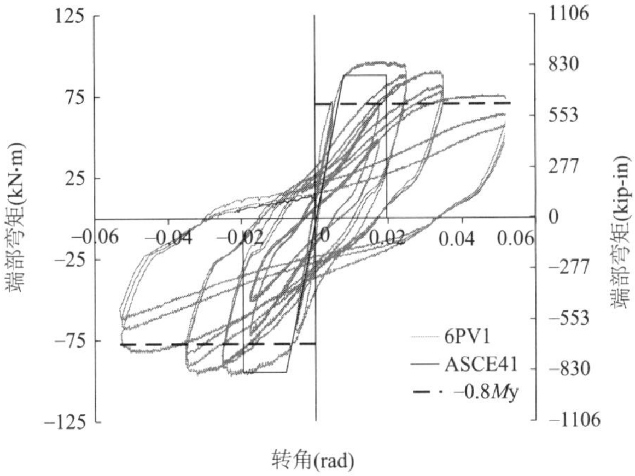

图 7-7 约束箍筋对弯矩-转角延性的影响

两端约束区域的长度不应小于梁高的两倍 $2h_w$（ACI 318）。在这些区域，应采用特殊的抗震构造措施。间距 s 为 225mm、1/4 梁高和 8 倍最小纵筋直径（Eurocode 8 和 ACI 318）的最小值。为控制梁端第一个剪切裂缝的发生，从柱边开始的第一个箍筋间距应小于 50 mm（s_o<50mm）。图 7-8 给出了一根典型延性梁约束区域的构造细节。

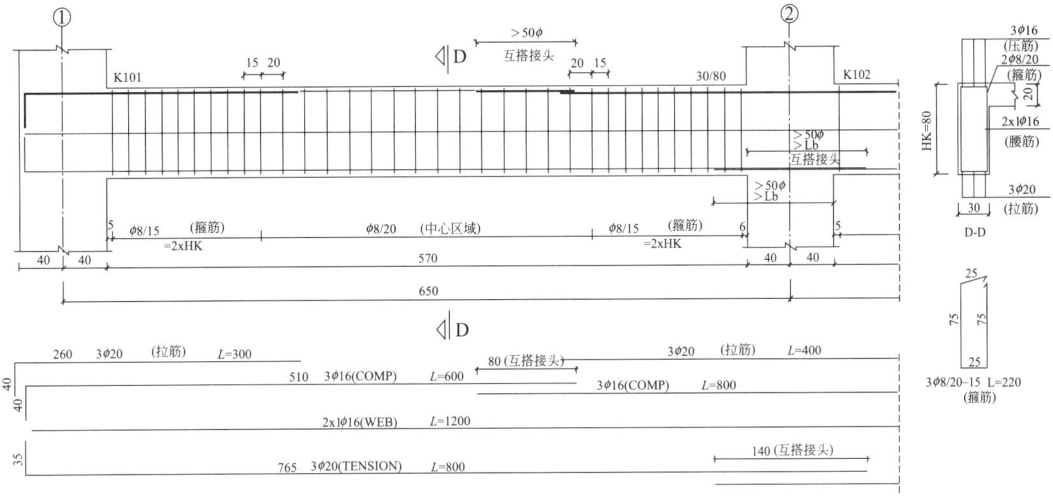

图 7-8 一根典型梁的配筋构造

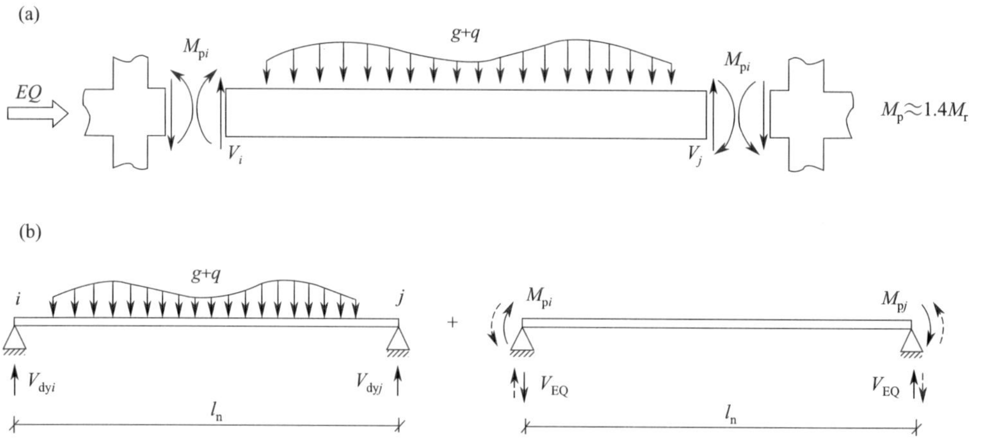

图 7-9 （a）重力荷载与地震弯矩作用下梁抗弯能力的隔离体图；（b）梁端重力和地震剪力的叠加

7.4.5 梁的抗剪设计

剪切失效通过抗弯承载力计算设计剪力，而非有限元分析控制，同时需考虑重力荷载引起的剪力。在抗震设计中，这也被称为抗剪能力。

以一根跨度内重力荷载呈均匀分布$(g+q)$的梁为例。当地震弯矩作用于梁上时，假定双向弯矩作用下梁的两个端部截面 i 和 j 均达到抗弯承载力（具有应变硬化）（图 7-9a）。

因此，利用叠加原理，由图 7-9（b），可计算获得作用于两端的剪力（抗剪承载力）。根据平衡方程，有：

$$V_{ei,j}=V_{dyi,j}\pm V_{EQ}\text{，其中：}V_{EQ}=\frac{M_{pi}+M_{pj}}{l_n} \tag{7-2}$$

V_e 是式（7-2）中的设计剪力。顶部和底部的塑性抗弯承载力 M_{pi} 和 M_{pj} 应考虑受拉钢筋的应变硬化，如图 7-1 所示。这也相当于将屈服抗弯承载力平均增加了约 25%。理论上，V_e 是极端地震，即可能超过设计地震烈度（用 R 进行折减）作用下梁的最大剪力。在设计中，采用的抗剪能力 V_r 应超过抗剪承载力 V_e，有：

$$V_e < V_r \tag{7-3}$$

$$V_e \leqslant 0.22 b_w d f_{cd}\text{（ACI 318，公制）} \tag{7-4}$$

图 7-8 给出了根据现代抗震规范要求设计的一根典型梁的配筋构造。

7.5 钢筋混凝土延性柱的抗震设计

钢筋混凝土柱的延性对轴向荷载水平、纵向配筋率、约束混凝土的侧向配箍率和作用于柱上的剪力均十分敏感。每个参数由不同的设计规则控制。

7.5.1 轴向应力限值

钢筋混凝土柱截面的弯矩—曲率关系对轴向荷载水平十分敏感。抗弯承载力和刚度均随轴向载荷的增加而增加，直至 $N/No=0.4$，其后延性逐渐下降，如图 7-10 所示。因此，为保证截面响应的延性，应限制轴向荷载或应力的水平。

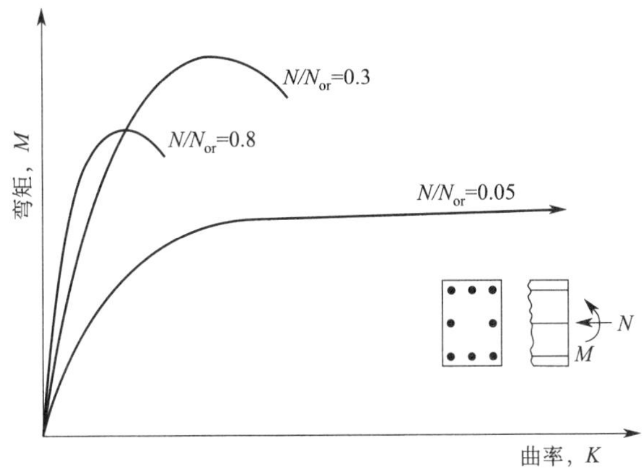

图 7-10 轴向荷载对矩形柱弯矩—曲率响应的影响

为实现这一目的，有两个要求。第一个要求是控制矩形柱的最小截面尺寸：

$$A_c=bd\geqslant 75000\text{mm}^2, b\geqslant 250\text{mm(Eurocode 8)} \tag{7-5}$$

第二个要求是控制柱的最大轴向应力：

$$\frac{N_d}{A_c f_{cd}}\leqslant 0.65, f_{ck}\geqslant 20\text{MPa(Eurocode 8)} \tag{7-6}$$

7.5.2 纵向配筋率限值

柱的弯曲延性响应要求柱的最小和最大纵向配筋率分别为 1%和 4%。当纵向配筋率大于 4%时，可能产生弯—压失效模式，丧失延性。

$$0.01\leqslant\rho_t\leqslant 0.04 \tag{7-7}$$

7.5.3 最小配箍率

侧向箍筋可约束受压区混凝土，提高混凝土的受压应变能力，如第 7.2 节中所述。混凝土受压应变的提高同时显著提高了横截面的曲率延性。图 7-11 给出了两根典型矩形柱截面的弯矩—曲率关系。这两根柱除了侧向箍筋数量不同，其余完全相同。下端曲线对应的是箍筋较少的柱，代表典型的非抗震设计构造。该柱在屈服后，几乎没有变形能力，呈现显著的脆性响应。上端曲线对应的是按抗震规范设计的具有最小配箍率的柱。可见，即使按最小配箍率配置箍筋，也可极大提高柱截面的曲率延性。

按最小配箍率配置的箍筋一般用于塑性铰极易发生的柱端关键区域。这些区域称为端部约束区域，其长度不应小于 450mm、1/6 的柱净长和柱截面较大尺寸的最大值（Eurocode 8）。

箍筋的最小直径可取 6mm。最小竖向间距 s 可取 175mm 和最小截面尺寸的 1/2 的较小值（Eurocode 8）。箍筋支腿之间的最大侧向距离 a（见图 7-3a）应小于 25 倍箍筋的直径。如有必要，可增加交叉箍筋以满足这一要求。

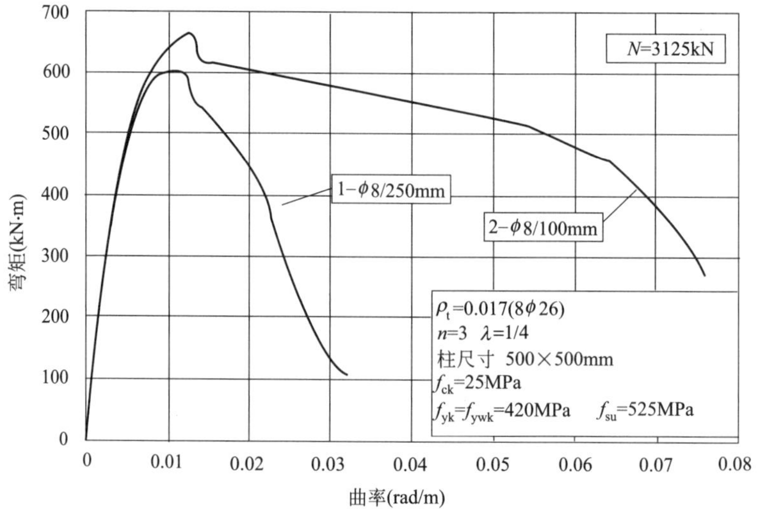

图 7-11 约束对矩形柱弯矩—曲率响应的影响

在 ACI 318 中，对于 $N_d > 0.20A_c f_{ck}$，箍筋的最小面积应满足式(7-8a) 中的较大值。N_d 是重力荷载作用下的轴向力。若 N_d 较小，可取式(7-8a) 计算结果的 2/3。

$$A_{sh} \geqslant 0.30 s b_k \left[\frac{A_c}{A_{ck}} - 1\right] \frac{f_{ck}}{f_{ywk}} \text{或} A_{sh} \geqslant 0.075 s b_k \frac{f_{ck}}{f_{ywk}} \tag{7-8a}$$

式(7-8a) 中的最小配箍面积可在柱的保护层剥落后，柱端关键区域形成塑性铰的过程中，保证柱仍然具有一定的抗弯强度。Eurocode 8 给出了关键区域约束箍筋的最小体积，采用体积比 ω_{wd} 定义：

$$\omega_{wd} = \frac{\text{约束区域体积}}{\text{混凝土核心区体积}} \times \frac{f_{yd}}{f_{cd}} \tag{7-8b}$$

式中，f_{yd} 和 f_{cd} 分别是约束箍筋和混凝土的设计强度。

7.5.4 强柱弱梁原则

在结构体系层次所采用的能力设计在 7.2 节中表示为：“为了使结构体系响应更具有延性特征，承受弯矩屈服的结构构件塑性区域应按一定的主次先后顺序发生扩展”。设计地震作用下，框架结构构件的端部不可避免地形成弯曲塑性铰，可按 $R>1$ 进行折减。

相比柱或剪力墙上形成塑性铰，梁上形成塑性铰的影响更小。这是因为当塑性铰形成时，纵向构件在重力荷载作用下可能发生失稳。相应地，塑性铰出现的顺序要求先出现在梁上，然后是底层的柱底。在设计中，塑性铰的这一先后顺序可通过分配同一节点位置处梁柱的抗弯承载力实现。这被称为“强柱弱梁”原则，如式(7-9) 和图 7-12 所示。在式(7-9) 中，常数 λ 是一个安全系数。在 ASCE 7 中，λ 取为 1.2。在 Eurocode 8 中，λ 取为 1.3。

$$(M_{r,bot} + M_{r,top}) \geqslant \lambda (M_{r,i} + M_{r,j}) \tag{7-9}$$

强柱弱梁原则可使结构在不断增加的侧向地震作用下发生延性倒塌。以图 7-13 (a)

中一栋按强柱弱梁原则设计的三层单跨框架结构为例。随侧向力的不断增加，结构从完好直至倒塌的过程类似于 5.5 节中介绍的拟静力推覆分析。若绘制基底剪力与顶层位移关系，可得图 7-13（b）中所示的能力曲线。这两张图都标记了不同加载阶段塑性铰的发展。可见，在侧向力作用下，框架结构在倒塌之前表现出了明显的延性。

在加载后期，柱（或墙）的底部不可避免地形成了塑性铰。这是因为当所有梁都屈服后，它们实际上变成了悬臂柱，如图 7-13（c）所示。

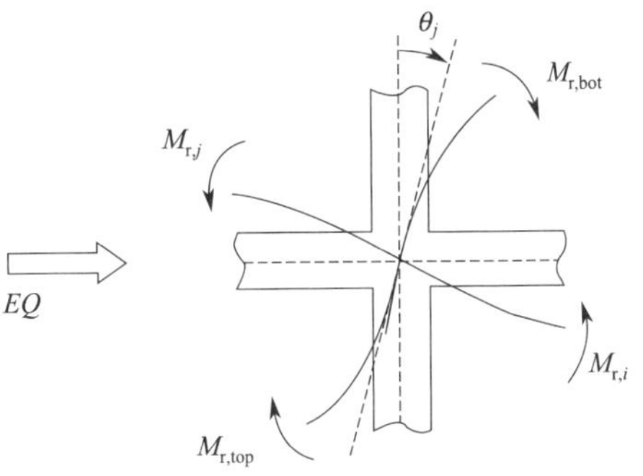

图 7-12 梁柱节点处构件端部的抗弯承载力

若柱比梁弱，则会形成软弱楼层。塑性铰首先出现在弯矩最大的底层柱上（图 7-14a），当塑性铰同时出现在底层柱的底部和顶部时，则形成一个软弱楼层。如果不存在应变硬化现象，该层的瞬时侧向刚度将变得很小，甚至为零（图 7-14b）。此后，随着侧向荷载的增加，侧向变形迅速增加，框架结构在重力荷载作用下将丧失稳定性。这是一种灾难性的倒塌。在强震过程中，建筑物大多数的倒塌和人员伤亡都是由于出现软弱楼层造成的。

图 7-15 给出了由于软弱楼层出现引发倒塌的两个工程实例。

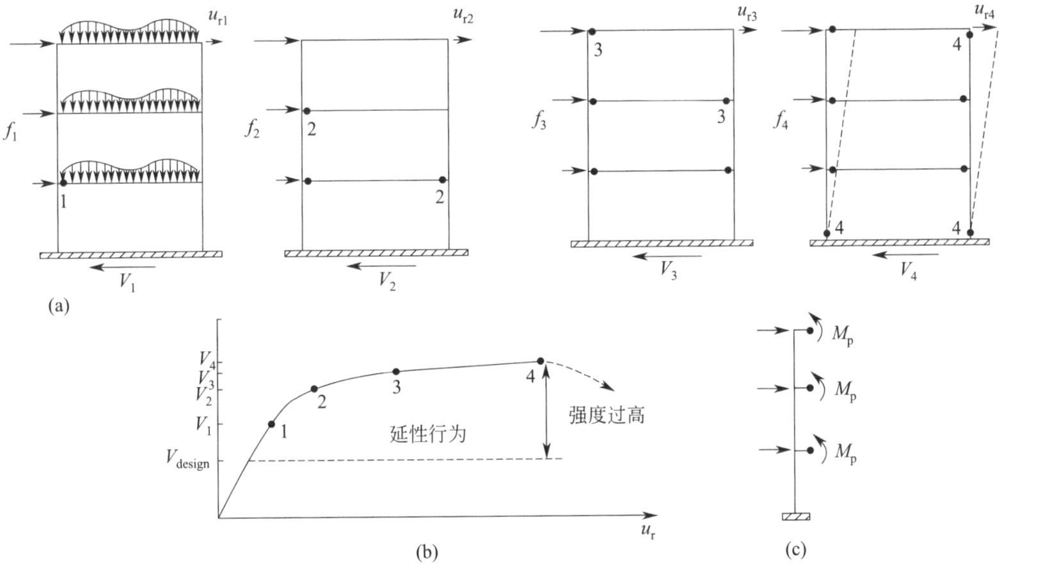

图 7-13 （a）基于强柱弱梁设计的框架结构在不断增加的侧向荷载作用下塑性铰出现的先后顺序；（b）（a）图中框架结构的能力曲线；（c）所有连接梁屈服时柱的隔离体图。进一步增大侧向荷载将导致柱底屈服

7.5.5 柱的剪力设计

柱的设计剪力同样由其抗剪能力而非有限元分析获得，可参见前述梁的抗剪设计。此外，柱与梁不同，其并不存在跨中荷载。以一根在双向弯曲作用下柱顶和柱底均达到抗弯

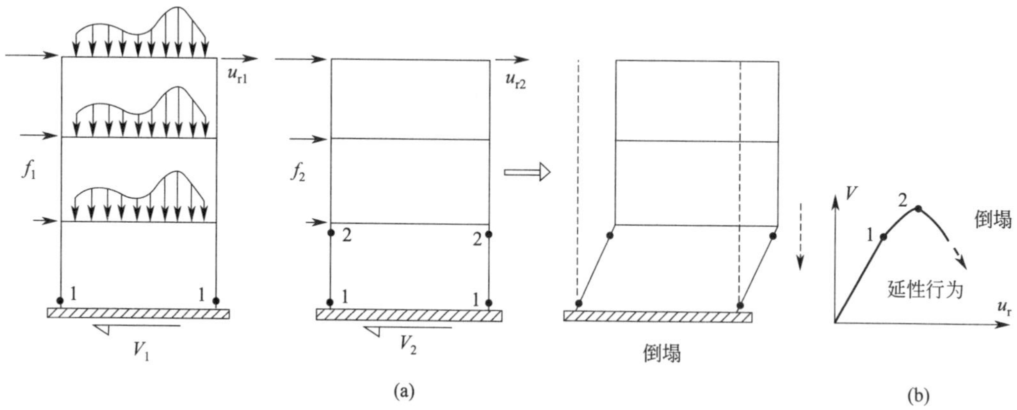

图 7-14　(a) 基于强柱弱梁原则设计的框架结构在不断增加的侧向荷载作用下塑性铰出现的先后顺序；(b) (a) 图中框架结构的能力曲线

图 7-15　软弱楼层引发结构倒塌的实例

(a) 1971年美国圣费尔南多地震；(b) 2003年土耳其宾格尔地震

承载力（具有应变硬化）的柱为例（图 7-16a），其平衡方程为：

$$V_e = \frac{M_{p,top} + M_{p,bot}}{l_n} \tag{7-10}$$

式中，V_e 为设计剪力，$M_{p,top}$ 和 $M_{p,bot}$ 分别为顶部和底部考虑应变硬化的塑性抗弯承载力。

式(7-10) 适用于强梁弱柱的情况。然而，在能力设计中，柱比梁更强。因此，节点周围的梁端将先于柱端屈服（图 7-16b）。在此情况下，节点周围的弯矩平衡满足：

$$M_{top,i} + M_{bot,i+1} \cong M_{p,i} + M_{p,j} \tag{7-11}$$

鉴于此，式(7-10) 中的柱端塑性弯矩可由分配给柱端的弯矩替代，其比例由侧向荷载作用下的线弹性分析获得，有：

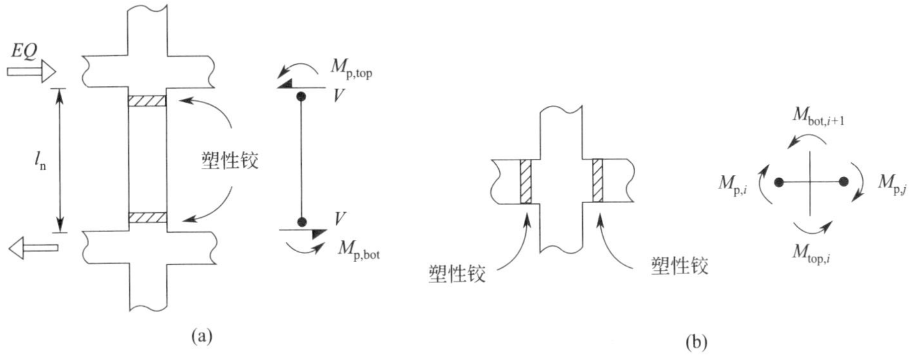

图 7-16 双向弯曲作用下的柱

(a) 柱端屈服：弱柱强梁；(b) 梁端屈服：强柱弱梁

$$M_{top,i}=(M_{p,i}+M_{p,j})\cdot\frac{M_{top,i}^{analysis}}{M_{top,i}^{analysis}+M_{bot,i+1}^{analysis}} \tag{7-12}$$

$$M_{bot,i+1}=(M_{p,i}+M_{p,j})\cdot\frac{M_{bot,i}^{analysis}}{M_{bot,i}^{analysis}+M_{top,i-1}^{analysis}} \tag{7-13}$$

显然，这种替代降低了式(7-10) 中柱的设计剪力。

设计中提供的抗剪承载力 V_r 超过了计算的柱剪力 V_e：

$$V_e<V_r \tag{7-14}$$

柱截面的抗剪承载力 V_r 可按钢筋混凝土结构设计规范进行计算。剪切作用下可采用以下要求来避免因超筋可能导致的压拱破坏：

$$V_e\leqslant 0.22A_w f_{cd}(\text{ACI 318,公制}) \tag{7-15}$$

式中，A_w 是柱沿地震作用方向的剪切面积。

例 7-1 一个承受重力和地震作用的两层两跨框架结构，如图 7-17 所示。重力和地震作用下的分析结果已分别给出。试确定一层左端梁、左端柱和中心柱的设计弯矩和设计剪力。假设节点附近满足强柱弱梁原则，且梁的抗弯承载力是设计弯矩的 1.4 倍。

解：

第一层左端梁：

根据荷载组合 $1.0\times GR+1.0\times EQ$，获得设计弯矩：

$$M_{di}=1.41-2.91=-1.5\text{kN}\cdot\text{m},M_{dj}=0.86+2.37=3.23\text{kN}\cdot\text{m}$$

根据荷载组合 $1.0\times GR-1.0\times EQ$，获得设计弯矩：

$$M_{di}=1.41-(-2.91)=4.32\text{kN}\cdot\text{m}$$

$$M_{dj}=0.86-2.37=-1.51\text{kN}\cdot\text{m}$$

梁的设计剪力为：

(在左侧施加地震作用)：$V_e=V_{dy}+(M_{pi}+M_{pj})/l_n$

$$M_{pi}=1.4\times M_{di}=1.4\times 1.5=2.1\text{kN}\cdot\text{m}$$

$$M_{pj}=1.4\times M_{dj}=1.4\times 3.23=4.52\text{kN}\cdot\text{m}$$

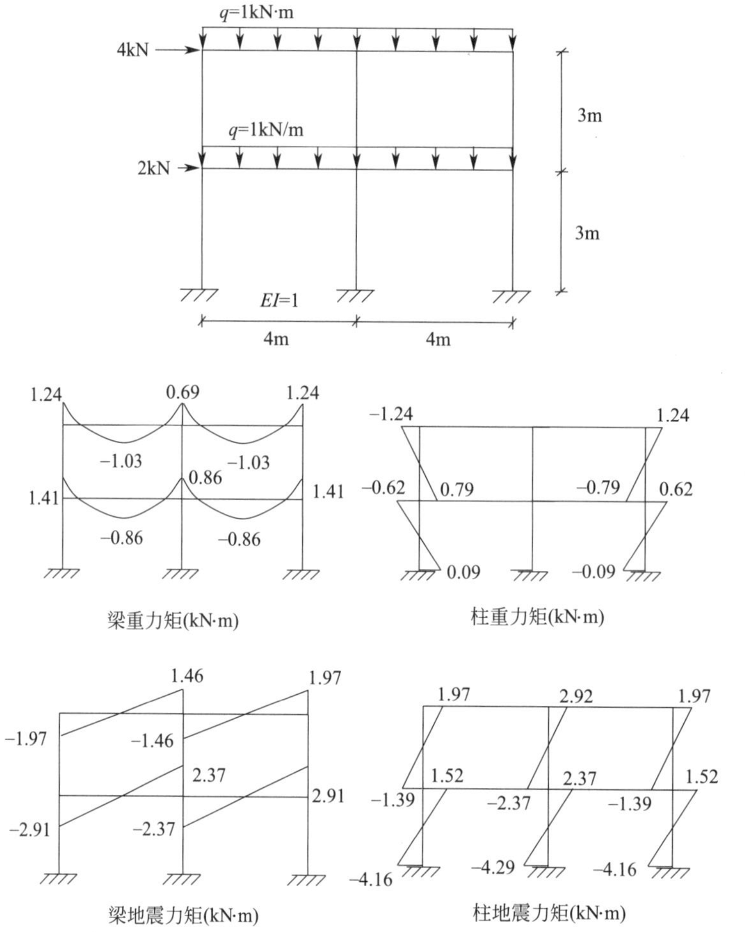

图 7-17 两层两跨框架结构

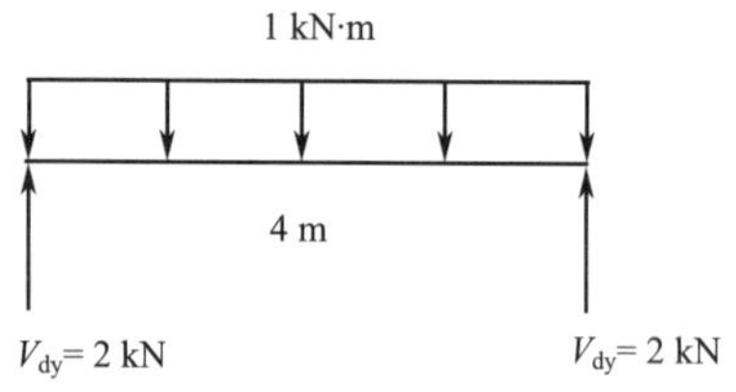

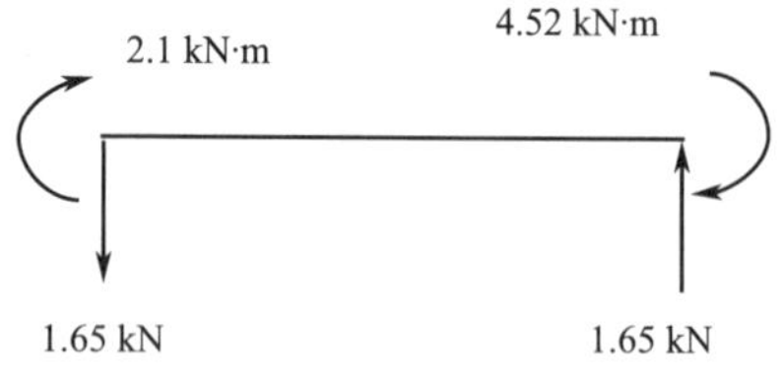

$$V_e=2+1.65=3.65\text{kN}$$

(在右侧施加地震作用)：$V_e=V_{dy}+(M_{pi}+M_{pj})/l_n$

$$M_{pi}=1.4\times M_{di}=1.4\times 4.32=6.05\text{kN}\cdot\text{m}$$

$$M_{pj}=1.4\times M_{dj}=1.4\times 1.51=2.11\text{kN}\cdot\text{m}$$

$$V_e=2+2.04=4.04\text{kN(设计剪力)}$$

第一层左端柱：

根据荷载组合 $1.0\times GR+1.0\times EQ$，获得柱的设计弯矩：

$$M_{db}=0.09+(-4.16)=-4.07\text{kN}\cdot\text{m}(\text{底部设计弯矩})$$

$$M_{dt}=-0.62+1.52=0.9\text{kN}\cdot\text{m}(\text{顶部设计弯矩})$$

柱的设计剪力为：

$$V_e=(M_b+M_t)/l_n$$

$$M_b=1.4\times M_{db}=1.4\times 4.07=5.69\text{kN}\cdot\text{m}(\text{底部抗弯承载力})$$

根据式(7-12）计算地震作用下顶层柱的底部弯矩与底层柱的顶端弯矩之比。根据这一比例，对与该柱相连节点所连接的梁端进行能力分配，计算获得柱顶和柱底弯矩。

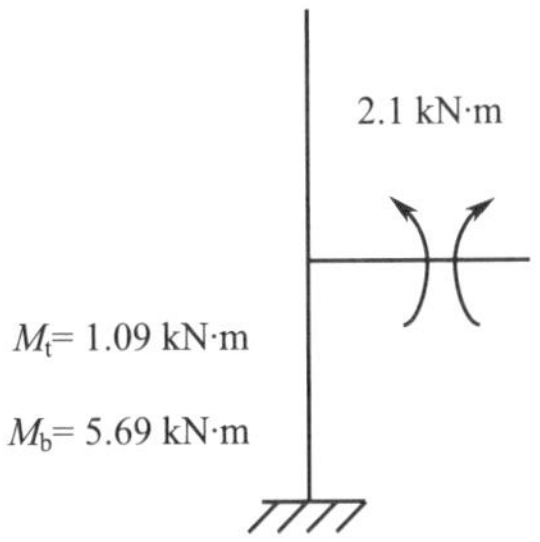

$$M_t=[1.52/(1.39+1.52)]\times 2.1=1.09\text{kN}\cdot\text{m}$$

$$V_e=(5.69+1.09)/3=2.26\text{kN}$$

第一层中柱：

根据荷载组合 $1.0\times GR+1.0\times EQ$，获得柱的设计弯矩：

$$M_{db}=0+(-4.29)=-4.29\text{kN}\cdot\text{m}(\text{底部设计弯矩})$$

$$M_{dt}=0+2.37=2.37\text{kN}\cdot\text{m}(\text{顶部设计弯矩})$$

柱的设计剪力为：

$$V_e=(M_b+M_t)/l_n$$

$$M_b=1.4\times M_{db}=1.4\times 4.29=6\text{kN}\cdot\text{m}(\text{底部抗弯承载力})$$

根据式(7-12)，采用上面描述的同一方法，计算柱顶和柱底的抗弯承载力为：

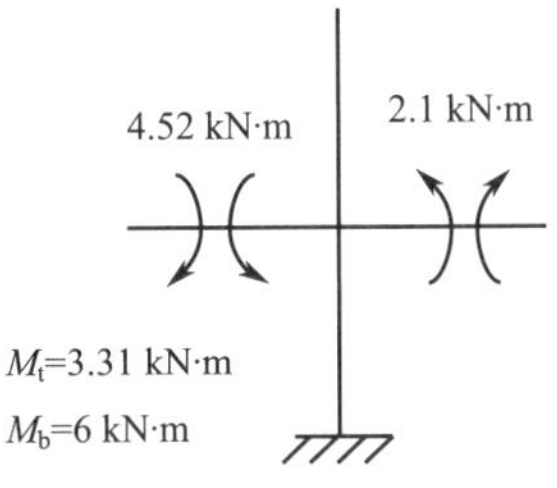

$$M_t=[2.37/(2.37+2.37)]\times(2.1+4.52)=3.31\text{kN}\cdot\text{m}$$

$$V_e=(6+3.31)/3=3.1\text{kN}$$

7.5.6　短柱效应

即使按抗剪承载力进行设计，短柱也有可能发生脆性剪切破坏。短柱的出现受建筑物如女儿墙的影响（图7-18），使得柱的净长由l_n缩短为l'_n。因此，将式(7-10）中的l_n替换为l'_n，短柱中产生的剪力V'_e可由式(7-16）计算获得：

$$V'_e=\frac{M_{p,top}+M'_p}{l'_n} \tag{7-16}$$

式中，M'_p为柱净高底端的塑性抗弯承载力。由于$l'_n<l_n$，自然有$V'_e>V_e$。剪力的增加通常导致无法满足式(7-14）中的设计不等式，造成地震作用下发生剪切失效。

此外，短柱比原柱具有更大的侧向刚度：

$$\left[k'_h\approx\frac{12EI}{(l'_n)^3}\right]\gg\left[k_h\approx\frac{12EI}{l_n^3}\right] \tag{7-17}$$

相应地，短柱比原柱具有更大的剪力，即使式(7-14）中的M_p较小，也更易达到其抗剪承载力。

在工程中，将女儿墙或建筑障碍物这些减小柱净长度的对象与柱进行分隔，可避免短柱形成。否则，那些有意设置的短柱则应按式(7-16）计算的修正剪力V'_e进行设计。

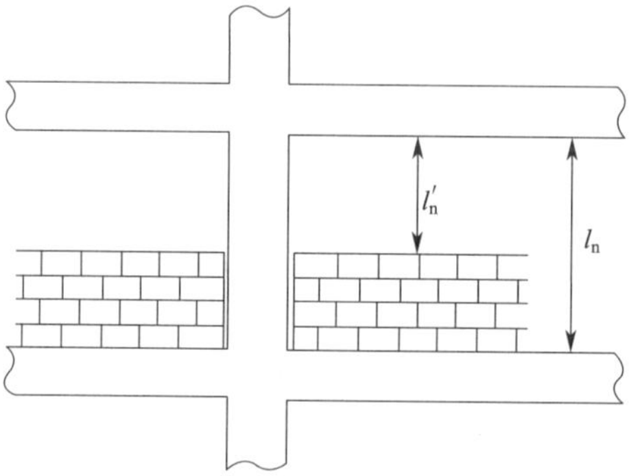

图7-18　短柱的形成

图7-19显示了1999年土耳其迪兹杰地震中的一根短柱的破坏现象。图7-20给出了一根按照现代抗震规范要求设计的典型柱的配筋构造。该图同时给出了柱筋的现场施工照片。

图7-19　1999年迪兹杰地震后一所学校的短柱失效。右图显示了其中一根短柱剪切破坏的详细情况

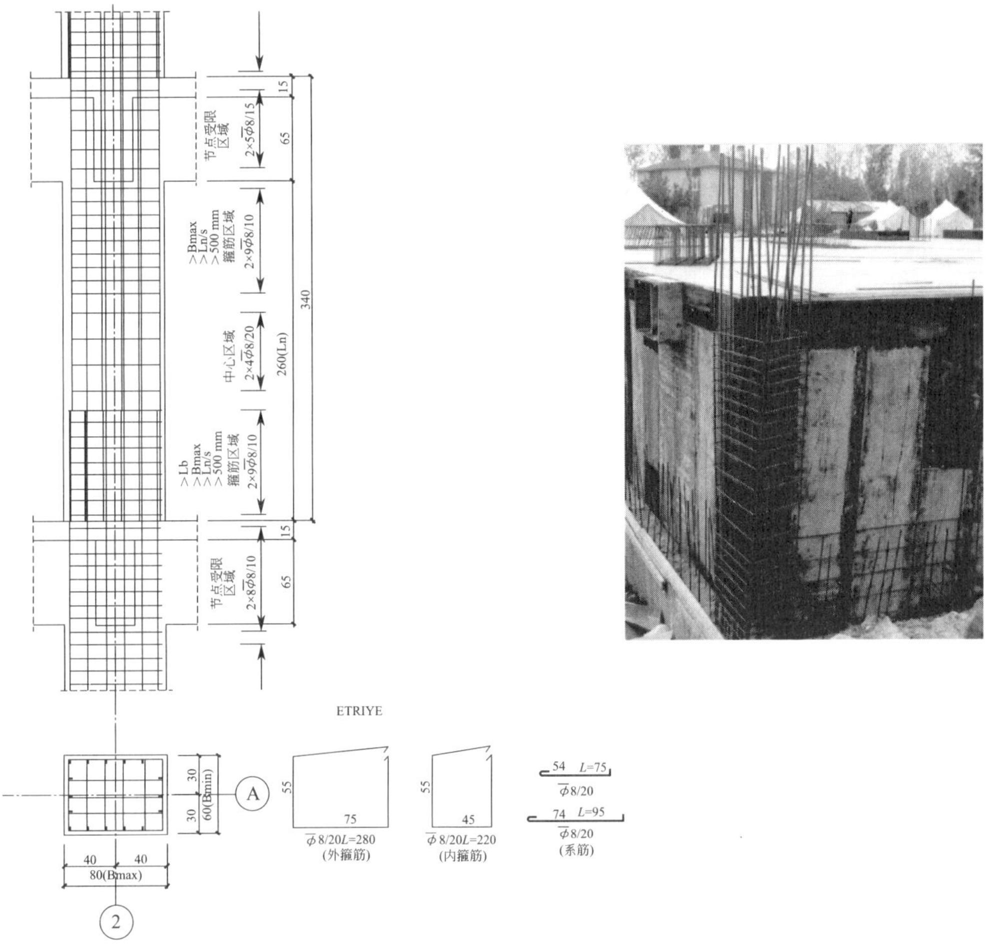

图 7-20　延性柱的配筋详图与柱的钢筋施工现场照片（尺寸单位：cm）

7.6　延性框架中梁柱节点的抗震设计

梁柱节点是柱与梁交汇的部分。在抗震设计中，节点可被视为脆性构件。相应地，为保证设计合理，节点的抗剪强度应大于地震中作用于节点的最大剪力。图 7-21 给出了一个典型的梁柱内节点。

在抗震设计中，延性框架结构的梁柱节点分为两类。如果梁与节点的四面相连，且梁宽至少为与其相连的柱宽的 3/4，这种节点可归为约束节点（b_{w1} 和b_{w2} 均大于$\frac{3}{4}b$；b_{w3} 和b_{w4} 均大于$\frac{3}{4}h$，图 7-21b），只有一些内补节点能满足这一条件。其他所有不满足上述条件的节点均为无约束节点。与无约束节点相比，约束节点中混凝土对节点抗剪强度的贡献更大，如 7.6.2 节所述。

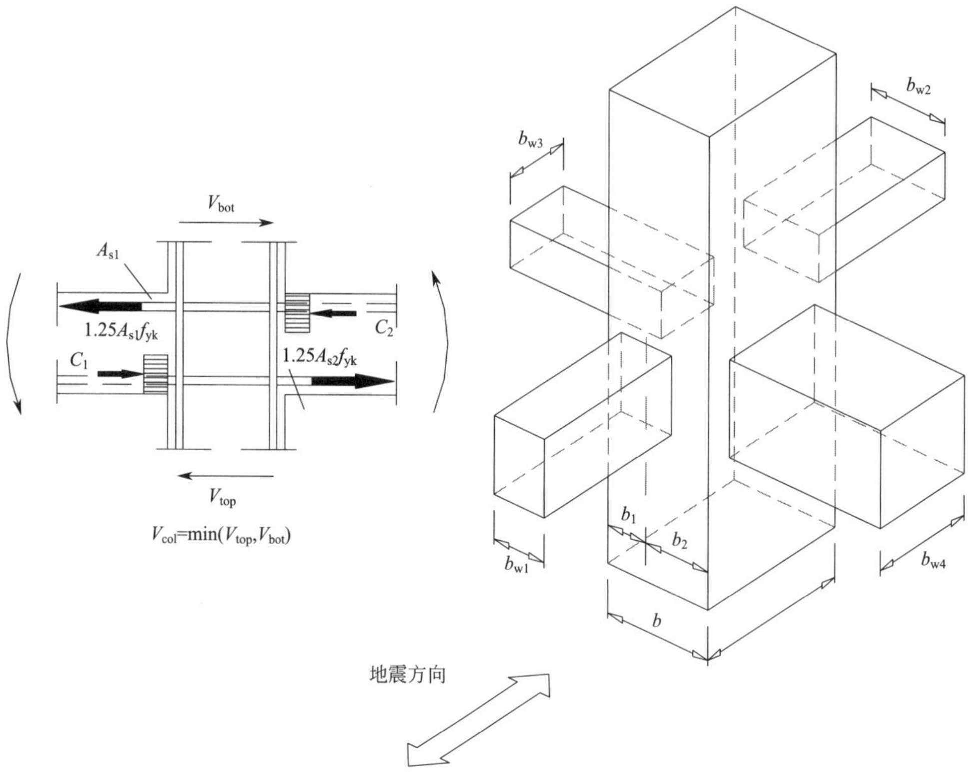

图 7-21 一个典型的梁柱节点

(a) 作用于内节点上的水平（剪切）力平衡；(b) 由跨度梁导致的节点约束条件

7.6.1 设计剪力

作用于节点的设计剪力可借助图 7-21(a) 进行计算。设计剪力并非通过结构分析获得，而是通过能力设计原则，由连接节点的梁的抗弯承载力计算获得。由于框架结构的设计基于强柱弱梁原则，因此可假设当沿地震作用方向上节点两边相连的梁发生弯曲屈服时，节点达到最大剪力。在侧向地震作用下，这些梁端的弯曲方向相反，因此左侧梁端的上部纵筋和右侧梁端的下部纵筋在弯矩方向上将发生屈服，如图 7-21(a) 所示。如果从图 7-21(a) 中的节点中间部位取一水平横截面，可根据平衡方程计算沿该截面的节点剪力。考虑混凝土的压应力等于受弯截面钢筋的拉应力，设计剪力容易由下式求得（Eurocode 8 规范提供）：

$$V_e = 1.2f_{yd}(A_{s1} + A_{s2}) - V_{col} \tag{7-18}$$

式中，f_{yd} 为纵筋的设计屈服强度，V_{col} 为节点连接柱的顶部和底部剪力最小值，取最小值是因为柱的剪力抵消了梁施加的剪力。当节点为外节点时，$A_{s2}=0$。式(7-18) 中的系数 1.2 考虑了钢筋应变硬化导致的节点具有更大剪应力的现象。

7.6.2 设计抗剪强度

对于约束节点和无约束节点，ACI 318 和 TEC 2007 分别给出了名义节点设计抗剪强度V_r，如式(7-19a、b) 所示：

$$V_r = 0.60 b_j h f_{cd} \tag{7-19a}$$

$$V_r = 0.40 b_j h f_{cd} \tag{7-19b}$$

值得注意的是，式(7-19a、b) 没有明确给出节点箍筋对节点抗剪强度的贡献。节点的箍筋由最小配箍率控制。对于约束节点，柱约束区域 50%的箍筋需要延伸置于节点区域，但有最大间距 150mm 的要求。对于无约束节点，柱约束区的所有箍筋均应延伸置于节点区域。在无约束节点中，则需要布设更多的水平钢筋，这是因为混凝土的贡献较小，如前所述。这两种节点的最小水平钢筋直径均为 8mm。图 7-21 给出了一个有约束节点和无约束节点的配筋详图。

若满足下式，则认为节点的抗剪设计满足要求：

$$V_e < V_r \tag{7-20}$$

否则，需要增加柱的宽度（节点的尺寸）或梁的高度（以减小纵向配筋）。

Eurocode 8 规范不要求计算节点的设计剪力，但要求对无约束节点和有约束节点分别设置柱约束区域 50%和 100%的箍筋。这一要求与 ACI 318 的构造要求类似。在约束节点中，箍筋的最大间距为 150mm。

7.7 现代与老旧抗震规范的构造要求对比

相比于老旧（1980 年以前）抗震规范，现代抗震规范对梁、柱和节点的构造要求显著提高。图 7-22 对比了一个按老旧规范和现行规范设计的典型梁柱节点构造要求。显然，按老旧规范设计的节点区未设置箍筋，梁端和柱端也无约束区域。图 7-23 给出了按老旧规范设计的非延性梁、柱和节点的抗震性能。可见，节点的抗剪强度较低，无法抵抗梁所传递的剪力。此外，柱的下端发生了剪切破坏，不能满足能力设计的要求。

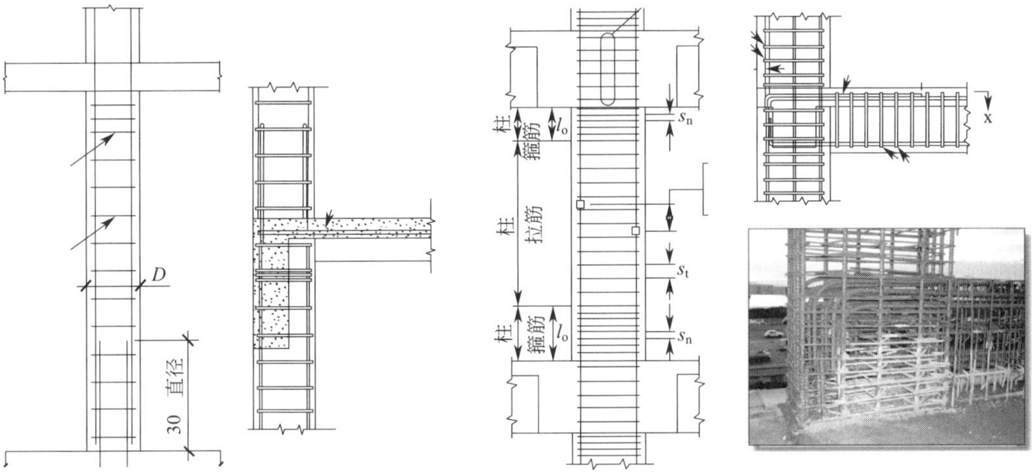

(a) (b)

图 7-22 老旧建筑和现代建筑中梁和梁柱节点的典型配筋构造

(a) 老旧建筑；(b) 现代建筑

(a)　　　　　　(b)

图 7-23　强地震动造成的非延性钢筋混凝土建筑节点破坏（Moehle et al.，2004）
（a）老旧建筑；（b）现代建筑

7.8　延性混凝土剪力墙的抗震设计

剪力墙是地震作用下建筑结构抵抗侧向荷载的主要构件。与柱相比，剪力墙沿地震作用方向的尺寸较大，因此具有较大的抗侧刚度。图 7-24 给出了一片典型的剪力墙。根据不同设计规范，如果大尺寸柱的横截面长度与厚度之比超过 4～7，则可视为剪力墙。剪力墙的最小厚度为 150mm 或层净高的 1/20（Eurocode 8）。若建筑结构所有抗侧力体系均采用剪力墙（特别是筒体结构），最小厚度可以减少到 150mm。根据设计要求不同，剪力墙厚度可沿墙高方向逐渐减少。

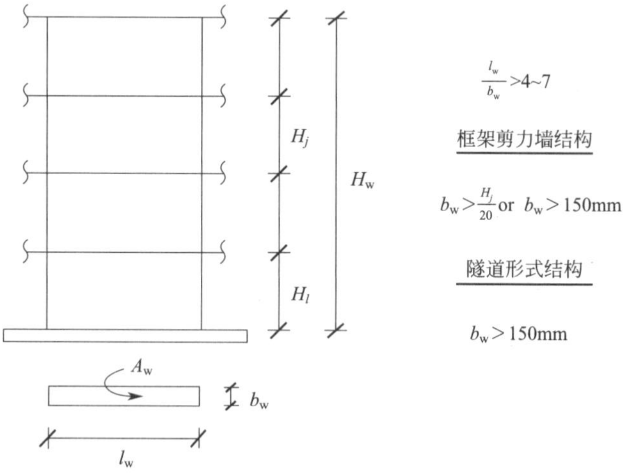

图 7-24　某一典型的剪力墙和最小尺寸

根据剪力墙的变形特性及其高度与长度之比或剪跨比，剪力墙可分为两类：

$$\frac{H_{\omega}}{l_{\omega}}>2.0\text{：细长墙——弯曲行为控制}$$

$$\frac{H_{\omega}}{l_{\omega}}\leqslant 2.0\text{：低矮墙——剪切行为控制}$$

图 7-25 给出了细长墙（弯曲为主）和低矮墙（剪切为主）的变形行为。细长墙的变形与侧向力作用下的悬臂柱类似，因此以弯曲变形为主。当细长墙的底部区域发生受弯屈服时，达到侧向承载力，同时伴随有水平受弯裂缝的出现和纵向受拉钢筋的屈服（图 7-25a）。低矮墙的变形以剪切变形为主。低矮墙在达到侧向承载力时，会在对角拉应力作用下产生一系列对角裂缝，并伴有横穿这些裂缝的腹筋屈服（图 7-25b）。

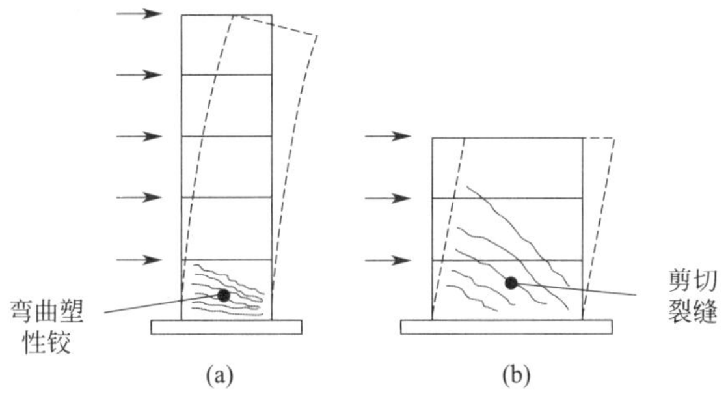

图 7-25 （a）细长墙的变形行为；（b）低矮墙的变形行为

7.8.1 细长剪力墙的抗震设计

细长墙除了弯矩分布与延性柱有所不同以外，其受力性能与延性柱相似（图 7-26）。在侧向荷载作用下，如果柱的强度大于梁，与柱相连的梁端将形成塑性铰，此时双向弯曲柱达到其侧向承载力（图 7-15b 和图 7-25a）。另一方面，细长墙通常承受单向弯曲作用，这是因为连接梁的抗弯承载力过小，难以改变沿墙高方向的弯矩分布方向（图 7-25b）。剪力墙的基底最大弯矩不能超过基底截面的塑性抗弯承载力$M_{p,base}$。

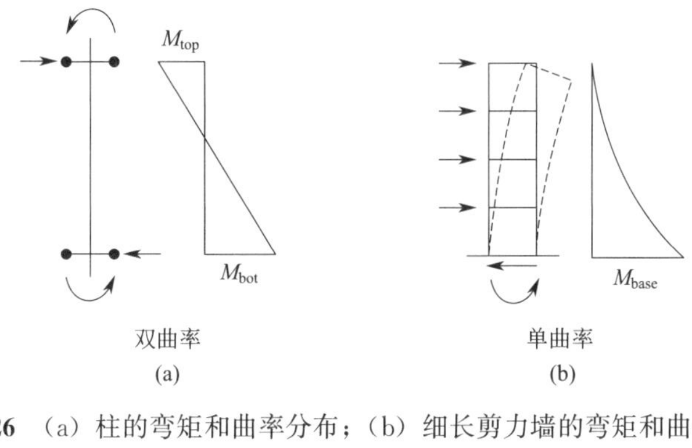

图 7-26 （a）柱的弯矩和曲率分布；（b）细长剪力墙的弯矩和曲率分布

7.8.1.1 配筋构造

剪力墙的延性能力由基底塑性区域的延性能力控制，该区域的高度为H_{cr}，在 Eurocode 8 中定义为：

$$H_{cr}=\max\left\{l_w, H_{cr}=\frac{H_w}{6}\right\}, H_{cr}\leqslant 2l_w$$

沿H_{cr}方向，每个墙端部区域的截面边缘设置有一个端部约束区（图7-27）。在Eurocode 8中，沿H_{cr}方向受平面内约束的端部区域最小长度l_u为：$l_u\geqslant 1.5b_w$或$l_u\geqslant 0.15l_w$（取两者的较大值）。同时，在H_{cr}高度上方也可设置一个端部约束区，但长度要进行折减。沿H_{cr}方向上，端部约束区内全部纵筋占墙总面积之比的最小值($\rho_u=A_s/A_w$)为0.005。端部约束区域的侧向约束箍筋构造与第7.5.3节中柱约束区域的箍筋构造类似。

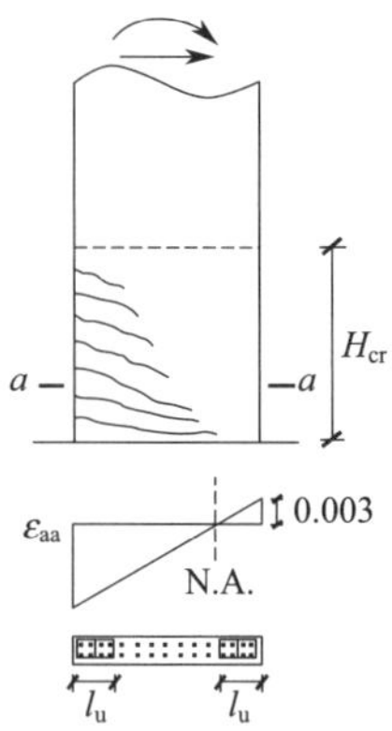

图7-27 墙端部高度H_{cr}范围内的应变分布和配筋构造

沿塑性铰区域对墙端部区域进行约束的原因与柱类似，这对于发挥墙中竖向抗弯钢筋的作用也更为有利。当墙截面承受极限弯矩时，约束区域受拉一侧的竖向钢筋由于中性轴杠杆作用，将比沿腹板分布的竖向钢筋更为有效（图7-27）。另一方面，端部区域的受压一侧承受较高的压应力和应变，对这一区域的混凝土进行约束可提高混凝土的受压应变能力，进而提高剪力墙底部塑性铰区域沿临界高度H_{cr}的截面曲率能力。

水平和垂直钢筋均匀分布于墙两个端部约束区域之间的腹板区。腹板内垂直和水平钢筋的最小配筋率为0.0025，钢筋最大间距为250mm（ACI 318）。

7.8.1.2 抗弯设计

图7-28给出了地震作用下延性细长墙的设计弯矩分布。分析获得的墙弯矩图显示墙底弯矩最大，且随高度的增加弯矩逐渐减小。在框架—剪力墙结构体系中，由于剪力墙与框架的相互作用，结构上部楼层的弯矩图符号会发生变化。当梁跨越剪力墙时，由于梁抵抗弯矩的符号与剪力墙抵抗弯矩的符号正好相反，因此弯矩图在楼层处不连续。然而，这些弯矩要远小于墙的弯矩，因此对墙弯矩分布的影响可以忽略。

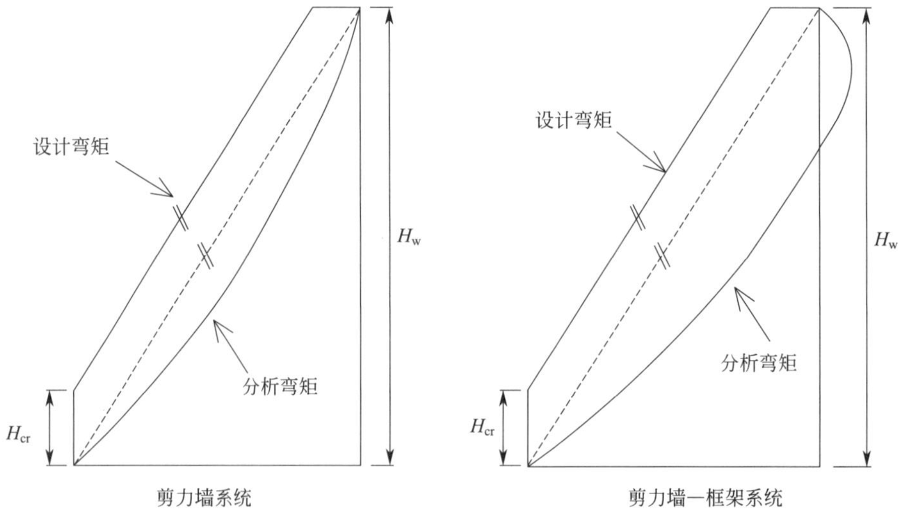

图7-28 沿墙高的设计弯矩分布

通过从底部弯矩位置向墙顶零弯矩位置作一割线，然后将这一割线向上平移 H_{cr} 高度，可获得设计弯矩，如图 7-28 所示。支撑区域设计弯矩（H_{cr} 高度）的增加，其主要是由于拉伸上移效应造成了拉应力的增加（译者注：拉伸上移效应此处是由于剪力墙底部出现混凝土开裂而造成）。

当深梁和剪力墙中的纵筋较少时，拉伸上移效应比较常见。以图 7-29(a) 中侧向力作用下的悬臂剪力墙为例，因对角剪切裂缝出现，腹板处的水平钢筋（箍筋）开始工作。当受拉钢筋发生屈服时，剪力墙达到其极限承载力。图 7-29(b) 给出了剪切裂缝上方墙体的隔离体图。其中，T_2 为截面 2 处的纵筋拉力，C_1 为截面 1 处的压力，z 为弯矩力臂，V_s 为横穿对角裂缝的箍筋承担的剪力，V_b 为截面 1 处的基底剪力。因此，基底位置的力矩平衡方程为：

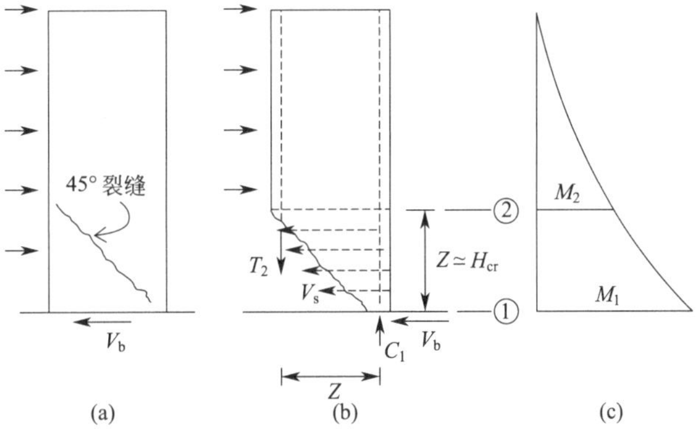

图 7-29　(a) 作用在墙上的外力；(b) 沿斜裂缝方向作用的内力；(c) 墙的弯矩图

$$M_1 = zT_2 + 0.5zV_s \tag{7-21}$$

式中，M_1 是截面 1 处或基底位置的内部弯矩。同样，根据图 7-29(b) 中垂直悬臂 1—2 部分的平衡方程，可得：

$$M_1 = M_2 + zV_2 + \frac{z}{2}F_{1-2} \tag{7-22}$$

式中，V_2 和M_2 分别为截面 2 处的内部剪力和弯矩，F_{1-2} 是作用于截面 1 和 2 之间墙体外部侧向荷载的一部分。T_2 可由式(7-21) 和式(7-22) 获得：

$$T_2 = \frac{1}{z}(M_2 + zV_2 + 0.5zF_{1-2} - 0.5zV_s) \equiv \frac{M_2}{z} + (V_2 + 0.5F_{1-2} - 0.5V_s) \tag{7-23}$$

在式(7-23) 中，$0.5V_s$ 小于$V_2 + 0.5F_{1-2}$。其中，V_s 为横穿对角裂缝箍筋的剪力，V_2 为截面 2 处的总剪力。因此，忽略该项，根据式(7-22)，式(7-23) 可简化为：

$$T_2 = \frac{M_1}{z} \tag{7-24}$$

因此，对于无裂缝的均质剪力墙，截面 2 处的拉力与截面 2 处的弯矩无关，而根据截面 1 处较大的弯矩进行计算。

忽略腹板中竖向钢筋的贡献，根据图 7-27，采用式(7-25) 可简单计算剪力墙的抗弯承载力为：

$$M_r = A_s f_y l_w \left(1 + \frac{N_d}{A_s f_y}\right)\left(1 - \frac{c}{l_w}\right) \tag{7-25}$$

式中，A_s 是约束区域拉伸侧竖向钢筋的面积，c 为中性轴的高度，N_d 为竖向荷载下作用于墙截面的轴向压力，f_y 为式(7-25)中竖向钢筋的屈服强度。在所有截面位置，M_r 应高于根据图 7-27 计算的设计弯矩。剪力墙的抗弯承载力通常应满足第 7.5.4 节中定义的强柱弱梁原则。

7.8.1.3 抗剪设计

延性墙的设计剪力可通过分析计算，但需根据基底的塑性抗弯承载力修改：

$$V_e = \beta_v \frac{(M_p)_b}{(M_d)_b} V_d \tag{7-26}$$

式中，M_d 和 V_d 分别是竖向荷载和弹性地震作用($R_a=1$)下根据分析计算获得的弯矩和剪力，β_v 是考虑高阶振型效应的动力放大系数。在 Eurocode 8 中，框架—墙结构体系取 1.5。在墙底位置，M_d 不能超过塑性抗弯承载力 M_p。因此，墙底位置分析获得的剪力分布需乘以(M_p/M_d)进行放大。若不能开展精细分析，可假设：$M_p \cong 1.25 M_r$。

对于斜拉破坏，一个可接受的设计剪力为：$V_e \leqslant V_r$；对于斜压破坏，一个可接受的设计剪力为：$V_e \leqslant 0.22 A_w f_{cd}$。其中：

$$V_r = A_w (0.65 f_{ctd} + \rho_{sh} f_{ywd}) \tag{7-27}$$

式中，f_{cd} 和 f_{ctd} 是混凝土强度抗拉设计强度；ρ_{sh} 是水平腹板的配筋率；f_{ywd} 是水平配筋的设计强度。

图 7-30 所示为一片设计剪力不足的剪力墙。如果结构设计完全符合抗震规范的要求，即使在强烈地震作用下，能力设计也可避免剪切破坏发生。

图 7-31 给出了按照上述要求设计的某一细长墙的构造案例。

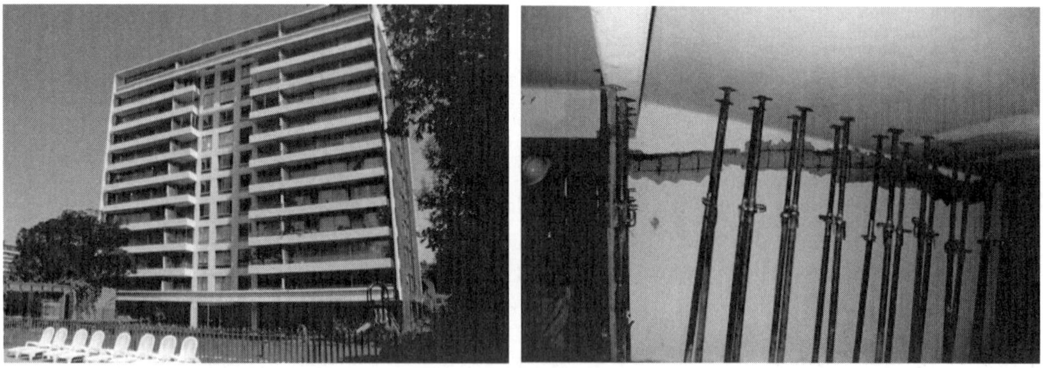

图 7-30 2010 年智利 8.8 级地震中一座现代混凝土建筑底层剪力墙损坏情况

7.8.2 低矮剪力墙的抗震设计

低矮剪力墙不能发生延性反应，因此这些墙不定义 H_{cr} 和端部约束区。设计弯矩可以通过分析获得。但是，低矮剪力墙并非主要受弯曲作用，这是因为它们的抗弯承载力常远大于设计弯矩。

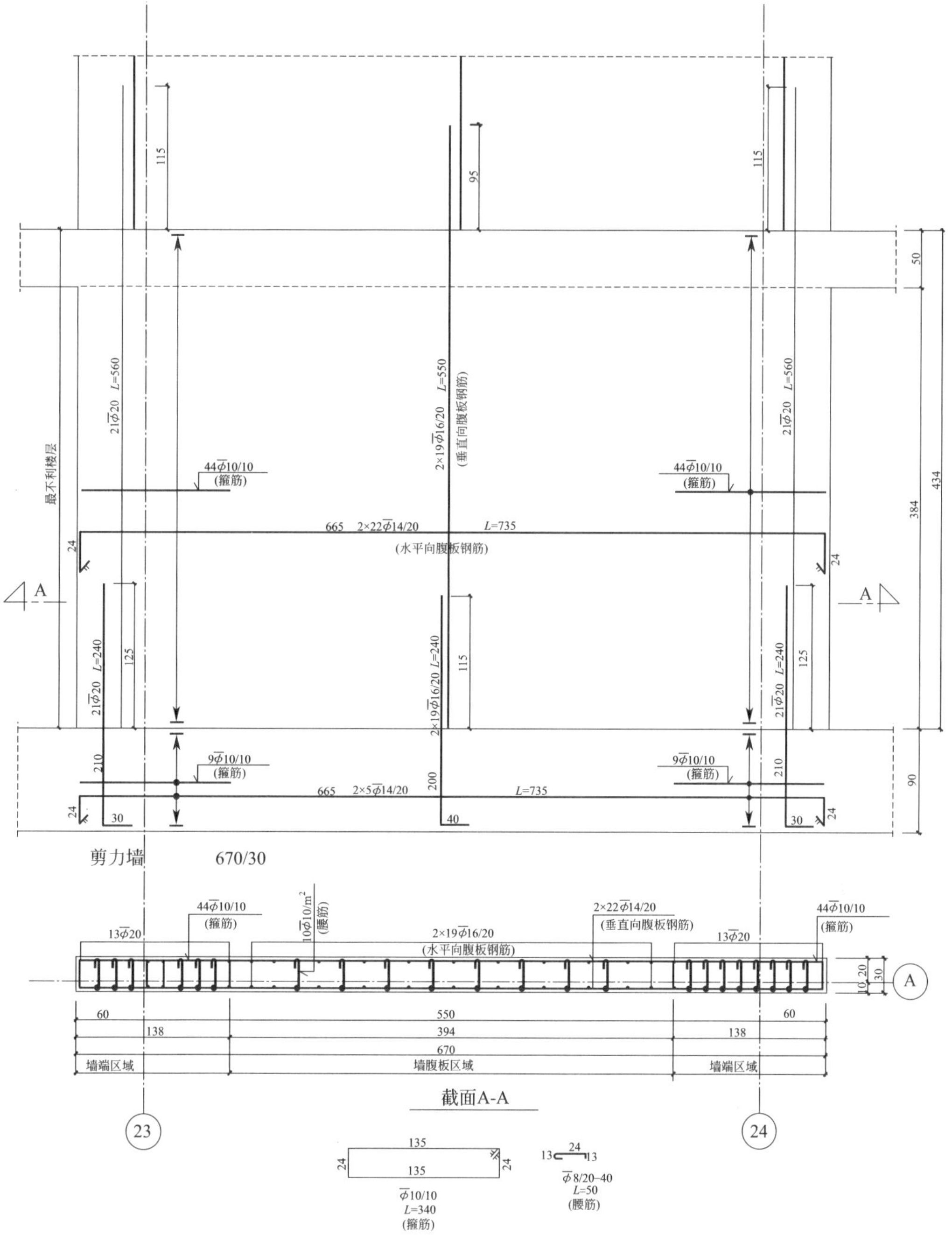

图 7-31 延性细长剪力墙的配筋构造

低矮剪力墙的设计剪力可通过对其在$R_a=1$时的工况分析获得，但在分析过程中，无需像细长墙设计剪力分析那样对其承载力进行调整。因此，$V_e=V_d(R_a=1)$。对于斜拉破坏，若$V_e \leqslant V_r$，则满足剪切设计要求；对于斜压破坏，若$V_e \leqslant 0.22A_w f_{cd}$，则满足剪切设计要求。其中，$V_r$ 如式(7-27) 所示。

图 7-32 给出了 2011 年 Van 地震中一片倒塌的低矮剪力墙。该墙破坏的主要原因包

括：混凝土抗压能力不够、抗剪配筋不足、地震作用下不对称结构的扭转反应导致的平面外弯矩。

图 7-32　2011 年 Van 地震中一片破坏的低矮剪力墙

7.9　能力设计方法：总结

下面对能力设计方法进行系统总结。然后，以一栋五层混凝土框架结构为例进行抗震设计。

1. 开展结构体系在重力荷载和沿两个侧向的折减地震作用下的分析，并根据采用的设计规范进行组合。

2. 开展分析弯矩 M_d 下梁的抗弯设计和抗剪能力 V_e 下梁的抗剪设计。

3. 根据强柱弱梁原则计算柱的弯矩。开展这些弯矩作用下的抗弯设计和抗剪能力下的抗剪设计。

4. 开展考虑拉伸上移效应的设计弯矩分布下的剪力墙抗弯设计和抗剪能力 V_e 条件下的剪力墙抗剪设计。

5. 检查节点的抗剪能力是否满足要求。

例 7-2　以一栋五层钢筋混凝土框架结构的抗震设计为例。图 7-33 给出了这一五层钢筋混凝土框架结构的典型楼层平面和所有的构件尺寸。所有楼层的平面布置和构件尺寸均一致。采用半刚性场地的线弹性设计谱。根据规范要求，试设计轴线 3 对应的平面框架。混凝土的强度等级为 C25，钢筋等级为 S420。延性等级为“增强”（$R=8$），地震作用方向为 Y。

解：

楼层重量：

柱截面尺寸：50cm×40cm；梁截面尺寸：30cm×50cm；楼板厚度：12cm。楼板自重荷载：1.5kN/m^2（除屋顶）。楼板活荷载：2kN/m^2。

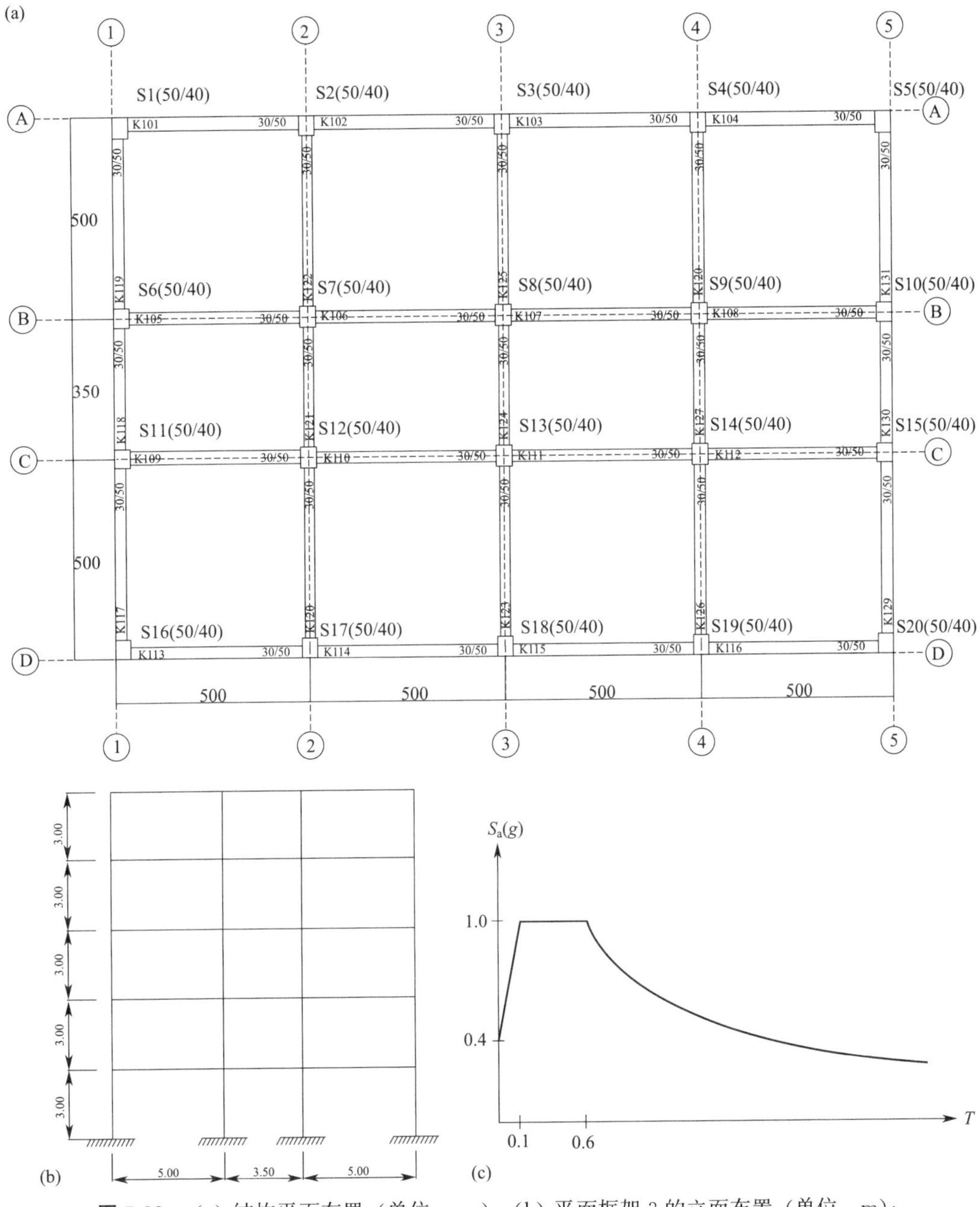

图 7-33 (a) 结构平面布置（单位：cm）；(b) 平面框架 3 的立面布置（单位：m）；(c) 地震作用的线弹性设计谱

下表给出了恒荷载（DL)、活荷载（LL）和楼层质量。

恒荷载（kN）				活荷载（kN）	层重（t)(DL+0.3LL)	
柱	梁	楼板	总计	楼板		
60.0	125.6	202.2	101.2	135	第 1 层	53.7
60.0	125.6	202.2	101.2	135	第 2 层	53.7

续表

恒荷载（kN）				活荷载（kN）	层重（t）(DL+0.3LL)	
柱	梁	楼板	总计	楼板		
60.0	125.6	202.2	101.2	135	第 3 层	53.7
60.0	125.6	202.2	101.2	135	第 4 层	53.7
30.0	125.6	202.2	0	135	第 5 层	42.9

特征值分析：

采用 Y 方向的结构模型，根据特征值分析计算特征值（振型周期）和质量归一化的特征向量（振型）。

振型	1	2	3	4	5
周期	0.505	0.160	0.089	0.060	0.046

质量归一化特征向量：

振型 1	振型 2	振型 3	振型 4	振型 5
−0.0173	0.0502	−0.0753	−0.0823	0.0579
−0.0418	0.0840	−0.0427	0.0446	−0.0774
−0.0636	0.0526	0.0668	0.0383	0.0767
−0.0794	−0.0217	0.0497	−0.0802	−0.0542
−0.0882	−0.0852	−0.0725	0.0495	0.0237

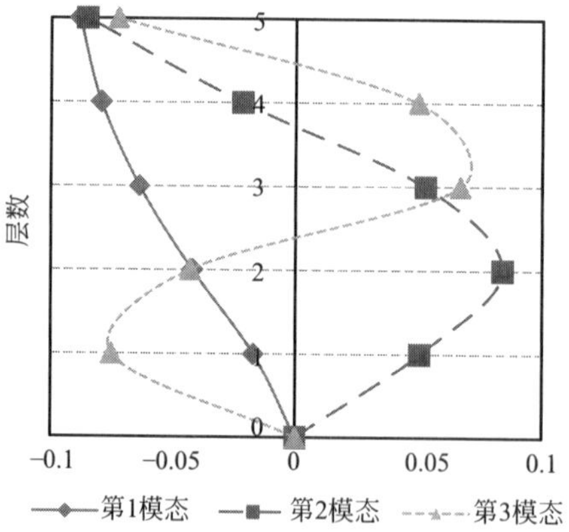

反应谱分析与等效侧向力：

（1）最小振型数量

振型	质量参与比（%）	累积（%）
1	83.2	83.2
2	10.5	93.7
3	4.0	97.7
4	1.8	99.5
5	0.5	100

根据第 6.4.1 节，采用前两阶振型进行反应谱分析已足够。

(2) 振型力与基底剪力

有效振型质量 (M_n^*)(t)		谱加速度 (m/s^2)		
M_1^*	M_2^*	$S_a(T_1)$		$S_a(T_2)$
214.33	27.17	9.81		9.81
振型力($f_n=\Gamma_n * \boldsymbol{m} * \boldsymbol{\phi}_n * S_{a,n}$)($kN$)				
振型 1	振型 2			
16.64	17.24			
40.34	28.84			
61.34	18.05		基底剪力 (kN)	
76.57	−7.46	振型 1	振型 2	V_{tB}(kN)($SRSS$)
67.93	−23.36	262.83	33.31	265.05

(3) 等效侧向力

同时，计算等效侧向力，与振型力对比。

总重	2547.26	kN
周期	0.505	s
$S(T)$	1	—
$A(T)$	9.81	m/s^2
基底剪力	318.40	kN 在 $R=8$ 的情况下
最小剪力检查	101.89	$0.1\times A_0\times I\times W<318.4$,好

等效侧向力方法计算的基底剪力比反应谱分析的结果大 20%。

层数	F_i(kN)
1	21.90
2	43.80
3	65.70
4	87.59
5	87.47

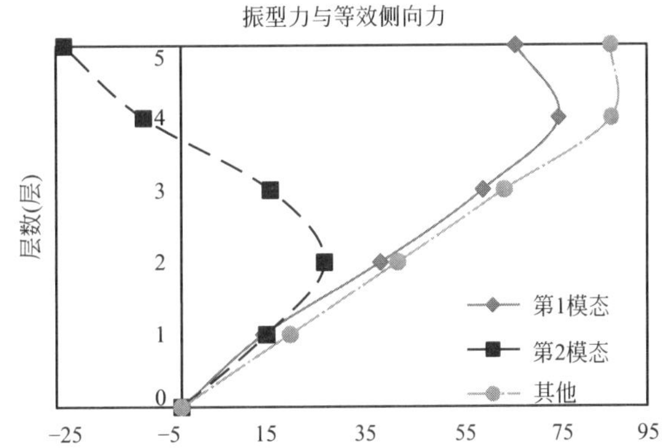

(4) 最小基底剪力校核

在某些抗震规范中，根据反应谱分析获得的基底剪力与根据等效侧向力方法计算的基底剪力比不应小于比例 β。

$$V_{tB}=265.05\text{kN}(\text{根据反应谱分析计算})$$

$$V_t = 318.40\text{kN}(\text{根据等效侧向力方法计算})$$

$$B = 0.8$$

检查：$\beta \times V_t = 254.72\text{kN} < V_{tB} = 265.05\text{kN}$

因此：振型叠加分析中不需要进行基底剪力修正。

设计：

开展上述振型力作用下的反应谱分析，并通过 SRSS 组合获得构件内力和位移。同时，采用等效静力侧向荷载方法计算构件内力进行比较。根据作用在这些构件上的内力（$DL+LL\pm EQ/R$），对最不利构件进行设计。

梁的设计：

基于等效侧向力分析的梁弯矩和剪力图。

最不利构件为：K224（二层，中跨梁）。

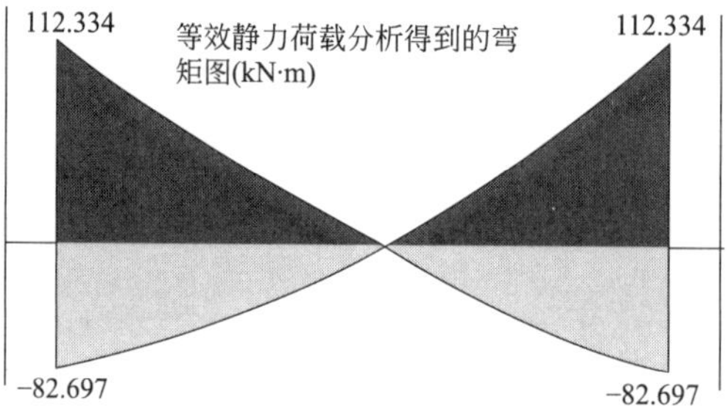

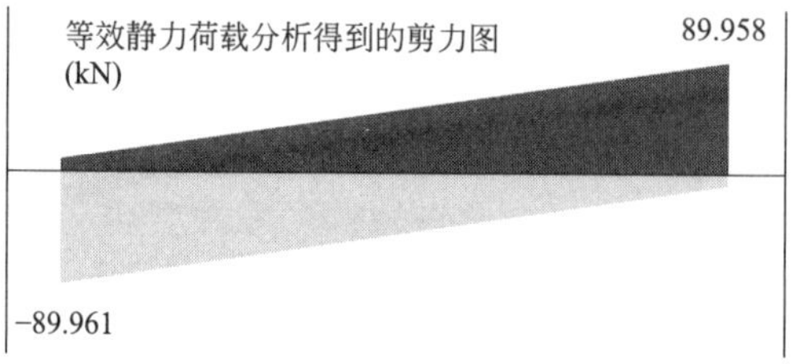

（在正负两个方向施加侧向力，给出弯矩包络图）

基于反应谱分析的弯矩和剪力图：

最不利构件为：K224（二层，中跨梁）。

弯矩包络图和剪力包络图如下：

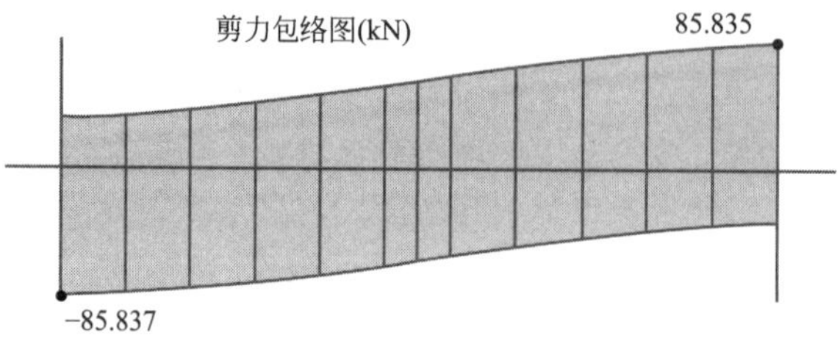

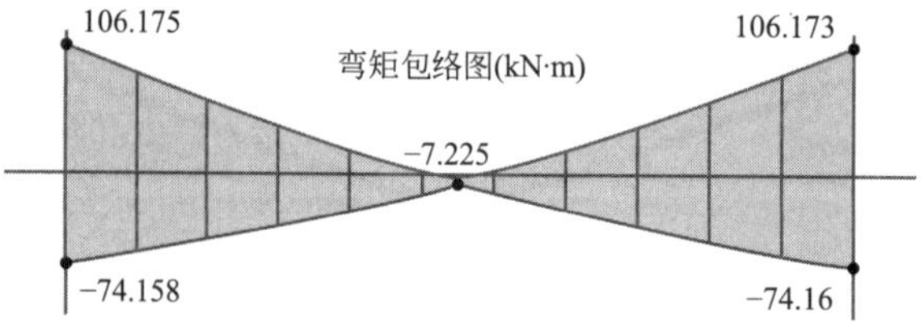

最不利梁的抗弯设计（忽略楼板的贡献）			
		i 端	*j* 端
正方向	M_d（kN·m）	106.175	106.173
	$A_{s,req}$（mm²）	685	685
$A_{s,min}=b_w d(0.8 f_{ctd}/f_{yd})$	$A_{s,min}$（mm²）	348	348
负方向	M_d（kN·m）	74.16	74.16
	$A_{s,req}$（mm²）	455	455
$A_{s,min}=b_w d(0.8 f_{ctd}/f_{yd})$	$A_{s,min}$（mm²）	348	348
	提供钢筋		
	支座		跨
$A_{s,top}$（mm²）	3φ14+2φ16（864mm²）		3φ14（462mm²）
$A_{s,bottom}$（mm²）	3φ16（604mm²）		3φ16（604mm²）
M_r（kN·m）	134.96	95.8	

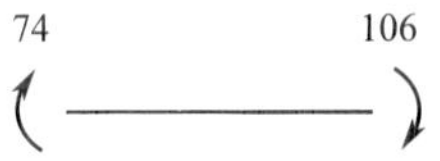

最不利梁的抗剪设计			
		i 端	*j* 端
	V_{dy}（kN）	25.72（根据重力荷载分析）	
（$M_p \simeq 1.4M_r$）	（+）M_p（kN·m）	188.95	134.17
（$M_p \simeq 1.4M_r$）	（−）M_p（kN·m）	134.17	188.95
正方向	V_e（kN）	133.72	
负方向	V_e（kN）	131.15	
提供抗剪钢筋		支座	跨
	$A_{s,w}$	8φ/110mm	8φ/200mm
梁的抗剪承载力			
$V_w=(A_{s,w}/s)f_{ywd}d$	V_w（kN）	85.84	
$V_c=0.8\{0.65 f_{ctd} b_w * d[1+\gamma(N_d/A_c)]\}$	V_c（kN）	103.29	
$V_r=V_c+V_w$	V_r（kN）	189.13	
	$0.22 b_w d f_{cd}$（kN）	522.5	
	$V_e<V_r$；$V_e<0.22 b_w d f_{cd}$，好		

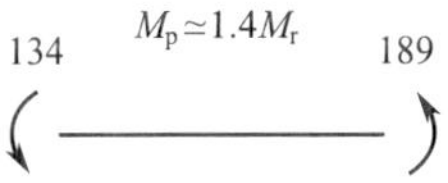

柱的设计：

最不利构件为：S13（一层，中柱）

柱的抗弯设计（最不利构件基于组合的荷载）			
根据分析，柱的设计荷载	N_d（kN·m）	803.56	
	M_d（kN·m）	120.2	
$\rho_1=0.01$	$A_{s,req}$（mm²）	2000	
	$A_{s,provided}$（mm²）	2010.62	10φ16
	M_r（kN·m）	266.2	

最小纵筋配筋率控制柱的设计

对最不利节点进行强柱弱梁检查		
柱	M_{ra}(kN·m)	266.2
	$M_{rü}$(kN·m)	266.2
梁	M_{ri}(kN·m)	134.96
	M_{rj}(kN·m)	95.8
$(M_{ra}+M_{rü}) \geqslant 1.2\,(M_{ri}+M_{rj})$	检查	1.92>1.2,好

柱的抗剪设计

最不利柱：二层，中柱

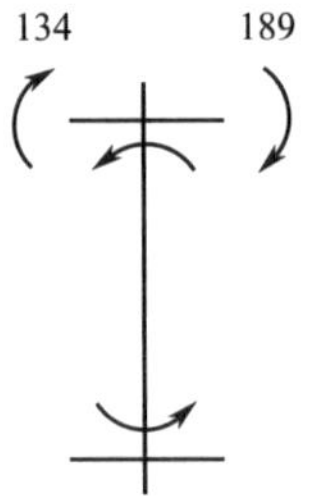

顶端 $M_{ü}$ 的计算				
	ΣM_p(kN·m)	323.12		
	$M_{ü}$(kN·m)	191.22		
底端 $M_{ü}$ 的计算				
	ΣM_p(kN·m)	323.12		
	M_a(kN·m)	158.81		
柱的剪力				
$V_e=(M_a+M_{ü})/l_n$	V_e(kN)	100.01		
提供抗剪钢筋		区域	端部	中部
		$A_{s,w}$	$8\varphi/7$	$8\varphi/19$
柱顶端与底端的约束区域长度		500mm		
柱的抗剪能力				
	V_w(kN)	249.01		
	V_c(kN)	162.35		
	V_r(kN)	411.36		
	$0.22\,b_w d\,f_{cd}$(kN)	733.33		
	$V_e<V_r$;$V_e<0.22b_w d f_{cd}$,好			

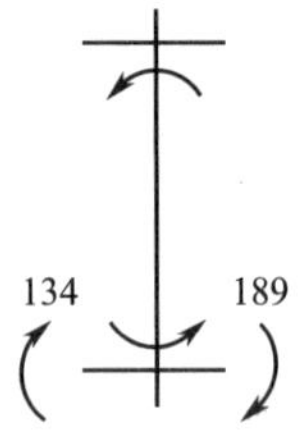

梁柱节点的抗剪校核：

柱 S13 的节点检查（一层中柱）：

约束检查			
梁的尺寸		柱的尺寸	
b_{w1}	0.3m	b	0.4m
b_{w2}	0.3m	h	0.5m

续表

约束检查			
梁的尺寸		柱的尺寸	
b_{w3}	0.3m		
b_{w4}	0.3m		
检查			
b_{w1} and $b_{w2} \geqslant 3/4$b （满足）			
b_{w3} and $b_{w4} < 3/4$h （不满足）			

因此，节点未约束。

节点的剪力					
$V_e = 1.25 f_{yk}(A_{s1} + A_{s2}) - V_{kol}$					
A_{s1}	864mm^2	A_{s2}	603mm^2		
f_{yk}	420MPa	V_{kol}	90.5 kN		
V_e=679.7kN					
节点剪力限值					
$V_e \leqslant 0.45 b_j h f_{cd}$					
b_j	0.4m	h	0.5m	f_{cd} 16.67MPa	
V_e<1500kN(满足)					

梁和柱的截面（单位：mm）：

梁和柱的端部截面：

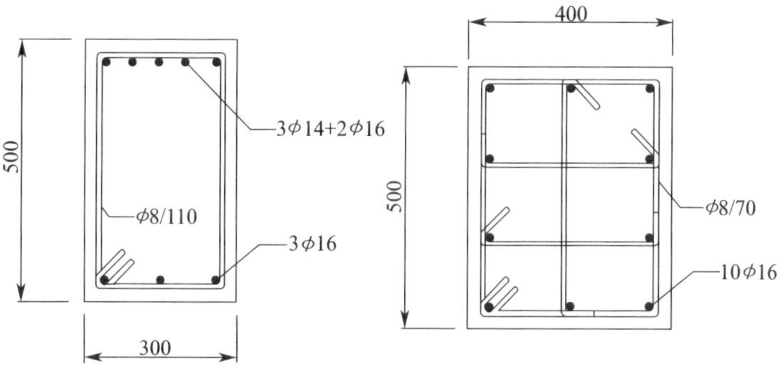

梁和柱的跨中截面：

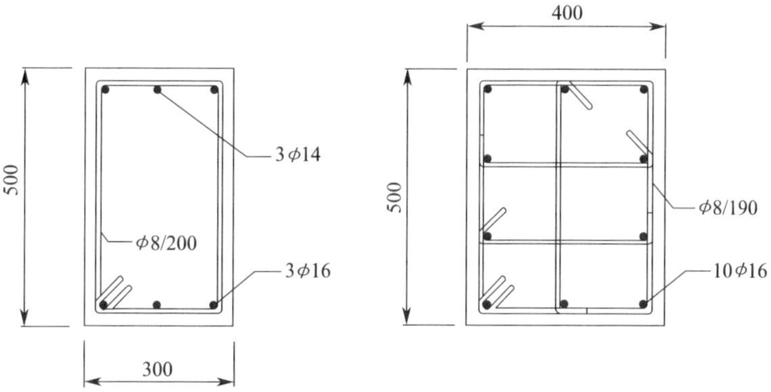

Pushover 分析：

采用设计参数对框架结构进行建模，并开展 Pushover 分析。确定结构的能力曲线和塑性铰类型。

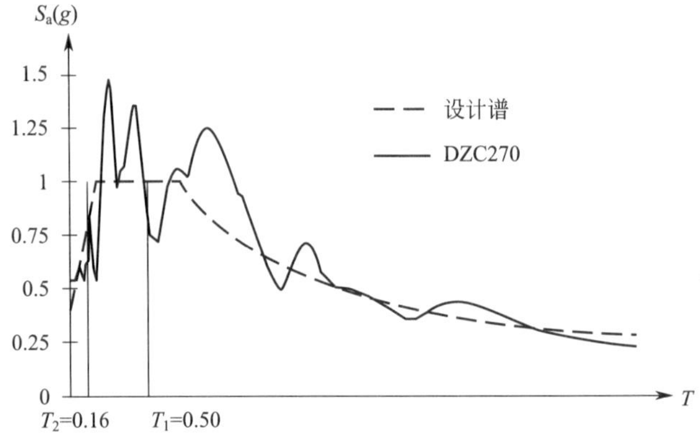

（1）能力曲线

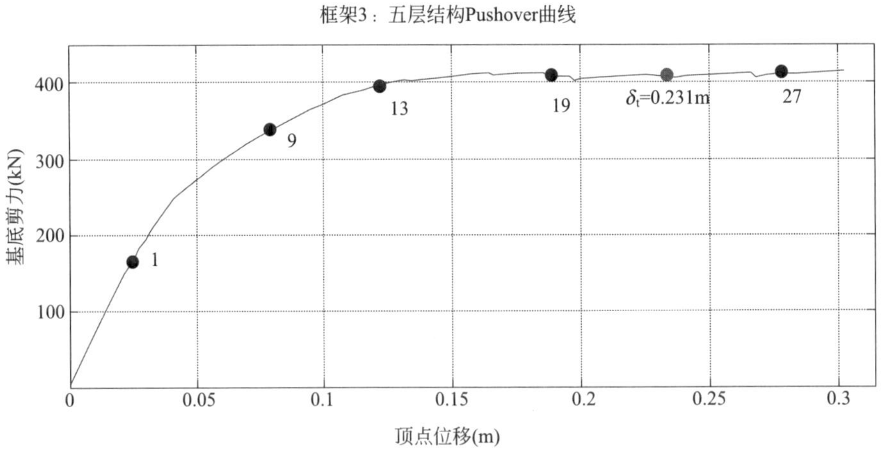

采用设计谱，计算获得顶层目标位移（δ_t）为 0.231m。如果采用 DZC 270 的真实反应谱，顶层目标位移为 0.158m。上述差异在于 T_1 处的谱坐标不同，如上图谱曲线所示。由下节分析可见，这一目标位移与 DZC 270 作用下非线性时程响应分析获得的顶层最大位移非常接近。

（2）塑性铰模式

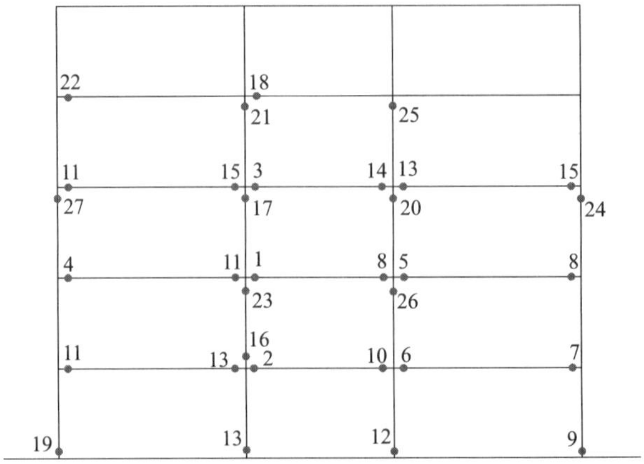

DZC270 作用下时程反应分析

开展框架结构 1999 年土耳其迪兹杰地震中记录获得的 DZC270 地震作用下的动力分析，获得顶层位移时程和塑性铰模式。

（1）顶层位移时程

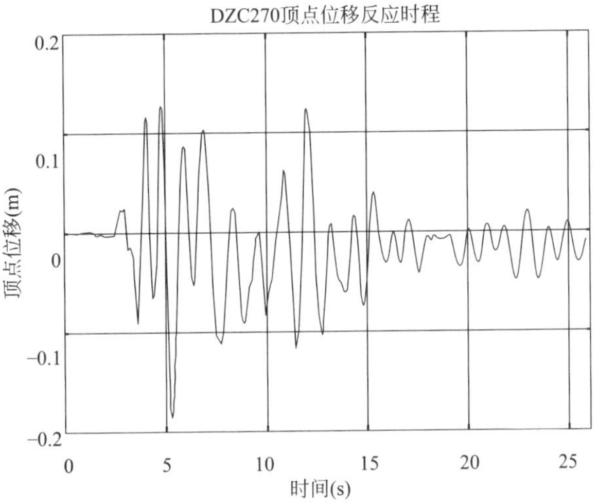

（2）塑性铰模式

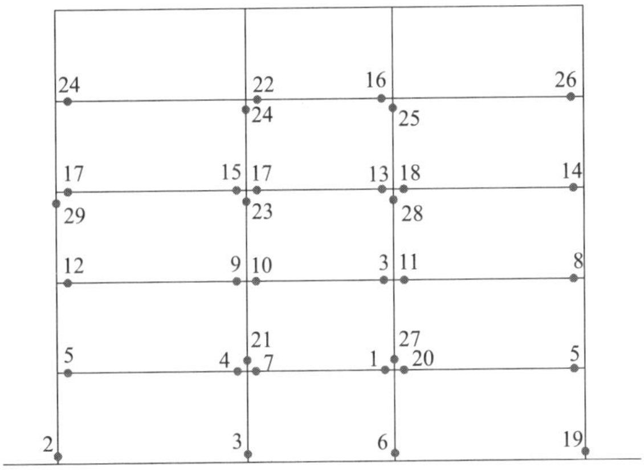

显然，尽管顶层最大位移有所不同，但非线性时程响应分析获得的塑性铰模式与 Pushover 分析获得的塑性铰模式十分相似。这是采用能力设计方法的结果。

参考文献

Acun B, Sucuoğlu H (2010) Performance of reinforced concrete columns designed for flexure under severe displacement cycles. ACI Struct J 107(3):364–371

Akkar S, Bommer JJ (2010) Empirical equations for the prediction of PGA, PGV and spectral accelerations in Europe, the mediterranean region and the middle east. Seismol Res Lett 81:195–206

ACI Committee 318 (2008) Building code requirements for structural concrete (ACI 318-08) and commentary. American Concrete Institute, Farmington Hills

American Society of Civil Engineers (1998) Minimum design loads for buildings and other structures. ASCE 7-98, Reston

American Society of Civil Engineer (2002) Minimum design loads for buildings and other structures. ASCE 7-02, Reston

American Society of Civil Engineers (2005) Minimum design loads for buildings and other structures. ASCE 7-05, Reston

American Society of Civil Engineers (2010) Minimum design loads for buildings and other structures. ASCE 7-10, Reston

Building Seismic Safety Council (1997) NEHRP recommended provisions for seismic regulations for new buildings and other structures. FEMA 303, FEMA, Washington

Building Seismic Safety Council (2000) NEHRP recommended provisions for seismic regulations for new buildings and other structures. FEMA 368, FEMA, Washington

Building Seismic Safety Council (2003) NEHRP recommended provisions for seismic regulations for new buildings and other structures. FEMA 450, FEMA, Washington

Building Seismic Safety Council (2009) NEHRP recommended provisions for seismic regulations for new buildings and other structures. FEMA P-750, FEMA, Washington

Cornell A (1968) Engineering seismic risk analysis. Bull Seismol Soc Am 58:1583–1606

Cornell CA, Banon H, Shakal AF (1979) Seismic motion and response prediction alternatives. Earthq Eng Struct Dynam 7:295–315

Engdahl ER, Villaseñor A (2002) Global seismicity: 1900–1999. In: Lee WHK, Kanamori H, Jennings JC, Kisslinger C (eds) International handbook of earthquake and engineering seismology. Academy Press, San Diego, pp 665–690

Eurocode 2: Design of Concrete Structures (2004) EN-1992. European Committee for Standardization, Brussels

Eurocode 8: Design of Structures for Earthquake Resistance- Part 1: General Rules, Seismic Actions and Rules for Buildings (2004) EN-1998-1. European Committee for Standardization, Brussels

Ersoy U, Özcebe G, Tankut T (2003) Reinforced concrete. METU, Ankara

Fardis MN (2009) Seismic design, assessment and retrofitting of concrete buildings, based on Eurocode 8. Springer, Dordrecht

Grunthal G (ed) (1998) European macroseismic scale 1998. Cahiers de Centre Européen de Géodynamique et de Séismologie 15, Luxembourg

Guttenberg B, Richter CF (1944) Frequency of earthquakes in California. Bull Seismol Soc Am 34:1985–1988

Hanks TC, Kanamori H (1979) A moment magnitude scale. J Geophys Res 77:4393–4405

International Code Council ICC (2012) International building code. Washington

Isacks B, Oliver J, Sykes LR (1968) Seismology and the new global tectonics. J Geophys Res 73:5855–5899

Joyner WB, Boore DM (1981) Peak horizontal acceleration and velocity from strong-motion records including records from the 1979 imperial valley, California, earthquake. Bull Seismol Soc Am 71:2011–2038

Kárník V, Procházková D, Schenková Z, Drimmel J, Mayer-Rosa D, Cvijanovic D, Kuk V, Miloševič A, Giorgetti F, Janský J (1978) Isoseismals of the strongest Friuli aftershocks of

September 1976. Stud Geophys Geod 22:411–414
Lawson AC (1908) The California earthquake of April 18, 1906. Report of the state earthquake investigation commission. The Carnegie Institution of Washington, Washington (reprinted in 1965)
Leonard M (2010) Earthquake fault scaling: self-consistent relating of rupture length, width, average displacement, and moment release. Bull Seismol Soc Am 100:1971–1988
McGuire RK (2004) Seismic hazard and risk analysis. Earthquake Engineering Research Institute Monograph. MNO-10, Oakland
McGuire RK, Arabasz WJ (1990) An introduction to probabilistic seismic hazard analysis, in geotechnical and environmental geophysics (ed Ward SH). Soc Explor Geophys 1:333–353
McKenzie DP (1968) Speculations on the consequences and causes of plate motions. Geophys J Roy Astron Soc 18:1–32
Moehle JP, Ghannoum W, Bozorgnia Y (2004) Collapse of lightly reinforced concrete frames during earthquakes. In: Proceedings of the international conference in commemoration of the 5th anniversary of the 1999 Chi-Chi earthquake. Taipei, Taiwan, 8–9 Sep
Mueller CS (2010) The influence of maximum magnitude on seismic-hazard estimates in the central and eastern United States. Bull Seismol Soc Am 100:699–711
Press F, Siever R (1986) Earth, 4th edn. Freeman, New York
Reid HF (1910) The California earthquake of April 18, 1906: report of the state earthquake investigation commission, Volume II: the mechanics of the earthquake. The Carnegie Institution of Washington, Washington (reprinted in 1965)
Reiter L (1990) Earthquake hazard analysis: issues and insights. Columbia University Press, New York
Richter CF (1935) An instrumental earthquake magnitude scale. Bull Seismol Soc Am 25:1–32
Shearer PM (1999) Introduction to seismology, Cambridge University Press, New York
Sucuoğlu H (2013) Implications of masonry infill and partition damage on the performance perception in residential buildings after a moderate earthquake. Earthquake Spectra 29(2):661–668
Turkish Ministry of Construction and Settlement (2007) Design Code for Buildings in Seismic Regions, Ankara
Youngs RR, Coppersmith J (1985) Implications of fault slip rates and earthquake recurrence models to probabilistic seismic hazard assessments. Bull Seismol Soc Am 75:939–964
Wells DL, Coppersmith J (1994) New empirical relationships among magnitude, rupture length, rupture width, rupture area, and surface displacement. Bull Seismol Soc Am 84:974–1002